浸水岩石损伤劣化机理及工程应用

夏　冬　吴朝松　路燕泽　著

北　京
冶 金 工 业 出 版 社
2024

内容提要

本书围绕浸水条件下岩石损伤劣化过程这一主题，采用试验研究与理论分析相结合的方法，就干燥、天然、饱水及不同浸水时间的饱水岩石开展了系统的力学试验和声发射试验，建立了基于声发射特征参数和耗散应变能表征的岩石损伤动态劣化方程。以河北钢铁集团矿业公司中关铁矿为研究对象，在水文地质、工程地质及采矿条件调查的基础上，建立了矿山三维地质模型和力学模型，并对中关铁矿堵水帷幕的稳定性进行了分析，并提出了相应的疏干排水措施。

本书可作为高等院校采矿工程、隧道工程、水利水电工程和人防工程等专业的高年级本科生教材，也可供从事岩石力学工程的相关工程技术人员参考。

图书在版编目（CIP）数据

浸水岩石损伤劣化机理及工程应用 / 夏冬，吴朝松，路燕泽著．-- 北京：冶金工业出版社，2024．12．
ISBN 978-7-5240-0044-0

Ⅰ．TU45

中国国家版本馆 CIP 数据核字第 2024M63M02 号

浸水岩石损伤劣化机理及工程应用

出版发行 冶金工业出版社　　**电　　话**（010）64027926
地　　址 北京市东城区嵩祝院北巷 39 号　　**邮　　编** 100009
网　　址 www. mip1953. com　　**电子信箱** service@ mip1953. com

责任编辑　王悦青　美术编辑　彭子赫　版式设计　郑小利
责任校对　李欣雨　责任印制　窦　唯

北京建宏印刷有限公司印刷
2024 年 12 月第 1 版，2024 年 12 月第 1 次印刷
710mm×1000mm　1/16；11. 75 印张；226 千字；177 页
定价 80. 00 元

投稿电话　（010）64027932　投稿信箱　tougao@cnmip. com. cn
营销中心电话　（010）64044283
冶金工业出版社天猫旗舰店　yjgycbs. tmall. com
（本书如有印装质量问题，本社营销中心负责退换）

前　言

在地下工程中，水害是与瓦斯、火灾、粉尘、动力地质灾害并列的五大安全灾害之一。在影响岩体工程安全的诸多因素中，水是最活跃的因素之一。水-岩耦合作用不仅会改变岩体的矿物组成与微细观结构，还会引起岩体强度、刚度等物理力学性质的劣化，对岩体工程的稳定性产生威胁。已有研究表明，水-岩耦合作用是滑坡灾害孕育和激发的主要因素、是水利水电工程许多地质灾害的诱因、是诱发近地表地质灾害的最主要因素。据统计，90%以上的岩体边坡破坏和地下水渗透力有关，60%矿井事故与地下水作用有关，30%~40%的水电工程大坝失事是由渗透作用引起的。此外，地下水抽放、油气开采、水库诱发地震、地表沉降、地下核废料存储等都涉及岩体作用力、岩体地应力、地下水渗透力的相互作用及其耦合问题。研究水-岩作用对岩体物理力学特性影响效应及作用机理，对地质灾害评价、预测和防治均具有重要意义。水-岩耦合问题已成为岩土工程相关学科研究的前沿领域，具有典型的多学科交叉特点，是工程岩土体研究的重要内容之一。

大水矿山的岩体总赋存于一定的地下水环境中，并常处于饱水状态，水的存在对岩体的力学性质及其稳定性起到了弱化作用。同时，岩土工程在施工及运营期间，经常会遇到地下水和载荷的共同作用，岩体在地下水和载荷作用下的力学性能是影响岩土工程长期稳定性的重要因素之一。因此，研究含水岩石在不同应力路径、不同受力阶段的损伤破坏情况，探求含水岩石从稳定到不稳定直至破坏的前兆信息，对于实际工程中围岩的稳定性监测及灾害预警具有重要意义。

国内外许多学者分别从水岩物理、化学及物理化学作用产生的力学效应等方面研究了水-岩作用下岩石强度弱化机理，分析了含水量、围压、水化学成分等对不同矿物组分岩石的影响，认为水作用下岩石的组分、微结构、强度及变形特征等均产生了显著的变化，揭示了水环境下岩石强度弱化的机理。而关于含水岩石全应力应变过程中损伤劣化规律、宏观破坏规律还需进一步深入研究。大水矿山开采条件下采动围岩损伤劣化规律研究的最根本问题是含水岩石失稳破坏问题。对含水岩石失稳机制的研究，基本上还是建立在刚性试验机的基础之上，通过传统的加载方式，研究含水岩石的强度、变形等基本物理力学参数，并在此基础上对含水岩石的破裂失稳模式、破坏前兆信息进行分析。随着科技的进步，目前对含水岩石损伤机理的研究手段也在逐步得到改善。由于含水岩石在外载荷作用下损伤的复杂性，很难选择一种既在理论上科学严谨又在工程上方便实用的损伤监测方法。声发射作为一种动态无损监测技术，可实时监测岩石材料内部微裂纹的萌生和扩展，揭示材料的损伤劣化过程。因此，开展浸水条件下岩石损伤劣化过程的试验研究，对大水矿山开采条件下采动围岩的稳定性分析和破坏前兆信息具有重要的理论意义和实际应用价值。

全书分为7章，第1章简要介绍了水-岩耦合作用的国内外研究现状；第2章采用试验研究方法，系统分析了浸水时间对岩石物理力学参数的影响规律；第3章分析了浸水时间对饱水岩石声发射特征参数的影响规律；第4章探讨了干燥、饱水岩石损伤破坏过程中能量劣化机制；第5章对干燥、饱水岩石损伤破坏前兆开展了试验研究工作；第6章基于声发射监测技术对岩石的动态损伤劣化过程进行了分析；第7章将上述研究成果应用于矿山工程。

由于作者水平有限，书中若有不足之处，我们诚恳地欢迎读者批评指正。

作 者

2024年8月

目　录

1 绪　论

随着经济的快速发展，国家对矿产资源的需求量日益增大，而易于开采的矿产资源已开采殆尽，为实现采矿业的可持续发展，对水文地质条件复杂的大水矿山的开采已陆续展开。大水矿山的岩体总是赋存于一定的地下水环境中，并常处于饱水状态，水的存在对岩体的力学性质及其稳定性起到了弱化作用。同时，岩土工程在施工及运营期间，经常会遇到地下水和载荷的共同作用，岩体在地下水和载荷作用下的力学性能是影响岩土工程长期稳定的重要因素之一。因此，开展浸水岩石在不同应力路径下、不同受力阶段的损伤破坏情况研究，寻找岩石从稳定到不稳定直至破坏的前兆信息，对于实际工程中围岩的稳定性监测及灾害预警具有重要的理论意义与应用价值。

1.1 水-岩耦合作用对岩石劣化影响的研究现状

自 20 世纪 50 年代苏联学者 A. M. Овчинников 提出水岩相互作用（water-rock interaction，WRI）至今，随着自然条件的变化、人类工程活动的增多和多学科交叉的发展，水岩相互作用已成为岩土工程相关学科研究的前沿领域，具有典型的多学科交叉特点，是工程岩土体研究的重要内容之一。在人类工程活动中，一方面由于工程的开挖，工程荷载施加于岩土体之上，改变岩土体内部应力场的分布，从而影响岩土体的结构，引起岩土体中地下水性质及地下水力学特性的改变；另一方面，由于工程岩体的出现，改变了区域性或局部地下水的补给、径流和排泄条件，形成人工干扰下的地下水渗流场，进而使得地下水对岩体力学作用的强度、作用的范围及作用的形式也发生改变，最终影响岩体的稳定性。因此，水-岩力学作用在力学领域中常称为岩体的渗流场与应力场的流固耦合作用。从岩土地质工程研究的角度出发，水岩相互作用是水和岩土体不断进行着物理、化学和力学作用，并对岩土介质状态产生影响。地下水进入岩石内部，将会改变岩石内部矿物或结构的表面性质或矿物产生新的化学反应，造成岩石或结构面的软化，使岩石的力学性质变差，抗压强度，抗剪强度，抗拉强度，动、静弹性模量，泊松比等各项物理力学参数弱化。水-岩相互作用主要过程如图 1.1 所示。物理、化学和力学作用是工程岩土体短期和长期稳定研究的重要内容，由此而引发的岩土体劣化效应是导致其发生变形破坏的重要原因。国内外许多学者对水岩相互作用的研究主要集中在以下几个方面。

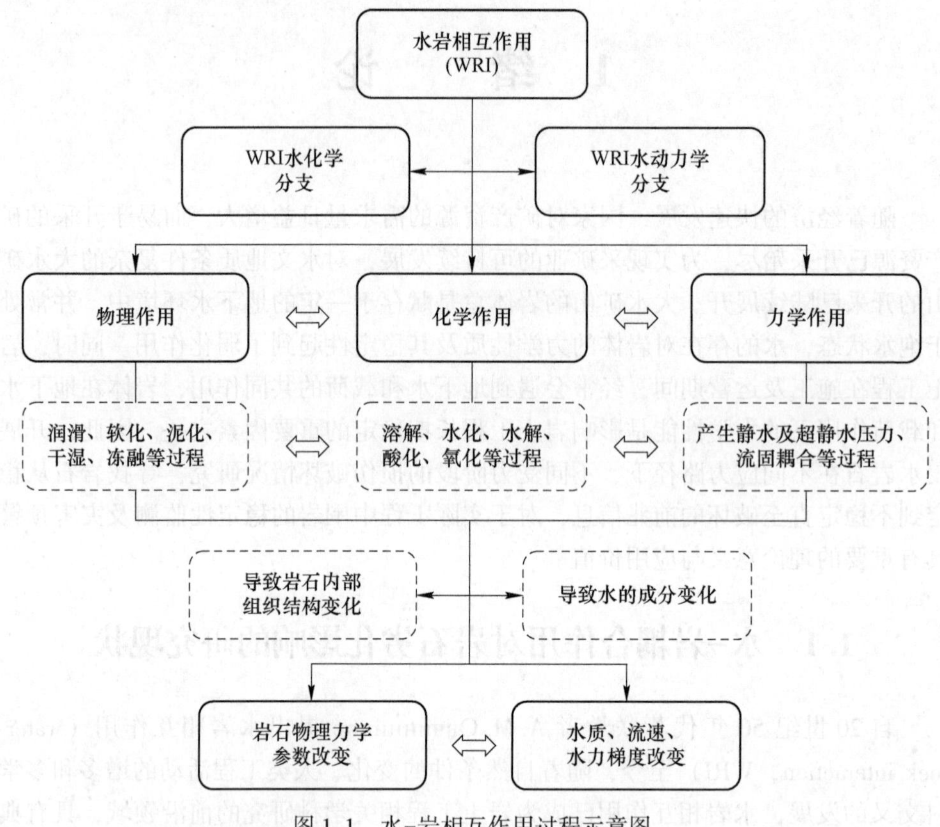

图 1.1 水-岩相互作用过程示意图

1.1.1 水-岩物理作用研究现状

岩石浸水后强度降低的性质称为岩石的软化性。国外学者对软化过程的研究开展较早，且研究成果较多。O. Ojo 和 N. Brook[1] 总结了前人关于含水对岩石强度影响的研究成果，认为湿度越大，岩石的抗压和抗拉强度越小；胡彬锋等人[2] 通过对烘干、天然及饱和状态下的沉积岩试件进行大量的单轴压缩试验，得出随含水率的升高，岩石的弹性模量呈下降趋势的结论；李佳伟等人[3] 对砂板岩岩体力学特性的高孔隙水压效应进行了试验研究，研究表明砂板岩岩体强度与变形性能随水压升高而降低；刘文平等人[4] 研究了水对三峡库区碎石土的弱化作用，研究表明碎石土的抗剪强度随含水量的升高而降低；邓华锋等人[5] 对风干、饱水循环作用下砂岩损伤劣化规律及纵波波速的变化规律进行了研究，研究表明在风干-饱水循环过程中，砂岩损伤试样的纵波波速、回弹值、单轴抗压强度均逐渐劣化；姚强岭等人[6] 对含水砂岩-水相互作用下物理力学性质及巷道顶板变形破坏特征进行了研究，研究表明在水的作用下，含水砂岩破坏形式发生了变化。随着岩石软化性研究的深入，含水量与岩石强度量化关系的研究也逐渐展开。G. West 等人[7]的研究表明，岩石单轴抗压强度与含水量之间呈线性关系；张强、Z. A. Erguler 等人[8-9]的研究均表明岩石单轴抗压强度与含水量呈负指数关系。黄宏伟、周翠英、刘镇等人[10-13]的研究表明，岩石饱水过程中微观结构的改变是其遇水软化后力学性状劣化的主要原因；曹平等人[13]对水岩作用下节理岩石的形貌特征进行了研究；左清军等人[14]通过板岩膨胀特性试验，研究了吸水时间、吸水率、应力状态和结构面方向对其膨胀变形的影响，并对其微观作用机制进行了分析；项良俊等人[15]对膨胀性软岩的力学特性和膨胀本构模型进行了研究；张巍等人[16]对泥质膨胀岩崩解物粒径分布与膨胀性之间的关系进行了研究；Wiebke 等人[17]对膨胀土的膨胀特性进行了试验研究。

1.1.2　水-岩化学作用研究现状

水-岩化学作用对岩石的劣化效应将破坏原有岩石内部的结构组成，同时伴随新的矿物产生，一般而言是不可逆的。岩石水化学损伤的机制取决于水-岩化学作用与岩体中裂纹等物理损伤基元及其颗粒、矿物的结构之间的耦合作用。水化学损伤的最终结果是导致岩石的微观成分的改变和原有微观结构的破坏，从而改变了岩石的应力状态和力学性质。研究水化学溶液对岩石物理力学的腐蚀效应具有重要的理论意义与工程应用价值。近年来，关于水化学溶液对岩石物理力学性质的影响已取得了较多的研究成果。汤连生等人[18]针对水化学溶液对岩石宏观力学特性的效应进行了试验研究，初步探讨了岩石水化学损伤的机制及量化方法，并总结了水岩化学作用对岩土变形破坏效应的研究进展；王伟等人[19]对砂岩进行不同化学溶液作用下的腐蚀试验，探讨了不同化学溶液对砂岩力学特性的腐蚀效应，获得水化学溶液对砂岩强度和变形特性的影响规律，结果表明不同化学溶液对砂岩力学性质的影响不同；丁梧秀等人[20]研究了水化学溶液对灰岩宏观和细观结构的损伤效应的试验研究，并定量化了岩石的水化学损伤；刘建等人[21]进行了水化学溶液对砂岩强度力学特性和蠕变特性影响效应的试验研究和模型研究；X. T. Feng 等人[22]进行了水化学溶液对岩石的宏、细观力学特性的试验和耦合模型的研究；N. LI 等人[23]用化学反应速率来表示钙质胶结长石砂岩腐蚀过程的损伤程度；A. G. Corkum 等人[24-25]从不同的方面进行了水化学溶液对岩石、混凝土材料力学特性腐蚀效应的试验、本构模型和数值模拟研究；冯夏庭等人[26]通过不同应力状态下的试验，研究了岩石破裂特性的化学环境侵蚀作用。

1.1.3　水-岩力学作用研究现状

水-岩力学作用主要表现为在岩土体中由水产生的孔隙水压和超静孔隙水压

两方面。A. W. Skempton[27]修正的有效应力原理是最早认识到水岩力学作用效应的；20 世纪 60、70 年代以来，经过 D. T. Snow 等人[28]的不断发展，岩体水力学逐渐形成一门新的边缘性交叉学科。目前，岩石渗流-应力耦合模型主要包括：等效连续介质模型、裂隙网络介质模型、多重介质渗流模型、断裂力学模型、损伤力学模型和统计模型等。柴军瑞等人[29]对连续介质模型和裂隙网络介质模型的耦合机理和关系式进行了全面的总结和评述；吉小明等人[30]对裂隙岩体流固耦合双重介质模型进行了研究，提出了与岩体应力状态相关的渗透系数计算公式；赵廷林等人[31]对裂隙岩体渗流场和损伤场之间的耦合机理进行了系统的研究，对渗流作用下裂隙岩体工程失稳和水力劈裂机理进行了深层次的探讨；孙粤林等人[32]考虑应力场与渗流场的耦合作用，应用无单元法，对岩体内初始裂纹的扩展进行了追踪分析研究；于岩斌等人[33]对自然、饱水煤岩进行了单轴压缩及抗拉试验，对比分析了自然、饱水煤岩的基本力学特性；周志华等人[34]开展了单轴循环加卸载条件下渗透水压压剪预应力裂隙岩石破坏试验研究，用以模拟地应力与水压耦合作用下岩体受开挖卸载的过程；蒋海飞等人[35]基于高围压高水压条件下砂岩三轴压缩蠕变试验结果，构建了岩石非线性蠕变本构模型；张春会等人[36]研究了饱水度和围压对岩石强度及弹性模量的影响；王东等人[37]对比分析了干燥与饱水灰岩的变形破坏规律；Yilmaz[38]通过单轴试验研究了饱水度对印度石膏岩峰值强度和弹性模量的影响；Vasarhelyi[39]测试了干燥、饱水灰岩的单轴单轴抗压强度和弹性模量，结果表明饱水后强度和弹性模量降低了约 34%；李男等人[40]研究了水对砂岩剪切蠕变特性的影响，分析了相应的影响机制。

还有很多学者从水-岩物理化学作用产生的力学效应等方面研究了水作用下岩石强度弱化的机理，认为水作用下岩石的组分、微结构、强度及变形特征均产生了显著变化，揭示了水作用下岩石强度弱化的机理。T. Heggheim 等人[41]对灰岩在海水、乙醇及不同浓度盐水浸泡后的力学性质与微观结构的变化进行了分析研究，认为水中的离子与灰岩化学反应后组成岩石的矿物发生成分和结构的变化，进而导致了岩石力学性能的改变。冯夏庭等人[42]自行研制了应力-水流-化学耦合下岩石破裂全过程的细观力学试验系统，可以进行应力-水流-化学耦合下的多项岩石力学细观试验，实现了应力-水流-化学耦合下岩石破裂全过程的显微与宏观实时监测、控制、记录与分析的岩石力学试验；周翠英等人[43]针对广东地区重大工程中几种典型软岩的基本类型和特点，设计了一系列软岩饱水软化试验，在天然状态和分别饱水 1 个月、3 个月、6 个月、12 个月时，研究水溶液 pH 值和阴离子及阳离子浓度的变化，探讨不同类型软岩在不同饱水时间后，水溶液 pH 值和化学成分的动态变化规律；乔丽萍等人[44]通过不同的水环境下砂岩的孔隙率、pH 值演化和矿物侵蚀等开展了一系列的试验研究，从微观的层次上分析了砂岩的水物理化学损伤机理。

国内外学者分别从水岩物理、力学、化学及物理化学作用产生的力学效应等方面研究了水作用下岩石强度弱化的机理，分析了含水量、围压、水化学成分等对不同矿物组分岩石的影响作用，认为水作用下岩石的组分、微结构、强度及变形特征等均产生了显著的变化，揭示了水作用下岩石强度弱化的机理。而关于含水条件下岩石全应力应变过程中损伤劣化规律、宏观破坏规律，以及考虑不同浸水时间的饱水岩石损伤效应及声发射规律等问题还需进一步的深入研究。

1.2 含水岩石声发射特征研究现状

声发射（acoustic emission，AE）是指材料或结构在受力变形过程中以弹性波的形式释放应变能的现象，也称应力波发射。声发射是一种常见的物理现象，用声发射监测仪器及数据处理系统探测、记录、分析声发射信号和利用声发射信号推断声发射源的技术称为声发射技术。声发射监测技术能实时监测岩石材料内部微裂纹的萌生和扩展，揭示材料的损伤破坏过程，这是其他试验方法所不具备的特点，声发射技术可应用于岩石破坏现场监测、预报及岩石力学基础试验研究。研究表明，每个声发射信号都包含着岩石内部损伤劣化的丰富信息，通过对岩石声发射信号的分析和研究，有助于揭示岩石内部微裂纹的萌生、扩展和断裂的劣化规律。声发射可广泛应用于岩石类材料微破裂机制、原岩地应力测量、采场稳定性监测、地震序列、冲击地压预测及岩体稳定性监测预报等领域的研究。

随着经济的快速发展，国家对矿产资源的需求量日益增大，而易于开采的资源已开采殆尽，为实现采矿业的可持续发展，对水文地质条件复杂的大水矿山开采已陆续展开。大水矿山的岩体总是赋存于一定的地下水环境中，并常处于饱水状态，水的存在对煤岩体的力学性质及其稳定性起到了弱化作用。

岩土工程在施工及运营期间，经常会遇到地下水和载荷的共同作用，岩体在地下水和载荷作用下的力学性能是影响岩土工程长期稳定性的重要因素之一。关于水对煤岩体力学特性及声发射特征的影响，许多学者做了大量的研究工作，并取得了一定的研究成果[45]。本书将对不同应力路径下含水岩体的力学特性和声发射特征进行综述，并对其研究应用前景进行展望。

1.2.1 声发射监测技术发展概况

20 世纪 50 年代德国科学家 Kaiser 首次对金属中的声发射现象进行了科学而系统的研究，其成果为声发射的研究奠定了基础；L. Obert 和 W. I. Duvall 最早发现岩石结构在受压过程中有声发射活动存在；1960 年，Dunegan 等人通过提高声发射的实验频率和采用窄带滤波的方法消除了机械背景噪声，为声发射技术由实验阶段进入实用阶段做好了铺垫；声发射监测技术的研究进入现场应用新阶段的标志是1964年美国成功将声发射技术用于导弹壳体结构的完整性检测；从1968年起，商业化的声发射监测设备逐渐在世界范围内得到广泛的应用；20世纪70年代，美国、日本和欧洲各国家在声发射源、声发射波的传播及确定声发射与断裂机制的关系等方面的研究取得了长足的进步；20世纪80年代以来，随着微处理器、高速A/D转换和信号处理技术的发展，声发射技术在基础性实验、仪器研制和信号处理等方面取得了突飞猛进的发展，该技术逐渐进入理论研究与工程应用全面发展阶段，并在材料研究及无损检测中扮演着越来越重要的角色；近年来，随着信号采集与分析技术的进步，以及小波分析、神经网络等方法的引入，进一步推动了声发射技术向纵深方向发展。

我国声发射技术是在引进、消化、吸收国外先进技术并紧密结合工程应用实际的基础上发展起来的。20世纪70年代初我国开始引进声发射技术，其目的是进行断裂力学难点裂纹开裂点预报和测量研究；20世纪80年代初，我国开始将声发射检测技术应用于岩石力学领域的检测；20世纪80年代中期，从美国物理声学公司PAC（Physical Acoustic Corporation）引进声发射监测设备，使我国声发射技术水平得到了提高；20世纪90年代至今，我国声发射技术的研究和应用进入快速发展阶段，声发射技术被广泛应用于航空航天、石油化工、材料试验、金属加工、电力工业、民用工程、交通运输、土木和矿山工程等诸多领域并取得显著的成效。由于声发射监测技术是一种在线、高效、经济的检测方法，因而具有广泛的应用前景。

1.2.2 单轴压缩作用下含水岩石声发射特征

国内外许多学者对岩石在单轴压缩损伤破坏过程中的力学特性和声发射特征等方面进行了大量的基础性研究工作，并取得了大量的研究成果。这些研究成果增强了人们对岩石声发射特性的认识，促进了声发射技术在岩体稳定性方面的应用，但关于含水岩石损伤破坏过程中声发射特征方面的研究相对较少。因此开展含水岩石单轴受压损伤破坏过程中声发射特征研究，有助于进一步认识含水岩石损伤破坏机理。

关于水对煤岩单轴抗压强度及声发射特征影响的研究，秦虎等人[46]以晋城煤业集团赵庄矿的无烟煤为研究对象，对不同含水率煤样受压变形破坏过程中声发射特征进行了试验研究，结果表明含水率的不同对煤样的力学特性和声发射特征产生明显差异，含水率的增加使得煤样的单轴抗压强度及声发射累积数减少，同时使产生声发射的时间滞后，且在不同的变形阶段，声发射的变化规律不同；文圣勇等人[47]对4种不同含水率红砂岩进行了单轴压缩条件下的声发射试验，结果表明：水对砂岩的力学特性和声发射特征具有较大的影响，各试件所得声发射振铃数曲线在形状上基本相似，但随含水量的增加，砂岩声发射振铃数越少且时间越滞后；陈结等人[48]为研究盐穴能源地下储库建造过程中腔体围岩在卤水、地温和地应力共同作用下的损伤劣化特点，应用声发射监测技术对不同温度的饱和卤水作用后的岩盐进行单轴压缩损伤劣化规律进行分析，结果表明在一定温度的饱和卤水中浸泡 30d 后岩盐的弹性模量和单轴抗压强度有所降低，单轴压缩过程中岩盐的声发射-应变曲线与应力-应变曲线具有较好的一致性，随卤水温度的升高浸泡后岩盐的声发射累积数有所增加且无卤水作用岩盐的声发射累积数大于卤水作用后岩盐的声发射累积数；童敏明等人[49]为确定不同应力速率下含水煤岩声发射的频谱特征和变化趋势，对不同应力速率下含水煤岩声发射信号特性进行了研究，结果表明含水率对煤岩的声发射特性具有一定程度的影响，具体表现为含水量小的煤岩较含水量大的声发射强度略高，研究成果为预测煤岩灾害现象提供了准确的依据；郭佳奇等人[50]从能量的角度研究了自然与饱水状态下岩石变形破坏过程中能量累积与耗散特征、能量与损伤之间的内在机制；张艳博等人[51]通过对含水砂岩进行单轴加载声发射试验，获取声发射信号，对整个加载过程中声发射信号进行 FFT 变换，采用频谱分析和 Welch 算法对含水砂岩破裂失稳过程中产生的声发射信号进行研究，得到声发射信号的相关特征在岩石破裂过程中的变化，为分析岩石破裂全过程的声发射特性提供了一条新的思路，也为声发射应用于岩石破裂失稳预报奠定了一定的工作基础。

1.2.3　循环载荷作用下含水岩石声发射特征

国内外很多学者对岩石的疲劳损伤和声发射特性进行了研究，如许江等人[52]对循环载荷作用下砂岩声发射规律展开了大量的试验研究，结果表明岩石在低周期载荷作用下会出现明显的 Felicity 效应且周期载荷作用下岩石在卸荷过程中也产生明显的声发射信号；任松等人[53]基于声发射监测技术，通过改变恒幅荷载条件下的上、下限应力及加载速率等试验条件，对岩盐的疲劳损伤特征进行试验研究，研究成果对岩盐地下储气库的安全运行具有实际意义；纪洪广等人[54]对岩石试件在不同应力水平和应力状态下受到加载-卸载扰动时的声发射特征进行了试验研究，研究结果为分析不同应力水平和不同应力状态作用下岩体声发射特征的变异性，为根据声发射信号特征进行岩体稳定性评价提供依据和参考；王者超等人[55]通过花岗岩三轴循环载荷试验，系统地研究了花岗岩的疲劳力学特性，提出了花岗岩疲劳力学模型；J. Q. Xiao 等人[56]研究了不同循环荷载水平下损伤变量劣化规律；E L Liu 等人[57]分析了循环加卸载时围岩对岩石动力特性的影响；张宁博等人[58]对大理岩在单轴等幅加卸载和分级循环加卸载条件下损伤破坏全过程的声发射特性进行了研究；何俊等人[59]对常规三轴、三轴循环加卸载条件下煤样的声发射特征进行了分析；彭瑞东等人[60]对三轴加卸载条件下煤岩损伤破坏的能量转化机制进行了分析；张晖辉等人[61]基于加卸载响应比理论和能量加速释放理论，在三轴应力条件下进行了大尺度岩石破坏的声发射试验，将能量加速释放和加卸载响应比剧增作为岩石破坏前兆，研究成果为预测地震提供了试验依据。

岩土工程在施工及运营期间，经常会遇到地下水和循环载荷的共同作用，岩体在地下水和循环载荷作用下的力学性能是影响岩土工程长期稳定性的重要因素之一。目前国内外学者在关于岩石在地下水和循环加卸载共同作用下的力学特性、变形特性及声发射特性方面的研究成果相对较少。通过单轴循环加卸载试验，分析岩石在水和循环载荷共同作用下的强度、变形及声发射变化特征，为研究不同含水状态下岩石破裂失稳机理提供参考。

1.2.4　三轴载荷作用下含水岩石声发射特征

岩石作为一种典型的非连续、非均质、各向异性的地质材料，通常处于三向应力场中，同时，其强度和变形特性是理论计算和工程设计的基础，因此研究岩石在三向应力状态下的力学特性、声发射特征及变形特征对于隧道工程、采矿工程和边坡工程等具有重要意义[62]。许多学者对煤岩在三轴应力状态下的力学特性和声发射特征进行了试验研究并取得了大量的研究成果。艾婷等人[63]以大同煤业集团塔山矿 8105 工作面的煤样为研究对象，对不同围压下煤岩破裂过程中声发射时空劣化规律进行了试验研究，通过分析煤岩在不同围压下声发射的时序特征、能量释放与空间劣化规律，探讨了煤岩破裂过程中的损伤劣化特征；苏承东等人[64]对义马曹窑煤矿顶板砂岩进行了单轴压缩、常规三轴和三轴卸围压力学试验及声发射试验，分析了不同加载方式下岩样损伤破坏过程中的力学特性和声发射特征，研究结果对进一步揭示煤层上覆顶板岩层周期性断裂前后冲击动力灾害的预测预报具有参考价值；陈景涛等人[65]对岩石三轴压缩过程中变形及声发射特征进行了物理试验和数值试验，分析了围岩对岩石变形特性和声发射特征的影响，结果表明岩石的力学特性和声发射特征与围压密切相关；纪洪广等人[66]采用三轴压缩试验和声发射试验，对玲珑金矿二长花岗岩进行三轴加卸载声发射试验，研究岩声发射特征与力学参数之间的关系，进一步加深了对岩石破裂过程及机制的认识；杨永杰等人[67]利用声发射参数，分析了灰岩在三轴压缩条件下岩石的损伤劣化特征；Alkan 等人[68]对德国阿瑟盐矿岩盐的膨胀临界值进行三轴加载条件下的力学试验和声发射试验，研究表明岩盐的膨胀临界值与晶粒大小、孔隙压力、加载速率和裂隙维度均具有一定的关系。

上述关于煤岩在三轴应力作用下的力学特性和声发射特征的理论和试验研究，增强了人们对煤岩声发射特征的认识，促进了声发射技术的进步及在工程中的应用，但关于含水煤岩在反复加卸载过程中的声发射特征的试验研究国内外还不多见。鉴于此，在以往研究成果的基础上，开展含水煤岩真三轴加载过程中的声发射试验，有助于进一步了解煤岩体的声发射特征。

1.2.5 剪切载荷作用下含水岩石声发射特征

考虑到矿山、水利、建筑、交通等工程领域中涉及岩土体在荷载作用下的强度及稳定性等问题，结合声发射监测技术开展剪切载荷作用下煤岩裂纹的开裂、扩展及贯通的劣化规律有着十分重要的理论意义和工程实用价值。关于煤岩在剪切荷载作用下的声发射特征的研究，国内外学者做了一些相关的研究工作，I. Tsuyoshi 等人[69]运用声发射技术对岩石直剪过程中裂纹的开裂情况进行了研究，结果表明，声发射有较高的精度来检测直剪过程中的裂纹的开裂情况；李西蒙等人[70]进行了型煤试块的压剪破坏声发射试验，研究了压剪条件下型煤的声发射特征，研究成果为采动影响下煤岩体和巷道的压剪破坏预测预报提供了一定的试验依据；聂百胜等人[71]对煤体剪切破坏过程中电磁辐射和声发射特征进行了试验研究，发现煤体剪切破坏过程中声发射和电磁辐射有两种类型，试验结果跟煤与瓦斯突出、冲击地压等动力灾害的现场较为吻合；周小平等人[72]对岩石结构面直剪过程中的声发射特性进行了试验研究，得出声发射事件数和能率都与结构面的粗糙程度有关，发现用能率这一系数更容易判别岩石变形与破坏各阶段；许江等人[73]采用自主研发的煤岩细观剪切试验装置，开展了不同剪切速率条件下砂岩的细观破坏与声发射特性试验研究，选取声发射振铃累积数和声发射振铃计数率作为声发射特征参数，探讨岩石在剪切破坏过程中的破坏形式与声发射之间的关系，结果表明，砂岩试件在不同加载速率条件下破坏过程中剪应力随时间变化趋于一致。

上述研究成果大多基于天然或干燥状态的试件而言，而实际的岩体工程总处于一定的地下水环境中，关于含水岩石剪切过程中的声发射试验研究成果相对较少，因此，开展含水煤岩拉剪切坏过程中的声发射时空劣化特征研究，有助于进一步揭示岩体工程在剪切载荷作用下的失稳机理。在国内，许江等人[45]利用声发射监测技术，对饱和度分别为0、50%和100% 3种含水状态下砂岩剪切破坏过程中的声发射特性进行了试验研究，探讨了剪切荷载作用下砂岩内部裂纹开裂、扩展过程与声发射特性之间的内在关系，结果表明，随含水量的增加，声发射剧增点出现的时间相应提前，在各含水状态下，声发射事件率峰值出现时间总是滞后于剪应力达到峰值的时间。

1.2.6 拉伸载荷作用下含水岩石声发射特征

煤岩抗拉强度的测试方法有间接法和直接法，间接法常用的方法为巴西劈裂试验。巴西劈裂试验用于测试岩石类材料的抗拉强度已有近 70 年的历史，此方法最早用于测定岩石等脆性材料的抗拉强度，此后一些学者提出可以用该试验测定岩石的弹性模量和断裂韧度等指标。基于声发射监测巴西盘试样破坏过程的研究，赵兴东等人[74]应用声发射及盖格尔定位算法，研究了不同巴西盘岩样加载破裂失稳过程；付军辉等人[75]对煤巴西劈裂全过程中的声发射特征进行了研究；罗鹏辉等人[76]对云南南坡铜矿 3 种砂岩进行了巴西劈裂的声发射特性试验，结果表明不同种类岩石的声发射特性具有较大的差异；谢强等人[77]验证了粗粒花岗岩在劈裂试验条件下 Kaiser 效应的存在；彭瑞东等人[78]对砂岩拉伸过程中的能量耗散与损伤劣化进行了分析；余贤斌等人[79]采用自行研制的岩石直接拉伸试验装置，对砂岩直进行直接拉伸作用下的声发射试验；梁正召等人[80]基于三维数值模拟研究了岩石直接拉伸破坏过程中的变形及分形特征；包春燕等人[81]对单轴拉伸作用下层状岩石表面裂纹的形成模式及机制进行了研究；张泽天等人[82]对煤在直接拉伸过程中的力学特性及声发射特征进行了试验研究。

上述研究成果多集中于天然及干燥岩石试件，而关于含水岩石拉伸过程中的力学特性及声发射特征的研究成果相对较少，开展含水煤岩拉伸破坏过程中的声发射时空劣化特征，有助于进一步揭示岩体工程的失稳机理。

综上所述，声发射监测是一种无损检测技术，对声发射信号的研究有助于揭示浸水岩石内部微裂纹的萌生、扩展和断裂的劣化规律，通过对声发射信号的研究，可以推断含水煤岩内部形态变化、反演含水岩石的破坏机制，对进一步认识岩石的破坏机理及岩石破坏的前兆判据、分析岩石破裂失稳机制十分有意义。

1.3 含水岩石损伤力学的研究现状

在环境侵蚀或外载荷作用下，材料由于微观结构（微裂纹、微孔洞、位错等）引起的材料或结构的不可逆的劣化过程称为损伤，研究损伤在载荷、温度、腐蚀等外在因素的作用下，损伤场随变形而劣化发展并最终导致破坏的过程中的力学规律形成了损伤力学（damage mechanics）学科，包含连续介质损伤力学、细观损伤力学和基于细观的唯象损伤力学。从 1958 年 Kachanov 提出损伤度 D 的概念以来，损伤力学仍处于发展阶段，但由于“损伤”对工程安全造成的威胁极大，因此损伤力学被广泛应用于工程结构的破坏分析、材料的力学性能估计及工程安全的失稳分析等方面。损伤是材料、构件损伤的程度，表现为在应力作用下微观裂纹和微观孔隙的产生和发展，宏观表现为有效工作面积的减少。M. J. Manjoien 将损伤分为三阶段：连续滑移带的发展、永久损伤的开始和永久损伤的传播直到破坏。第一阶段是连续滑移带的形成，对于延性金属来说，材料流动主要是结晶学意义的滑移，这种滑移逐渐发展，直至形成连续的滑移带；第二阶段是永久损伤的开始，连续滑移带形成以后，首先在表面上产生微裂纹，然后再体积扩展，并与邻近微裂纹相互作用，开始永久性的损伤；第三阶段是永久损伤的传播，这些损伤以线性方式增长，并且相互连接直至形成宏观裂纹。

近年来，岩土损伤力学的研究越来越受到广大岩土力学工作者的重视，成果颇多。岩土损伤力学对岩土介质从微裂纹的萌生、扩展、劣化到宏观裂纹形成、断裂、破坏全过程进行研究，旨在通过建立岩土损伤本构模型和损伤劣化方程，评价岩土体的损伤程度，进而评估其稳定性。

关于岩石或岩体的损伤劣化机理，20世纪70年代后期，最早由Dragon、Mróz、Krajcinovic、Fonseka等人将损伤力学理论引入脆性岩石材料损伤至断裂的研究中，并进行了一系列的理论和试验研究。岩石损伤本构关系的研究一直是岩石力学工作者关心的内容，这方面的主要研究成果有：Cumin等著名的损伤力学专家[83]从岩石材料本身的结构特征出发研究其损伤机理，建立了相应的模型与理论；Kemeny等人[84]研究了共线裂纹间的相互影响，根据裂纹体的等效应变能等于无裂纹体的应变能加上裂纹产生的附加应变能的假设，推导了单向拉伸时间有效弹性模量和原始弹性模量，给出了损伤模型；Yuan等人[85]通过对岩石屈服后强度参数进行弱化，建立了岩石屈服状态下的弱化本构模型，并结合数值试验分析了岩石非均质性对岩石破坏的影响；Yang等人[86]利用光学显微镜和SEM研究了Darley Dale砂岩在压缩破坏中各向异性损伤的微观力学劣化过程，得到了微裂纹密度与应变之间的关系；Lenoir等人[87]运用计算机断层扫描分析技术分析了泥岩三轴压缩试验过程中的损伤特征；E. Eberhardt等人[88]在对大量脆性岩石进行单轴压缩循环加卸载试验的基础上，对脆性岩石单轴循环加卸载过程中的断裂损伤力学特性进行了分析，并通过试验结果对微裂纹的扩展条件和断裂准则进行了研究；A. N. Tutuncu等人[89]主要从宏观尺度层面研究岩石在循环载荷作用下的物理力学特征，研究成果主要包括不同循环荷载下岩石的强度特征、变形特征及断裂损伤特征等；Huang和Paliwa等人[90-91]应用断裂理论及裂纹扩展速度建立了动态弹性损伤细观裂隙模型，Graham-Brady等人[92]在此基础上应用断裂理论建立了裂纹静态稳定扩展弹性损伤模型，并应用该模型表示岩石材料单轴压缩状态下的应力-应变关系；运用损伤理论可将损伤变量作为内变量引入损伤本构关系，而损伤变量全面反映了岩体结构特性（塑性变形、各向异性、剪胀效应），这些特性与岩体内部节理、裂隙的性质密切相关。特别是20世纪80年代后，随着岩体工程的大规模建设，通过引入损伤力学理论，Kyoya等人[93]对复杂裂隙岩体损伤特征和变量描述与本构关系进行了一系列的研究，取得了令人瞩目的理论和具有应用价值的研究成果。进入20世纪90年代后，数值计算分析方法在岩石损伤力学的分析中得到了长足的应用和发展，众多学者建立了相应的本构模型，开发了许多计算分析软件，解决了实际的工程问题[94]。

谢和平是国内最早从事岩石损伤力学方面的研究学者，他基于岩石微观断裂机理和蠕变损伤理论的研究，把岩石蠕变大变形有限元分析和损伤分析结合起来，形成了岩石损伤力学的思想体系，并首次在联系岩石微损伤和宏观断裂方面运用分形几何理论定量描述损伤，提出了分形损伤力学理论。唐辉明、李久林等人[95]分别将分形理论应用于节理岩体中，用以分析岩体破裂时的分维特征及参数求取问题，力求用分维数的变化描述岩体的损伤状态及表达岩体的损伤劣化过程，取得了一定的进展；赵永红等人[96]用分维数定义损伤变量并进行岩石本构模型；刘树新等人[97]利用多重分形计算绘制出表征岩石三维损伤微裂纹分布复杂性的多重分形谱，并引入一个表征岩石材料不均匀性、各向异性的相对分维数，结合岩石单轴应力-应变试验曲线，对不同多重分形参数下岩石强度 Weibull 参数取值规律进行了研究；周小平等人[98]利用内变量热力学理论和裂纹孤立理论，采用细观力学方法研究了压应力状态下断续节理岩体的变形局部化问题和全应力-应变关系，并且系统研究了卸荷岩体本构理论；曹文贵等人[99-101]在 Lemaitre 应变等价理论岩石损伤模型的基础上，探讨了岩石应变软化过程中损伤变量或损伤因子的变化规律，并结合岩石应变软化变形全过程特征及其损伤机制的研究，探讨了建立岩石损伤劣化模型时考虑损伤阈值的重要性，并在对岩石微元强度度量方法研究的基础上，提出可考虑损伤阈值影响的新型岩石微元强度度量方法，同时引进统计损伤理论，建立可考虑损伤阈值影响的岩石统计损伤劣化模型，在此基础上，建立能充分模拟岩石应变软化变形全过程的损伤统计本构模型，并提出其参数确定方法；倪骁慧等人[101]在不同频率循环载荷下对花岗岩细观损伤特征进行了试验研究，运用数字图像技术获取微裂纹的细观几何信息，对不同频率循环载荷作用下花岗岩细观疲劳损伤特征进行分析；周家文等人[102]以砂岩单轴循环加卸载室内力学试验为基础，结合岩石内部微裂纹的细观力学分析，对脆性岩石单轴循环加卸载的应力-应变曲线特征、峰值强度及断裂损伤力学特性进行了研究；严鹏等人[103]针对高应力条件下钻孔取样过程造成的应力卸载对岩样的损伤问题，通过现场取样、数值模拟和室内试验的方法，比较不同应力水平下钻孔取样的损伤范围及程度；孙金山等人[104]在锦屏大理岩室内试验结果的基础上，利用颗粒流应力腐蚀模型，建立了能反映其短期和长期强度特征的柱状岩样数值模型，对其蠕变损伤劣化细观力学特征进行了数值模拟研究；王金安等人[105]为深刻理解构成断裂岩体长期抗剪强度的细观机制，对岩石断裂的细观接触和损伤劣化进行了试验研究。杨永杰等人[106]采用损伤力学分析方法对煤岩强度和变形特征的微细观机理进行了研究；朱其志等人[107]基于均匀化理论构建了细观力学损伤模型的热力学框架，提出运用 Eshelby 夹杂问题解决的岩石损伤摩擦耦合模型；尤明庆等人[108]对损伤岩石试样的力学特性和纵波波速关系进行了试验研究；朱万成等人[109]以岩石的损伤为主线，在多场耦合分析方程中引入损伤变量，基于质量守恒和能量守恒原理，提出岩体损伤过程中的 THM 耦合模型；朱杰兵等人[110]研究了岩石蠕变阶段的黏弹性变形特征，从材料损伤的角度出发，建立了岩石损伤劣化方程及变参数非线性 Burgers 模型；靖洪文等人[111]通过室内试验分析不同围压作用下损伤岩样的破坏特征和强度变化，提出了影响损伤岩样产生不同破坏特征的机制；张明等人[112]基于三轴压缩试验，结合统计强度理论和连续损伤理论建立了一种岩石统计损伤本构模型，并对建立的本构模型的数学意义和物理意义进行了讨论分析。

关于水对岩石损伤劣化的研究，朱珍德等人[113]运用损伤力学理论，分析了地下水对岩石强度与变形的影响，初步建立与应力状态密切相关的岩石遇水损伤劣化方程；邓华锋等人[5]对循环加卸载砂岩损伤试样进行了饱水-风干循环作用试验，结果表明，水压力的升、降和饱水-风干循环作用对岩体的损伤有累积放大作用；汪亦显等人[114]通过开展水溶液中不同浸泡时间下的岩石单轴抗压强度试验、膨胀和软化试验、双扭断裂试验等特性研究，分析了亚临界裂纹扩展速率与应力强度因子的关系，分析了软岩与水相互作用过程中水腐蚀损伤断裂力学劣化效应的时间依赖性；韦立德等人[115]应用概率论和损伤力学讨论了岩石在载荷作用下的破坏、损伤和变形等特征，在混合物理理论基础上，建立了饱和和非饱和岩石损伤软化统计本构模型；高赛红等人[116]从水-岩物理作用的角度出发，基于断裂韧度的损伤变量，推导出水损伤作用下压剪和拉剪下裂纹的应力强度因子；李尤嘉等人[117]从岩石细观损伤机制出发，结合单轴压缩载荷作用下岩石细观损伤裂纹扩展直至破坏全过程的试验曲线，得到了含水状态下岩石损伤发展劣化的初步规律，并给出了应力损伤门槛值；刘涛影等人[118]探讨了高渗透压作用下压剪岩石裂纹的起裂规律及分支裂纹尖端应力强度因子的演变规律，建立了高渗透压下裂隙岩体发生拉剪破坏的临界水压力值和初裂强度判据；彭俊等人[119]探讨了水压对岩石渐进破坏过程的影响。

上述学者从试验研究、理论分析、数值模拟等方面对岩土介质从微裂纹的萌生、扩展、劣化到宏观裂纹形成、断裂、破坏全过程进行了研究，研究成果极大地推动了岩石损伤力学的发展，促进了损伤力学在岩土工程中的应用。本文试图从能量和声发射的角度研究干燥、饱水状态下岩石损伤破坏过程中能量累积与耗散特征、能量与损伤之间的内在机制，建立基于声发射能量累积数和耗散应变能为表征参数的干燥、饱水岩样的损伤变量，根据耗散应变能与声发射表征的损伤变量之间的互补性，综合分析岩石损伤破坏过程中耗散能与声发射的变化规律，描述岩石损伤劣化过程及其破坏前兆信息，对预测岩体工程失稳具有一定的工程意义。

2 水作用下岩石物理力学性质变化规律

本章彩图

实践表明，水-岩耦合作用是影响岩土工程安全稳定的一个关键因素，很多地质灾害本质上都是由于水-岩作用导致岩土体周围环境的改变，进而发生灾变[120]，因此，在进行井巷支护设计及围岩质量及其稳定性分析评价时，应充分考虑地下水对岩石力学性质及岩体力学参数的影响。为此，本章拟通过对中关铁矿施工现场取得的闪长岩、灰岩的矿物组分及结构特征进行分析，研究浸水时间对饱水岩石纵波波速、强度及变形特征等物理力学参数的影响规律。

2.1 试样制备

试验所用岩样均取自河北钢铁集团矿业有限公司中关铁矿的施工现场，取样深度约为地表以下500 m。试件加工工艺为：首先在施工现场采用钻爆法获得大块完整无节理不规则的立方体岩块，再在实验室用水钻法钻取岩芯，按国际岩石力学试验建议的方法，加工成 ϕ50 mm×100 mm 的圆柱体标准试件，精度要求满足《水利水电工程岩石试验规程》（SL264—2001）的规定。试验前对加工好的试件采用英国 Proceq 公司生产的超声波混凝土测试仪（TICO）进行波速测试，测试后剔除离散性较大的试件，然后每种岩样选取波速接近、外观完整、质地均一的岩样作为试验试件。试件加工设备主要包括钻石机、切石机、磨石机（见图2.1）等。

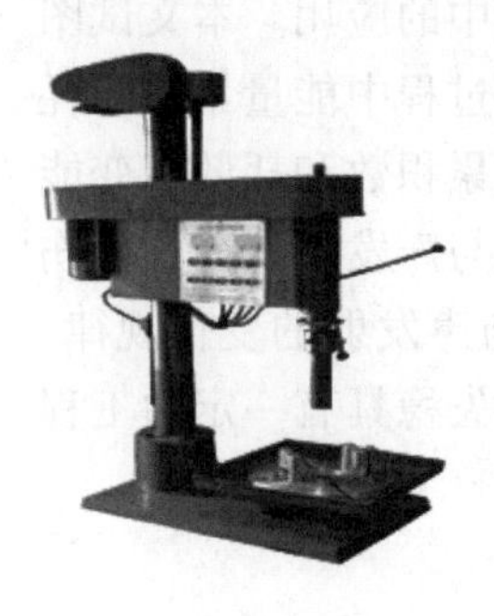

钻孔取样机　　切石机　　磨石机

图 2.1　岩样加工设备

钻石机采用ZS-100型岩石钻孔取样机。该机适用于钻取各类岩（矿）石、混凝土等非金属圆柱体样品标本，换装金刚石钻头，可钻取其所需要长度（≤350 mm）的圆柱试件，自动取芯，自动升降回位停止。该机的主要技术参数：圆柱直径为ϕ25~100 mm，主机功率为2.2 kW，升降电机为0.55 kW，最大钻孔深度为350 mm。

岩石切割机采用CB型轻便岩石切割机。该机器用于切割各种形状的标本。采用金刚石切割刀，配有手动移动工作台及夹持装置，可取下夹具，用平台切割。该机器使用自来水冷却。主要技术参数：锯片直径为ϕ200~400 mm。可切规格为：圆柱≤ϕ120 mm×120 mm，方块≤120 mm×120 mm。

磨石机采用SHM-200型端面磨石机。该机器由机座、工作台、磨削动力头、变速箱传动系统、电控装置等部分组成。该机器操作方便，可自动进给，也可手动进给，自动进给速度可自动调节。该机器的主要技术参数：可磨标本规格方块为25 mm×25 mm×25 mm~150 mm×150 mm×150 mm、圆柱为ϕ25~150 mm，自动磨削进给量为0.04~0.12 mm，工作台电机功率为0.55 kW，磨削动力头功率为1.1 kW。

试验中所用部分岩样如图2.2所示。

图2.2 部分岩石试件

2.2　岩石组分与结构分析

本次试验在东北大学分析测试中心进行，仪器采用徕卡 DM4000 型显微镜（见图 2.3）。试验前对闪长岩和灰岩切片的结构成分进行分析。

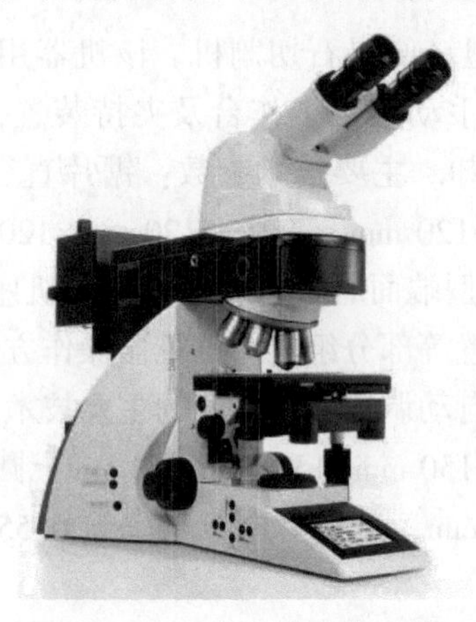

图 2.3　徕卡 DM4000 型显微镜

根据显微镜的观察结果可知，闪长岩岩样具有原始的晶洞，为浅成火成岩的典型标志，属于中性岩浆岩；岩石为块状构造，斑状结构，斑晶主要为长石。主要的矿物成分为：浅色矿物为斜长石（可见绢云母化）含量为 45%、碱性长石（可见高岭土化）含量为 25%，斜长石与碱性长石含量比为 2∶1；石英，含量小于 10%，它形粒状；暗色矿物主要为角闪石（可见绿泥石化），含量为 25%；奥陶系中统石灰岩原始成分为碳酸盐岩类经过变质作用形成，主要的矿物成分：方解石（具闪突起，聚片双晶，两组成“X”解理），镜下看到都是大小不等的方解石颗粒，主要矿物颗粒平均直径为 0.27 mm，滴酸强烈起泡。闪长岩和灰岩的显微结构图分别如图 2.4 和图 2.5 所示。

(a)

(b)

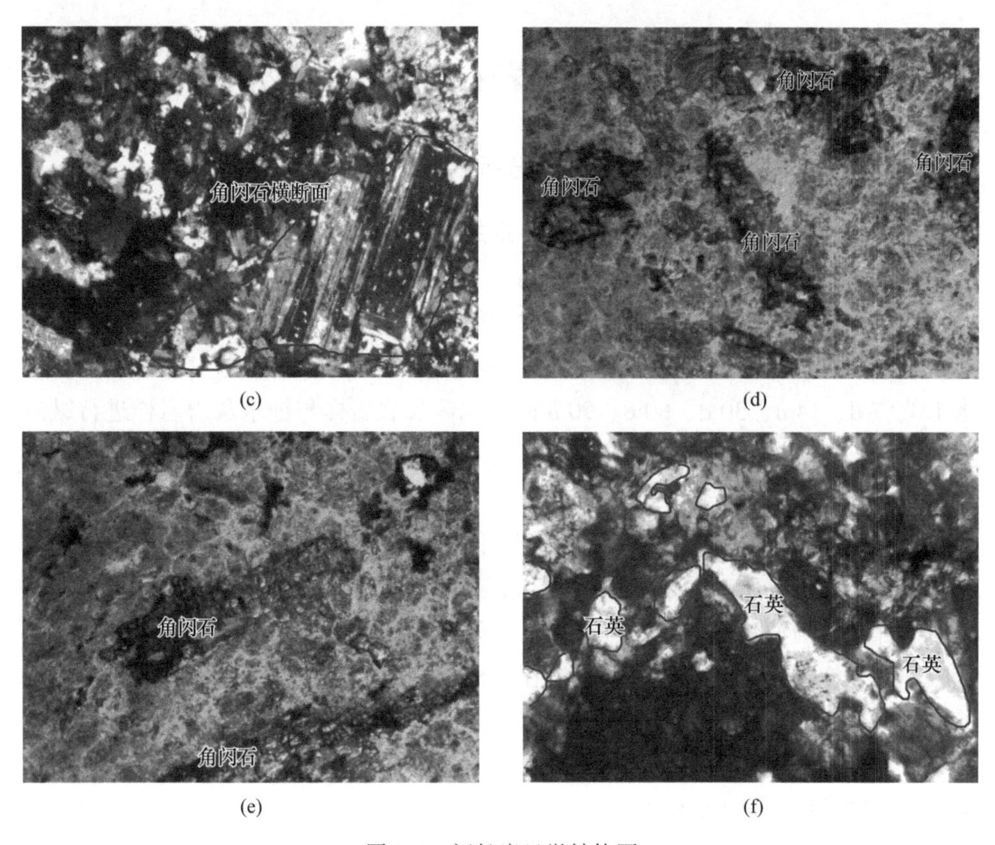

(c) (d)

(e) (f)

图 2.4 闪长岩显微结构图

(a) 正光，斑状结构，斑晶为斜长石，40×；(b) 正光，具卡式双晶现象的碱性长石，40×；(c) 偏光，角闪石的横断面，40×；(d) 偏光，角闪石，40×；(e) 偏光，角闪石，40×；(f) 正光，石英，它形粒状，100×

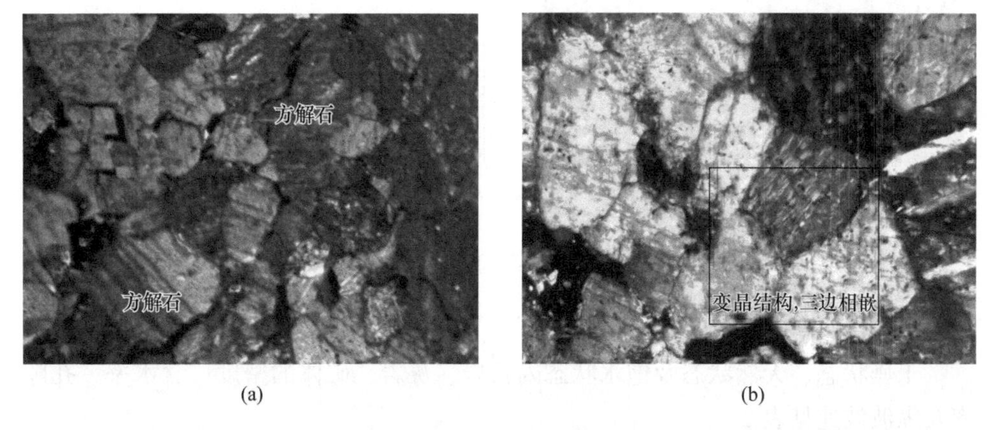

(a) (b)

图 2.5 灰岩显微结构图

(a) 正光，大小不同的方解石颗粒，40×；(b) 正光，变晶结构，方解石三边相嵌，交角为 120°，40×

2.3　不同含水状态岩石物理性质弱化规律

2.3.1　含水岩石纵波波速测试结果与分析

工程中所遇到的岩体总是赋存于一定的地下水环境中，水对岩石纵波波速会产生一定的影响。国内外许多学者分别对干燥、饱水、不同含水率及风干-饱水循环作用下岩石的纵波波速的变化规律进行了试验研究，并取得了大量的研究成果。本书在这些研究成果的基础上，分别对干燥状态、天然状态、饱水状态，浸水 1 d、7 d、14 d、30 d、60 d、90 d 的饱水闪长岩岩样与饱水灰岩岩样进行纵波波速测试，分析不同含水状态及浸水时间对岩样纵波波速的影响规律。

2.4.1.1　波速测试系统

测量波速的仪器采用英国 Proceq 公司生产的超声波混凝土测试仪（TICO），工作状态如图 2.6 所示。工作原理是：混凝土超声测试仪通过发射和接收两个部分对岩样进行声波波速探测。一个探头发射超声波，通过岩石试样，另一个探头接收通过岩样的超声波，通过超声波在岩样中行走的时间来确定所测试岩样的声波传播速度，其主要参数如下：测试范围为 0.1～6553.5 μs；分辨率为 0.1 μs；电压脉冲原理 1 kV；脉冲速度为 3 km/s；输入阻抗为 1 MΩ；温度范围为－10～60 ℃；探头频率为 54 kHz。

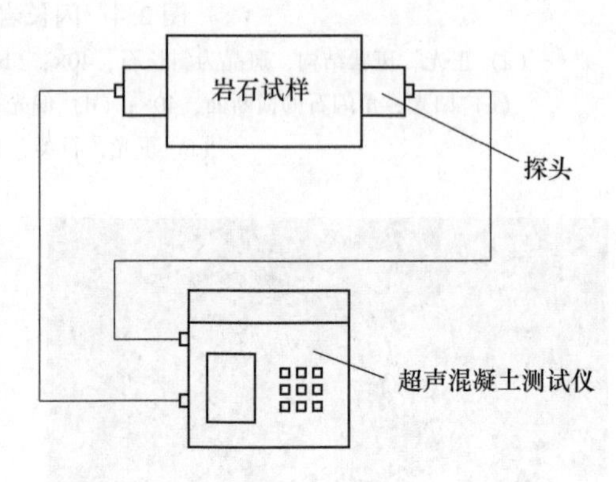

图 2.6　超声波混凝土测试仪（TICO）及工作原理示意图

2.4.1.2　波速测试结果与分析

干燥状态、天然状态及饱水状态闪长岩、灰岩、矿体的密度、含水率、孔隙率及纵波波速见表 2.1。

表 2.1 试件密度、含水率、孔隙率和纵波波速试验结果

岩性	试件编号	密度/g·cm^{-3}			纵波波速/m·s^{-1}			含水率/%		孔隙率/%
		干燥	天然	饱水	干燥	天然	饱水	天然	饱水	
闪长岩	S-1	2.63	2.648	2.658	4503	4017	4898	0.67	1.08	1.94
	S-2	2.62	2.638	2.649	4446	4009	4809	0.71	1.11	1.88
	S-3	2.64	2.657	2.668	4535	4025	4962	0.66	1.05	2.11
灰岩	1	2.62	2.629	2.630	4112	3445	4359	0.72	1.15	3.21
	5	2.62	2.629	2.631	4167	3602	4415	0.73	1.17	3.17
	23	2.61	2.630	2.631	4126	3520	4382	0.76	1.18	3.19
矿体	T-7	3.56	3.578	3.593	5521	5101	6229	0.51	0.94	1.12
	T-8	3.54	3.558	3.572	5547	5168	6280	0.53	0.93	1.11
	T-9	3.57	3.588	3.604	5580	5299	6312	0.53	0.95	1.13

由表 2.1 可知，闪长岩、灰岩、矿体试件在干燥状态下的密度分别为 2.63 g/cm^3、2.62 g/cm^3 和 3.56 g/cm^3，在天然状态下的密度分别为 2.648 g/cm^3、2.629 g/cm^3 和 3.574 g/cm^3，在饱水状态下的密度分别为 2.658 g/cm^3、2.631 g/cm^3 和 3.590 g/cm^3；闪长岩、灰岩、矿体试件的孔隙率分别为 1.98%、3.19%和 1.12%。闪长岩、灰岩、矿体试件在天然状态下的纵波波速均低于对应试件干燥状态下的纵波波速，而饱水条件下试件的纵波波速均高于干燥状态下对应试件的纵波波速。其中，对于闪长岩，干燥状态、天然状态、饱水状态下试件的纵波波速的平均值分别为 4494 m/s、4017 m/s 和 4889 m/s，相对于干燥试件，天然状态试件的纵波波速下降了 10.6%，饱水试件的纵波波速增加了 8.78%；对于灰岩，干燥状态、天然状态、饱水状态试件的纵波波速的平均值分别为 4135 m/s、3522 m/s 和 4385 m/s，相对于干燥试件，天然状态试件的纵波波速下降了 14.82%，饱水试件的纵波波速增加了 6.04%；对于矿体，干燥状态、天然状态、饱水状态试件的纵波波速的平均值分别为 5549 m/s、5189 m/s 和 6274 m/s，相对于干燥试件，天然状态试件的纵波波速下降了 6.49%，饱水试件的纵波波速增加了 13.06%。

试验表明，干燥、天然及饱水条件下，闪长岩、灰岩、矿体的纵波波速随试件致密程度的增大而增大，这说明纵波波速的大小不仅与试件的含水状态有关，还与试件的密度及孔隙情况有关。3 种试件中，灰岩的孔隙度最大，致密程度最低，纵波波速最小，水对其纵波波速的影响程度最大；矿体的孔隙度最小，最致密，纵波波速最大，水对其纵波波速的影响程度最小；闪长岩介于灰岩和矿体之间。产生上述现象的原因是：对于干燥试件，声波沿测试方向传播时，当遇到孔隙、裂隙时将发生绕射，孔隙度高则绕射次数相对较多，波传播的实际距离相对

较大，其纵波波速相对较低；对于天然状态的试件，一部分水吸附在孔壁和岩石矿物颗粒表面，形成一定厚度的水膜，另外一部分水以自由水的形式存在，由于水分子对试件的软化作用，使得矿物颗粒间的联结减弱，降低了试件的强度和弹性模量，进而使得纵波的波速减小；对于饱水试件，水取代空气充满了试件的孔隙、裂隙，使得水与试件颗粒骨架之间的自由空间减小，弹性波可通过水介质与岩石颗粒的耦合进行传播，这在宏观上表现为饱水时纵波波速的增加。

为研究浸水时间对饱水岩样纵波波速的影响规律，对浸水时间为 1 d、7 d、14 d、30 d、60 d、90 d 的饱水闪长岩、饱水灰岩岩样进行了纵波波速测试，测试结果见表 2.2。

表 2.2 不同浸水时间饱水岩样的纵波波速试验结果

岩性	试件编号	不同浸水时间岩样纵波波速/m·s^{-1}					
		1 d	7 d	14 d	30 d	60 d	90 d
闪长岩	S-1	4794	4711	4651	4616	4591	4571
	S-2	4710	4629	4566	4540	4515	4494
	S-3	4857	4778	4707	4674	4648	4627
灰岩	1	4306	4271	4244	4226	4216	4207
	5	4362	4328	4299	4280	4271	4264
	23	4330	4293	4268	4249	4237	4230

根据表 2.2 的试验结果，对饱水闪长岩和饱水灰岩岩样的纵波波速随浸水时间的变化规律进行曲线拟合，拟合后的曲线分别如图 2.7 和图 2.8 所示。

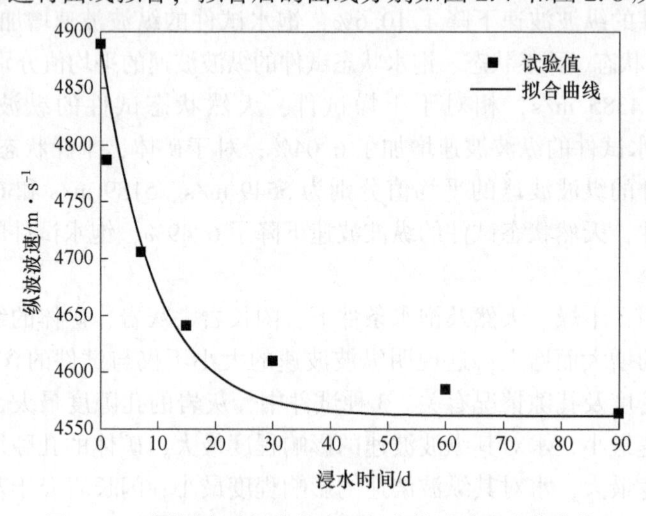

图 2.7 不同浸水时间的饱水闪长岩纵波波速变化曲线

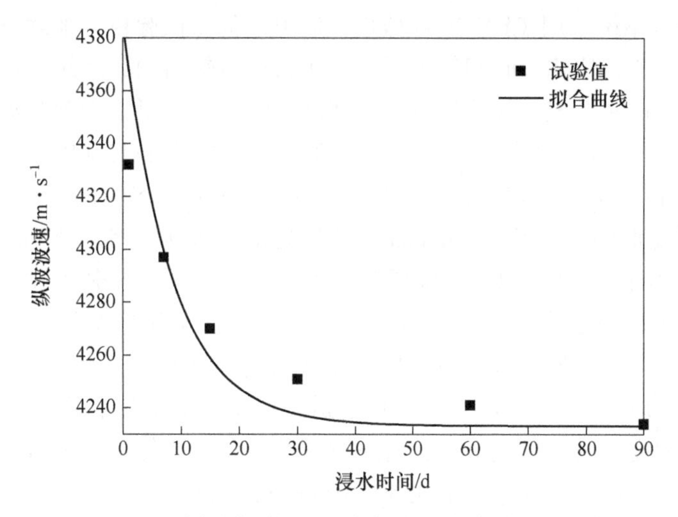

图 2.8 不同浸水时间的饱水灰岩纵波波速变化曲线

由表 2.2、图 2.7 和图 2.8 可知，饱水闪长岩和饱水灰岩岩样的纵波波速均随浸水时间的增加而减小。对于饱水闪长岩岩样，浸水 1 d、7 d、14 d、30 d、60 d、90 d 后其纵波波速的平均值分别为 4787 m/s、4706 m/s、4641 m/s、4610 m/s、4585 m/s 和 4585 m/s，其纵波波速相对于饱水岩样分别降低了 2.09%、3.74%、5.07%、5.71%、6.22% 和 6.65%；对于灰岩，浸水 1 d、7 d、14 d、30 d、60 d、90 d 后其纵波波速平均值为 4333 m/s、4297 m/s、4270 m/s、4252 m/s、4241 m/s 和 4234 m/s，其纵波波速相对于饱水岩样分别降低了 1.19%、2.01%、2.62%、3.03%、3.28%和 3.44%。

综合分析上述试验结果可知，在浸水时间不长（1~14 d）的情况下，饱水闪长岩和饱水灰岩岩样的纵波波速均有较大程度的下降，在浸水时间较长（30~90 d）的情况下，饱水闪长岩和饱水灰岩岩样的纵波波速降低幅度逐渐减小并趋于稳定。根据上述拟合曲线，可得饱水闪长岩和饱水灰岩岩样的纵波波速与浸水时间的定量关系式：

$$V_p(t) = A\exp(-Bt) + C \tag{2.1}$$

式中，V_p 为不同浸水时间的饱水岩样的纵波波速，m/s；t 为不同的浸水时间，d；A、B、C 分别为通过试验确定的拟合参数。对于饱水闪长岩岩样，其 A、B、C 的值分别为 327.46、0.109 和 4561.53，$R^2=0.9198$；对于饱水灰岩岩样，其 A、B、C 的值分别为 151.81、0.118 和 4233.18，$R^2=0.9085$。

2.3.2 单轴抗压强度及变形参数试验结果与分析

2.3.2.1 试验设备

试验设备主要由加载系统和数据采集系统组成。

（1）加载系统采用 TAW-3000 微机控制电液伺服试验机，加载过程中该系统可同时采集载荷、位移、时间等数据。该压力机由轴向加载系统、围压系统、孔隙水压系统、控制系统、计算机系统等几部分组成。主要技术参数如下：最大轴向力为 3000 kN，试验力精度为±1%，试验力分辨率为 1/120000，活塞最大位移为 100 mm，位移精度为±1%，位移分辨率为 1/100000，轴向变形测量范围为 0~8 mm，径向变形测量范围 0~4 mm，变形测量精度为±1%，变形分辨率为 1/100000，最大围压为 100 MPa，围压精度为±2%，围压分辨率为 1/60000。

（2）数据采集系统采用应力传感器、位移传感器和静态应变仪对岩石所加荷载和纵向及横向变形进行量测。应变采集仪为东华测试厂生产的 3818 型静态应变采集仪，应变采集仪有 20 个测量通道，每个测点分别自动平衡，还可根据应变计的灵敏度系数、导线电阻、桥路方式及各种桥式传感器灵敏度，对测量结果进行修正。适用应变片电阻值在 50~10000 Ω 任意设定；应变片灵敏度系数为 1. 0~3. 0；自动修正测量应变范围为±19999 με；最高分辨率为 1 με；系统不确定度不大于 0. 5%±3 με；零漂为不大于 4 με/2h；自动平衡范围为±15000 με（应变计阻值的±1. 5%）。该仪器现场稳定性好、抗干扰能力强、软件完善，可以满足试验研究。该试验采用半桥连接方式进行测量。

2. 3. 2. 2　不同含水状态矿体试件强度及变形特征

根据干燥、天然及饱水状态矿体试件单轴压缩试验的试验结果绘制的应力–应变关系曲线如图 2. 9 所示。

根据上述试验结果可知，干燥状态、天然状态及饱水状态矿体试件的单轴抗压强度分别为 132. 03 MPa、119. 2 MPa 和 100. 4 MPa；弹性模量分别为 41. 6 GPa、36. 4 GPa 和 34. 6 GPa；泊松比分别为 0. 19、0. 21 和 0. 22。天然状态矿体试件的单轴抗压强度、弹性模量分别为干燥状态试件的 90. 3% 和 87. 5%。饱

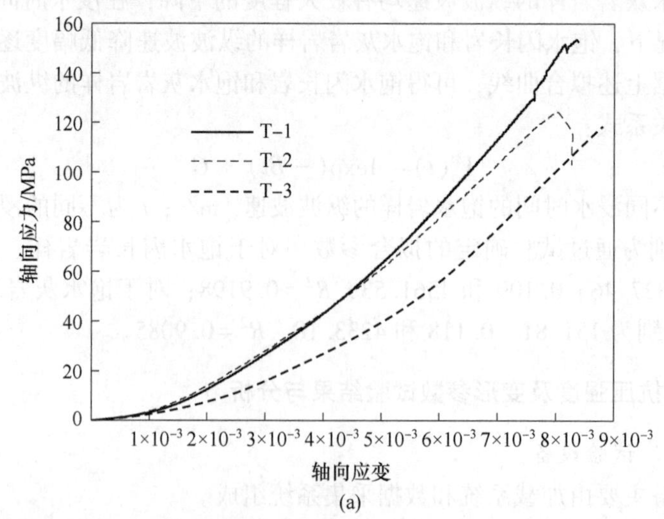

(a)

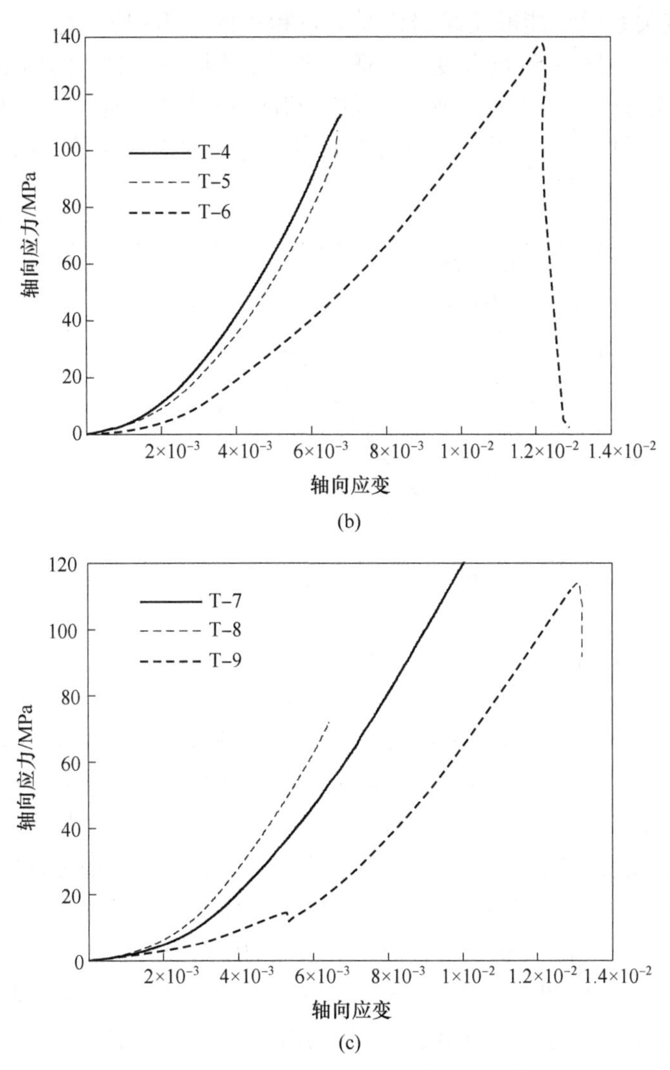

图 2.9 不同含水状态矿体试件单轴抗压强度曲线
(a) 干燥试件；(b) 天然试件；(c) 饱水试件

水状态矿体试件的单轴抗压强度、弹性模量分别为干燥状态试件的 76% 和 83.2%。

2.3.2.3 不同浸水时间饱水闪长岩强度及变形特征

根据闪长岩矿物组分与结构分析结果可知，岩样中含有遇水后强度降低的绿泥石化等黏土矿物成分，在水的作用下，岩样内部的细观结构也会随之发生变化，岩样颗粒之间的联结必然会遭到破坏，微观结构变得更加松散，力学性能减弱，随浸水时间的增加，饱水岩样的软化程度也不断增加。岩样在单轴压缩下的全应力-应变关系曲线能够反映岩样受力过程中的应力-应变性质。为了研究不同浸水时间饱水岩样的强度及变形特征，进行了不同浸水时间的饱水岩样的单轴压缩试验，探讨饱水岩样的单轴抗压强度及弹性模量等物理力学参数随浸水时间的变化规律，根据试验结果，绘制出不同浸水时间的饱水闪长岩的全应力-应变关系曲线如图 2. 10 所示。

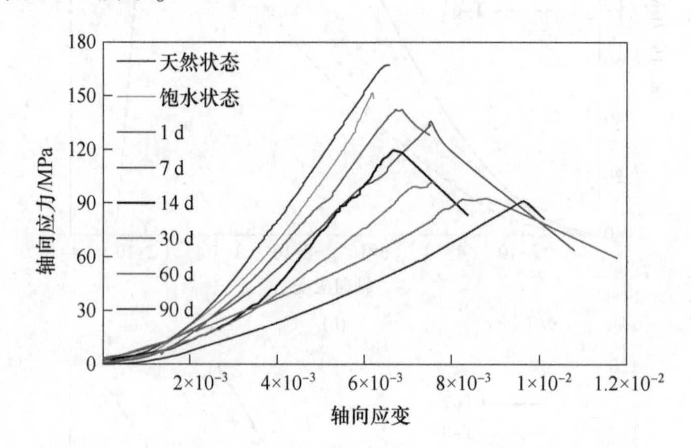

图 2. 10　不同浸水时间的饱水闪长岩全应力-应变关系曲线

由图 2. 10 可见，浸水时间对饱水岩样的强度及变形特征具有显著的影响，随浸水时间的增加，岩样的全应力-应变曲线呈现出从弹性变形特征逐渐向非线性变形特征过渡。天然状态下，岩样的单轴抗压强度较高，在加载过程中岩样发生骤然破坏，曲线达到峰值后迅速跌落，岩样破坏具有明显的脆性特征；在浸水时间不长（1～14 d）的情况下，峰值前的应力-应变曲线基本呈线性变化，没有明显的屈服阶段，到达峰值点后，曲线有明显的跌落过程，岩样仍具有一定的承载能力，其轴向变形相对于天然状态的岩样有所增大；在浸水时间较长（30～90 d）的情况下，应力-应变曲线上升段的斜率进一步减小，轴向变形增大，到达峰值后，曲线没有出现明显的跌落，而是逐渐下降，试件仍具有一定的承载能力。随浸水时间的增加，饱水岩样的单轴抗压强度出现不同程度的降低，对单轴抗压强度的试验结果进行曲线拟合，拟合后的抗压强度及弹性模量曲线分别如图 2. 11 和图 2. 12 所示。

由图 2. 11 和图 2. 12 的拟合曲线可见，闪长岩岩样的单轴抗压强度和弹性模量均随浸水时间的增加呈指数函数的变化趋势，且两者的变化趋势基本一致，即随浸水时间的增加，岩样的单轴抗压强度和弹性模量都不断降低，直至趋于稳定。饱水岩样的应力梯度和弹性模量梯度都是在浸水前 14 d 降幅较大。从天然状态到饱水状态，岩样的单轴抗压强度从 166. 9 MPa 下降到 148. 38 MPa，弹性模量从 20. 44 GPa 下降到 18. 05 GPa，其单轴抗压强度和弹性模量分别较天然状

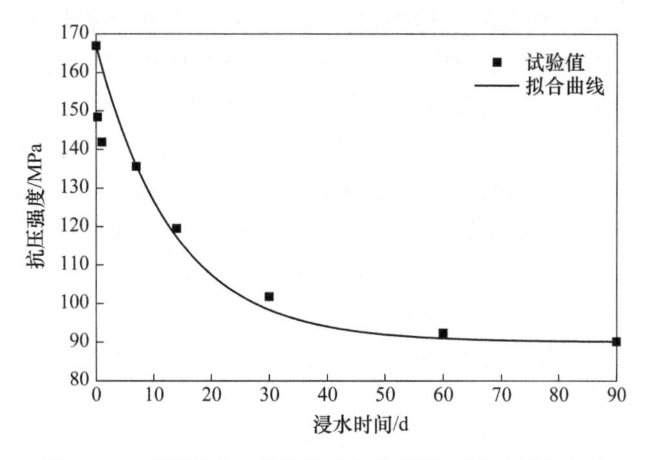

图 2.11 不同浸水时间的饱水闪长岩抗压强度拟合曲线

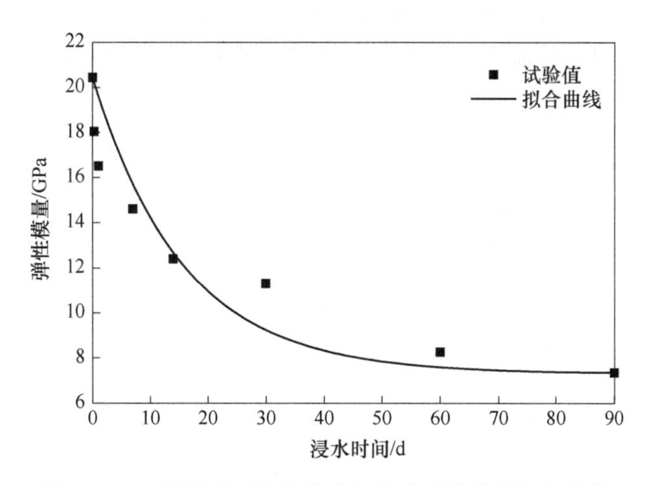

图 2.12 不同浸水时间的饱水闪长岩弹性模量拟合曲线

态岩样降低了 11.09%和 11.69%；从天然状态到饱水 1 d 后，岩样的单轴抗压强度从 166.9 MPa 下降到 141.9 MPa，弹性模量从 20.44 GPa 下降到 16.5 GPa，其单轴抗压强度和弹性模量分别较天然状态岩样降低了 15.4%和 19.27%；当饱水岩样浸水 7 d 后，岩样的单轴抗压强度为 135.6 MPa，弹性模量为 14.6 GPa，与天然状态的岩样相比，其单轴抗压强度降低了 18.75%和 28.57%；当饱水岩样浸水 14 d 后，岩样的单轴抗压强度为 131 MPa，弹性模量为 12.4 GPa，与天然状态的岩样相比，其单轴抗压强度和弹性模量分别降低了 21.51%和 39.33%；当饱水岩样浸水 30 d 后，岩样的单轴抗压强度为 101.88 MPa，弹性模量为 11.3 GPa，与天然状态的岩样相比，其单轴抗压强度和弹性模量分别降低了 38.96%和 44.7%；当饱水岩样浸水 60 d 后，岩样的单轴抗压强度为 92.37 MPa，弹性模量为 8.26 GPa，与天然状态的岩样相比，其单轴抗压强度和弹性模量分别降低了 44.65%和 59.58%；当饱水岩样浸水 90 d 后，岩样的单轴抗压强度为 90.2 MPa，弹性模量为 7.35 GPa，岩样的单轴抗压强度和弹性模量分别较天然状态的岩样降低了 45.9%和 64.04%。单轴抗压强度和弹性模量的降低正是饱水闪长岩试件在水的作用下，随浸水时间的延长发生力学性质软化的重要特征。根据上述拟合曲线，可得饱水闪长岩试件单轴抗压强度和弹性模量与浸水时间的定量关系式：

$$\sigma_1(t) = A_1\exp(-B_1t) + C_1 \tag{2.2}$$

$$E_1(t) = A_2\exp(-B_2t) + C_2 \tag{2.3}$$

式中，$\sigma_1(t)$，$E_1(t)$ 分别为不同浸水时间的饱水岩样的单轴抗压强度和弹性模量；t 为饱水岩样不同的浸水时间，d；A_1、B_1、C_1 和 A_2、B_2、C_2 分别为通过试验确定的拟合参数，其中 $A_1=77.29$、$B_1=0.072$、$C_1=89.6$、$R_1^2=0.8752$，$A_2=13.312$、$B_2=0.061$、$C_2=7.1275$、$R_2^2=0.8634$。

2.3.2.4　不同浸水时间饱水灰岩强度及变形特征

根据试验结果，绘制出不同浸水时间的饱水灰岩的全应力-应变关系曲线如图 2.13 所示。

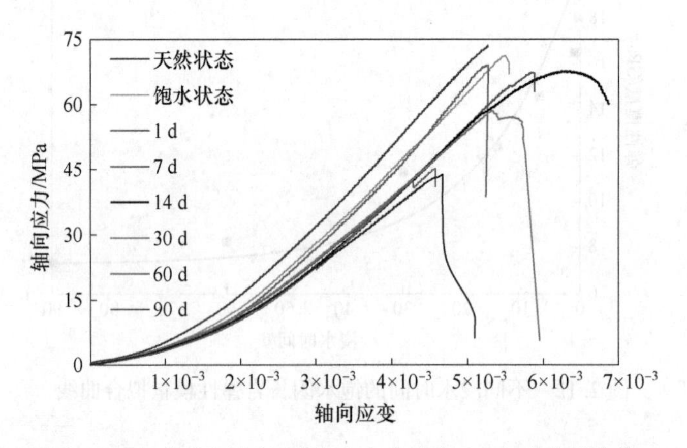

图 2.13　不同浸水时间的饱水灰岩全应力-应变关系曲线

由图 2.13 可见，浸水时间对饱水灰岩的强度及变形特征同样具有显著的影响。天然状态下，岩样的单轴抗压强度较高，岩样破坏具有明显的脆性特征；在浸水时间不长（1~14 d）的情况下，峰值前的应力-应变曲线基本呈线性变化，没有明显的屈服阶段，到达峰值点后，曲线有明显的跌落过程，岩样仍具有一定的承载能力，轴向变形相对于天然状态的岩样有所增大；在浸水时间较长（30~90 d）的情况下，应力-应变曲线上升段的斜率进一步减小，到达峰值后，曲线没有出现明显的跌落，试件仍具有一定的承载能力。随浸水时间的增加，饱水灰岩的单轴抗压强度出现不同程度的降低，对单轴抗压强度的试验结果进行曲线拟合，拟合后的抗压强度及弹性模量曲线分别如图 2.14 和图 2.15 所示。

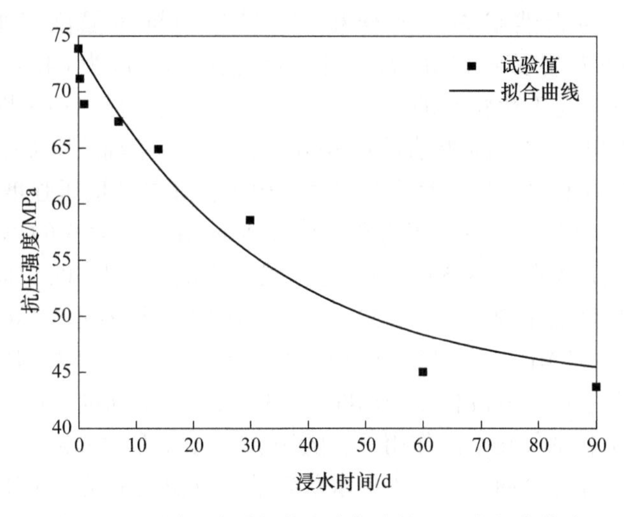

图 2.14　不同浸水时间的饱水灰岩抗压强度拟合曲线

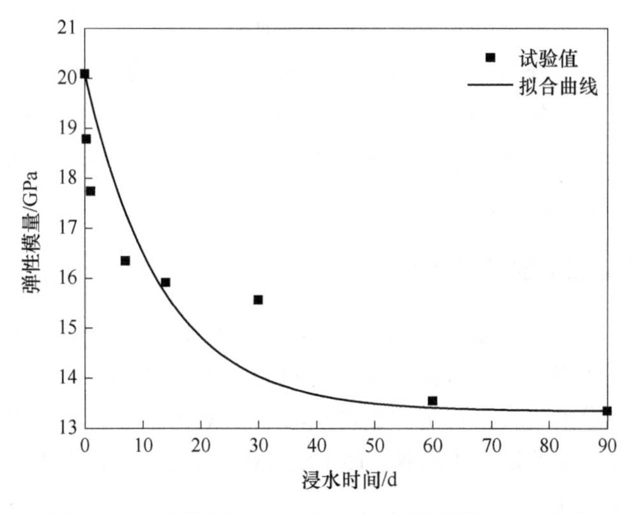

图 2.15　不同浸水时间的饱水灰岩弹性模量拟合曲线

由图 2.14 和图 2.15 所示的拟合曲线可见，灰岩岩样的单轴抗压强度和弹性模量均随浸水时间的增加呈指数函数的变化趋势，即随浸水时间的增加，岩样的单轴抗压强度和弹性模量都不断降低，直至趋于稳定。从天然状态到饱水状态，灰岩的单轴抗压强度从 73.88 MPa 下降到 71.16 MPa，弹性模量从 20.09 GPa 下降到 18.79 GPa，其单轴抗压强度和弹性模量分别较天然状态岩样降低了 3.68% 和 6.47%；当饱水岩样浸水 1 d 后，岩样的单轴抗压强度为 68.91 MPa，弹性模量为 17.74 GPa，与天然状态的岩样相比，其单轴抗压强度降低了 6.73% 和

11.69%；当饱水灰岩浸水 7 d 后，岩样的单轴抗压强度为 67.36 MPa，弹性模量为 16.35 GPa，与天然状态的岩样相比，其单轴抗压强度降低了 8.25% 和 18.62%；当饱水灰岩浸水 14 d 后，岩样的单轴抗压强度为 64.90 MPa，弹性模量为 15.92 GPa，与天然状态的岩样相比，其单轴抗压强度和弹性模量分别降低了 12.15%和 20.76%；当饱水灰岩浸水 30 d 后，岩样的单轴抗压强度为 58.55 MPa，弹性模量为 15.57 GPa，与天然状态的岩样相比，其单轴抗压强度和弹性模量分别降低了 20.75%和 25.82%；当饱和岩样浸水 60 d 后，岩样的单轴抗压强度为 45.02 MPa，弹性模量为 13.55 GPa，与天然状态的岩样相比，其单轴抗压强度和弹性模量分别降低了 39.06% 和 32.55%；当饱水岩样浸水 90 d 后，岩样的单轴抗压强度为 43.7 MPa，弹性模量为 13.35 GPa，岩样的单轴抗压强度和弹性模量分别较天然状态的岩样降低了 40.85% 和 33.55%。单轴抗压强度和弹性模量的降低正是饱水灰岩试件在水的作用下，随浸水时间的延长发生力学性质软化的重要特征。根据上述拟合曲线，可得饱水灰岩试件单轴抗压强度和弹性模量与浸水时间的定量关系式：

$$\sigma_2(t) = A_3\exp(-B_3t) + C_3 \tag{2.4}$$

$$E_2(t) = A_4\exp(-B_4t) + C_4 \tag{2.5}$$

式中，$\sigma_2(t)$，$E_2(t)$ 分别为不同浸水时间的饱水灰岩的单轴抗压强度和弹性模量；t 为不同的浸水时间，d；A_3、B_3、C_3 和 A_4、B_4、C_4 分别为通过试验确定的拟合参数，其中 $A_3 = 30.30$、$B_3 = 0.031$、$C_3 = 43.58$、$R_3^2 = 0.9485$，$A_4 = 6.74$、$B_4 = 0.076$、$C_4 = 13.34$、$R_4^2 = 0.7927$。

2.3.3　抗剪强度测试结果与分析

为研究天然状态、饱水状态及不同浸水时间条件下饱水岩石的抗剪强度特征，分别对天然状态、饱水状态及浸水时间为 1 d、7 d、14 d、30 d、60 d、90 d 的饱水闪长岩和饱水灰岩进行抗剪强度试验。根据取样位置的工程压力，将法向载荷按等差级数分为 5 kN、10 kN、15 kN、20 kN、25 kN，以 10 kN/min 施加剪切载荷直至试样破坏。

2.3.3.1　试验设备

加载设备采用 YAW-300 微机控制电液伺服岩体直剪试验机，精度及加载吨位满足试验要求；数据采集处理系统采用微机控制电液伺服岩体直剪试验机数据采集系统。

2.3.3.2　闪长岩抗剪强度试验结果与分析

按式（2.6）和式（2.7）计算岩石各法向载荷下的法向应力和剪应力：

$$\sigma = \frac{P}{A} \tag{2.6}$$

$$\tau = \frac{Q}{A} \tag{2.7}$$

式中，σ 为作用于剪切面上的法向应力，MPa；τ 为作用于剪切面上的剪应力，MPa；P 为作用于剪切面上的总法向载荷，N；Q 为作用于剪切面上的总剪切载荷，N；A 为剪切面积，mm^2。

以法向应力为横坐标、剪应力为纵坐标，绘制法向应力 σ 与剪应力 τ 的关系曲线，计算二元线性回归直线的截距与斜率，根据 Mohr-Coulomb 破坏准则可计算天然状态、饱水状态及浸水时间为 1 d、7 d、14 d、30 d、60 d、90 d 的饱水闪长岩岩样的凝聚力 c 值和内摩擦角 φ 值，如图 2.16 所示。

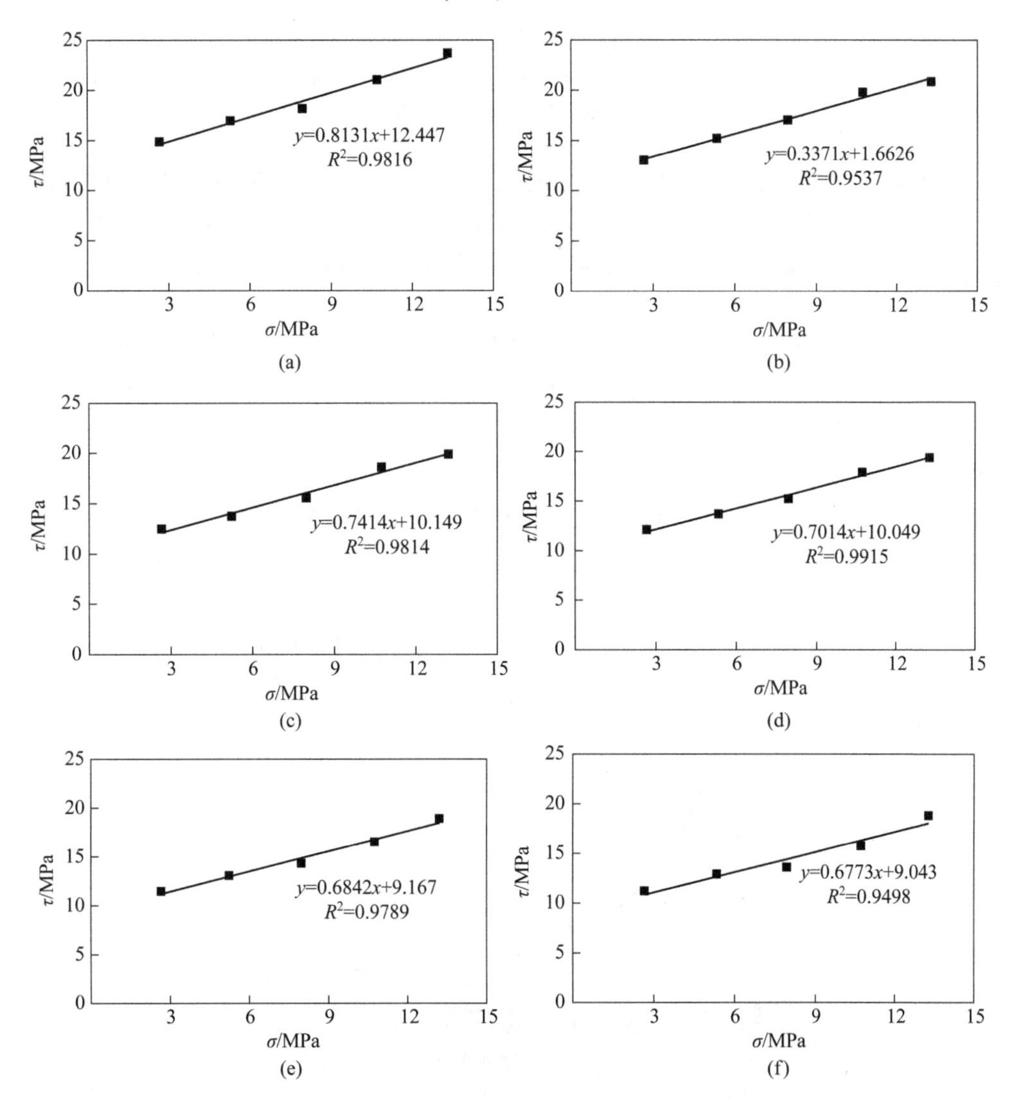

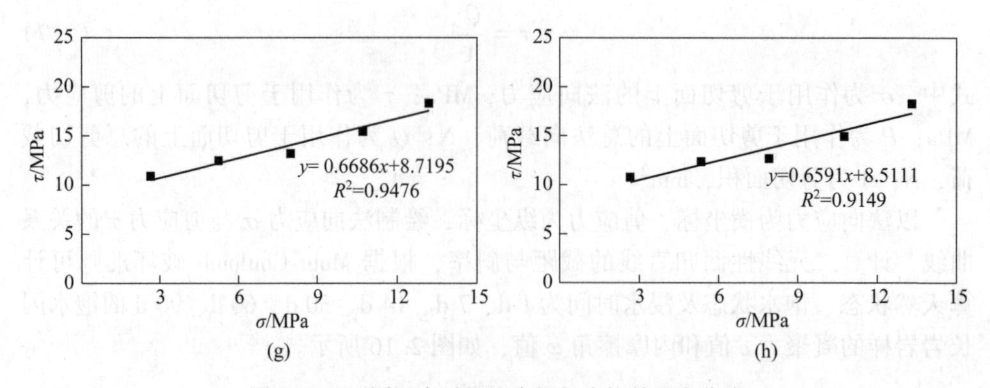

图 2.16 不同浸水时间饱水闪长岩抗剪强度曲线

(a) 天然状态；(b) 饱水状态；(c) 浸水 1 d；(d) 浸水 7 d；(e) 浸水 14 d；(f) 浸水 30 d；(g) 浸水 60 d；(h) 浸水 90 d

根据天然状态、饱水状态及浸水时间为 1 d、7 d、14 d、30 d、60 d、90 d 的饱水闪长岩岩样的抗剪强度试验结果，对闪长岩抗剪强度的试验结果进行曲线拟合，可得闪长岩试件的凝聚力和内摩擦角随含水状态及浸水时间的变化曲线，如图 2.17 所示。

由图 2.17 可见，闪长岩岩样的凝聚力和内摩擦角均随浸水时间的延长而减小且二者的变化趋势基本一致。由天然状态到饱水状态，岩样的凝聚力由 12.45 MPa 下降到 11.10 MPa，内摩擦角由 39.12°下降到 37.22°，其凝聚力和内摩擦角分别较天然状态岩样降低了 10.84%和 4.86%；由天然状态到浸水 1 d 后，岩样的凝聚力由 12.45 MPa 下降到 10.15 MPa，内摩擦角由 39.12°下降到 36.55°，其凝聚力和内摩擦角分别较天然状态岩样降低了 18.47%和 6.57%；由

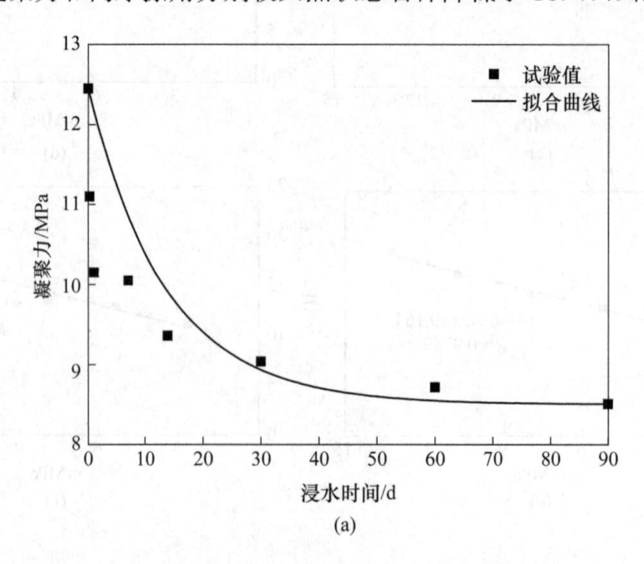

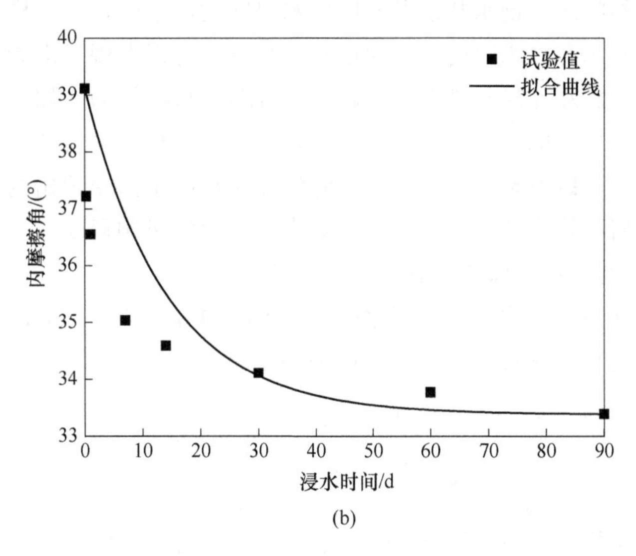

(b)

图 2.17 饱水闪长岩凝聚力和内摩擦角随浸水时间变化曲线

(a) 凝聚力;(b) 内摩擦角

饱水状态到浸水 7 d 后,岩样的凝聚力由 12.45 MPa 下降到 10.05 MPa,内摩擦角由 39.12°下降到 35.04°,其凝聚力和内摩擦角分别较天然状态岩样降低了 19.28%和 10.43%;由饱水状态到浸水 14 d 后,岩样的凝聚力由 12.45 MPa 下降到 9.36 MPa,内摩擦角由 39.12°下降到 34.59°,其凝聚力和内摩擦角分别较天然状态岩样降低了 24.82%和 11.58%;由饱水状态到浸水 30 d 后,岩样的凝聚力由 12.45 MPa 下降到 9.04 MPa,内摩擦角由 39.12°下降到 34.11°,其凝聚力和内摩擦角分别较天然状态岩样降低了 27.38%和 12.81%;由饱水状态到浸水 60 d 后,岩样的凝聚力由 12.45 MPa 下降到 8.72 MPa,内摩擦角由 39.12°下降到 33.77°,其凝聚力和内摩擦角分别较天然状态岩样降低了 29.96%和 13.68%;由饱水状态到浸水 90 d 后,岩样的凝聚力由 12.45 MPa 下降到 8.51 MPa,内摩擦角由 39.12°下降到 33.39°,其凝聚力和内摩擦角分别较天然状态岩样降低了 31.64%和 14.65%。根据上述拟合曲线,可得饱水闪长岩岩样抗剪强度与浸水时间的定量关系式:

$$c_1(t) = A_5\exp(-B_5t) + C_5 \tag{2.8}$$

$$\varphi_1(t) = A_6\exp(-B_6t) + C_6 \tag{2.9}$$

式中,$c_1(t)$、$\varphi_1(t)$ 分别为不同浸水时间的饱水闪长岩的凝聚力和内摩擦角;t 为不同的浸水时间,d;A_5、B_5、C_5,A_6、B_6、C_6 分别为通过试验确定的拟合参数,其中 $A_5 = 3.9451$、$B_5 = 0.074$、$C_5 = 8.5048$、$R_5^2 = 0.8964$,$A_6 = 5.7396$、$B_6 = 0.071$、$C_6 = 33.3804$、$R_6^2 = 0.9023$。

通过对天然状态、饱水状态及不同浸水时间的饱水闪长岩岩样的凝聚力和内摩擦角随含水状态及浸水时间的变化趋势进行分析可以发现，由天然状态到浸水 14 d，岩样的凝聚力有较大程度的下降，而后随浸水时间的增加，岩样的凝聚力降低幅度有逐渐减小的趋势并逐渐趋于稳定。对比分析凝聚力和内摩擦角随浸水时间的降低幅度可以发现，凝聚力的下降幅度明显高于内摩擦角的下降幅度，这说明水对闪长岩凝聚力的影响程度大于对内摩擦角的影响程度。

2.3.3.3　灰岩抗剪强度试验结果与分析

根据天然状态、饱水状态及浸水时间为 1 d、7 d、14 d、30 d、60 d、90 d 的饱水灰岩岩样的直剪试验结果绘制的抗剪强度曲线如图 2.18 所示。

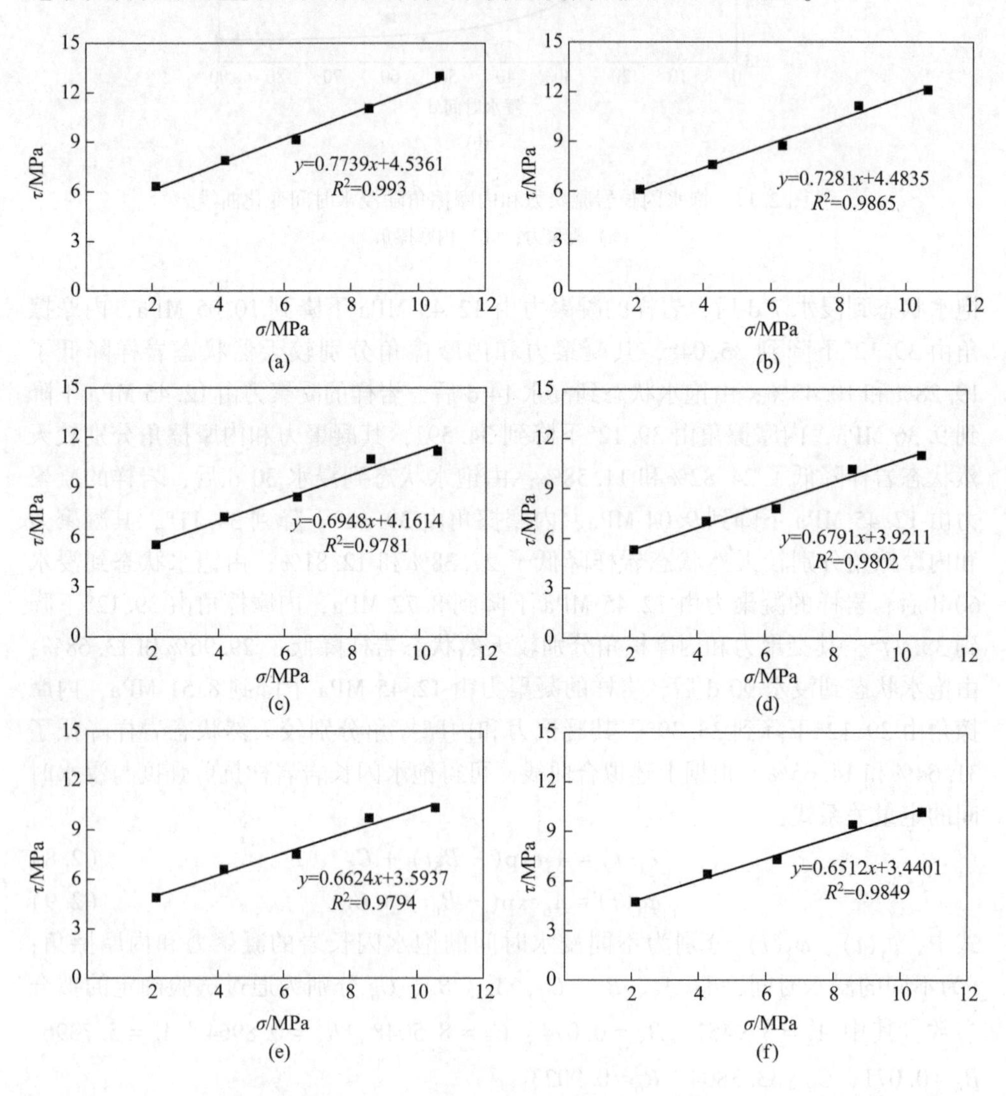

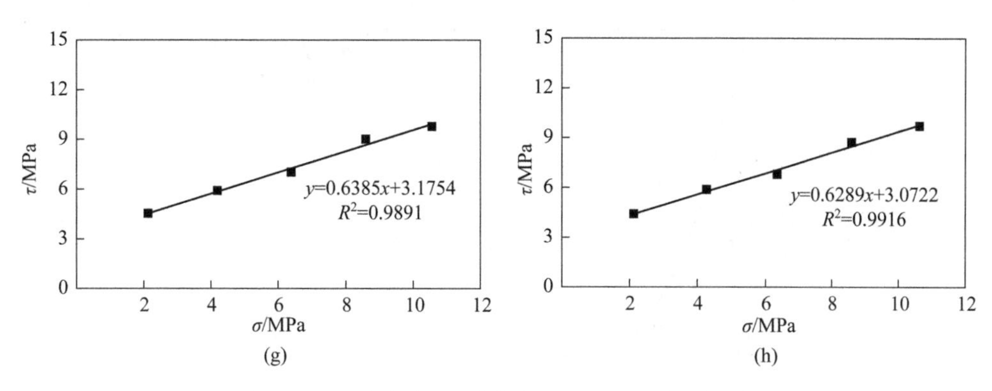

图 2.18 不同浸水时间的饱水灰岩抗剪强度曲线

(a) 天然状态；(b) 饱水状态；(c) 浸水 1 d；(d) 浸水 7 d；(e) 浸水 14 d；(f) 浸水 30 d；(g) 浸水 60 d；(h) 浸水 90 d

根据天然状态、饱水状态及浸水时间为 1 d、7 d、14 d、30 d、60 d、90 d 的饱水灰岩岩样的抗剪强度试验结果，对灰岩抗剪强度的试验结果进行曲线拟合，可得灰岩岩样的凝聚力和内摩擦角随含水状态及浸水时间的变化曲线，如图 2.19 所示。

由图 2.19 可见，灰岩岩样的凝聚力和内摩擦角均随浸水时间的延长而减小且二者的变化趋势基本一致。由天然状态到饱水状态，岩样的凝聚力由4.54 MPa 下降到 4.48 MPa，内摩擦角由 37.74°下降到 36.06°，其凝聚力和内摩擦角分别较天然状态岩样降低了 1.32%和 4.45%；由天然状态到浸水 1 d 后，岩样的凝聚力由 4.54 MPa 下降到 4.14 MPa，内摩擦角由 37.74°下降到 34.79°，其凝聚力和内摩擦角分别较天然状态岩样降低了 8.81%和 7.82%；由天然状态到浸水 7 d 后，

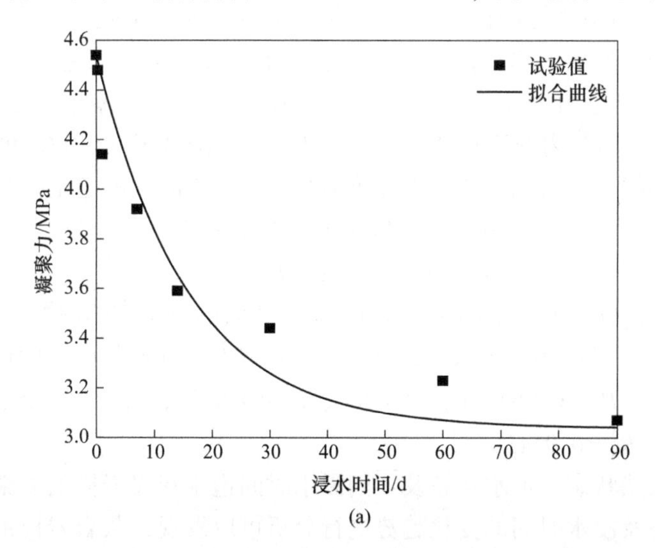

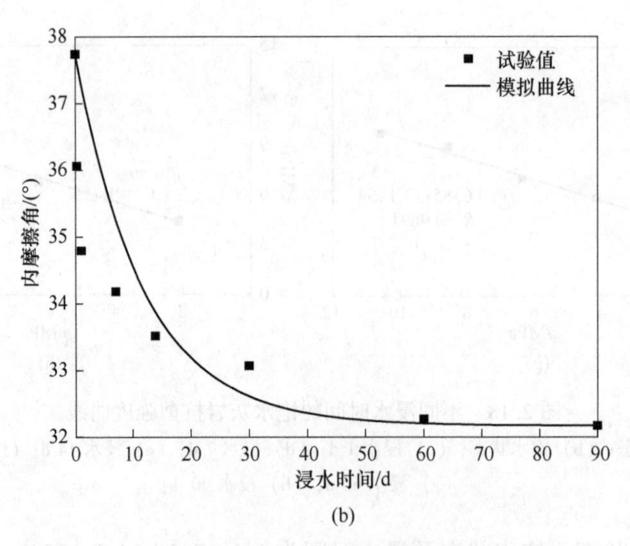

(b)

图 2.19　饱水灰岩凝聚力和内摩擦角随浸水时间变化曲线

(a) 凝聚力；(b) 内摩擦角

岩样的凝聚力由 4.54 MPa 下降到 3.92 MPa，内摩擦角由 37.74°下降到 34.18°，其凝聚力和内摩擦角分别较天然状态岩样降低了 13.66%和 9.43%；由天然状态到浸水 14 d 后，岩样的凝聚力由 4.54 MPa 下降到 3.59 MPa，内摩擦角由 37.74°下降到 33.52°，其凝聚力和内摩擦角分别较天然状态岩样降低了 20.93%和 11.18%；由天然状态到浸水 30 d 后，岩样的凝聚力由 4.54 MPa 下降到 3.44 MPa，内摩擦角由 37.74°下降到 33.07°，其凝聚力和内摩擦角分别较天然状态岩样降低了 24.23%和 12.37%；由天然状态到浸水 60 d 后，岩样的凝聚力由 4.54 MPa 下降到 3.23 MPa，内摩擦角由 37.74°下降到 32.27°，其凝聚力和内摩擦角分别较天然状态岩样降低了 28.85%和 14.49%；由天然状态到浸水 90 d 后，岩样的凝聚力由 4.54 MPa 下降到 3.07 MPa，内摩擦角由 37.74°下降到 32.17°，其凝聚力和内摩擦角分别较天然状态岩样降低了 32.38%和 14.76%。根据上述拟合曲线，可得饱水灰岩岩样抗剪强度与浸水时间的定量关系式：

$$c_2(t) = A_7 \exp(-B_7 t) + C_7 \tag{2.10}$$

$$\varphi_2(t) = A_8 \exp(-B_8 t) + C_8 \tag{2.11}$$

式中，$c_2(t)$、$\varphi_2(t)$ 分别为不同浸水时间饱水灰岩的凝聚力和内摩擦角；t 为不同的浸水时间，d；A_7、B_7、C_7，A_8、B_8、C_8 分别为通过试验确定的拟合参数，其中 $A_7=1.5034$、$B_7=0.064$、$C_7=3.0366$、$R_7^2=0.8964$，$A_8=5.5728$、$B_8=0.085$、$C_8=32.1672$、$R_8^2=0.9143$。

通过对天然状态、饱水状态及不同浸水时间饱水灰岩岩样的凝聚力和内摩擦角随含水状态及浸水时间的变化趋势进行分析可以发现，灰岩岩样由天然状态到饱水状态，其内摩擦角的降低幅度大于凝聚力的降低幅度，表明在此过程中，灰岩岩样凝聚力对水的敏感程度大于内摩擦角对水的敏感程度。饱水灰岩岩样浸水1d后，其凝聚力和内摩擦角均有较大幅度的下降，但凝聚力的下降幅度大于内摩擦角的下降幅度。饱水灰岩岩样在浸水时间为1~14 d的过程中，凝聚力和内摩擦角均呈线性减小趋势，且凝聚力的减小幅度大于内摩擦角的减小幅度。在浸水时间为14~90 d的过程中，饱水灰岩岩样的凝聚力呈线性减小趋势，但其减小速率小于浸水时间为1~14 d过程中凝聚力的减小速率。在浸水时间为14~60 d的过程中，饱水灰岩岩样的内摩擦角也呈线性减小趋势，但其减小速率同样小于浸水时间为1~14 d过程中凝聚力的减小速率。在浸水时间为60~90 d的过程中，饱水灰岩岩样的凝聚力较前一阶段有所减小并趋于稳定。饱水灰岩岩样浸水90 d后其凝聚力和内摩擦角较天然状态岩样分别减少了32.38%和14.76%，这表明随浸水时间的增加，水对饱水灰岩岩样凝聚力的影响程度大于对内摩擦角的影响程度。

2.3.4 抗拉强度测试结果与分析

为研究天然状态、饱水状态及不同浸水时间条件下饱水闪长岩和灰岩的抗拉强度特征，分别对天然状态、饱水状态及浸水时间为1 d、7 d、14 d、30 d、60 d、90 d的饱水闪长岩和饱水灰岩进行巴西劈裂试验。

2.3.4.1 试验设备及试验方法

加载设备采用YAW-300微机控制电液伺服试验机和巴西劈裂试验夹具；数据采集处理系统采用微机控制电液伺服岩体直剪试验机数据采集系统。试验采用圆柱体试件，试件高度与直径之比约为0.5。试验时将岩样置于夹具中，加载基线通过试件的直径，以每秒0.1~0.3 MPa的速率加载直至试件破坏，试件最终破坏应通过两垫条决定的平面，否则应视为无效试验。

2.3.4.2 闪长岩抗拉强度试验结果与分析

岩石的抗拉强度计算公式如下：

$$\sigma_t = \frac{2P}{\pi DH} \tag{2.12}$$

式中，σ_t 为岩石的抗拉强度，MPa；P 为试件破坏时的最大荷载，N；D 为试件的直径，mm；H 为试样的高度，mm。

根据天然状态、饱水状态及浸水时间为1 d、7 d、14 d、30 d、60 d、90 d的饱水闪长岩岩样的抗拉强度试验结果，对闪长岩抗拉强度的试验结果进行曲线拟合，拟合后的曲线如图2.20所示。

由图2.20可见，饱水闪长岩岩样的抗拉强度随浸水时间的增加呈指数减小趋势，随浸水时间的增加，岩样的抗拉强度不断降低，直至趋于稳定。与天然状

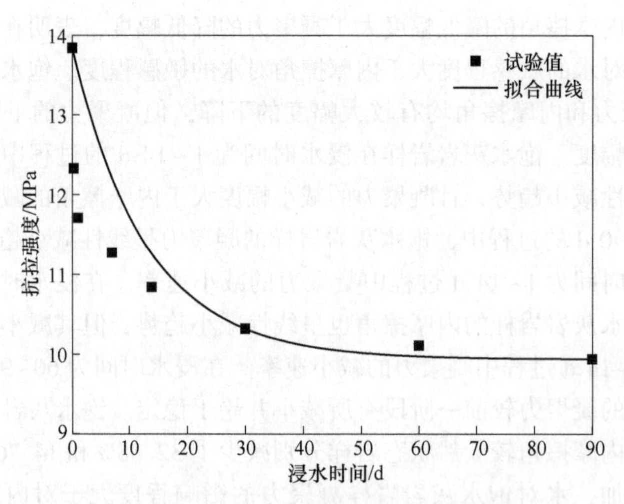

图 2.20　饱水闪长岩抗拉强度随浸水时间变化曲线

态岩样相比，饱水岩样的抗拉强度由 13.84 MPa 下降到 12.33 MPa，其降低幅度为 10.91%；浸水 1d 后，饱水岩样的抗拉强度为 11.71 MPa，与天然状态岩样的抗拉强度相比，其降低幅度为 15.39%；浸水 7 d 后，饱水岩样的抗拉强度为 11.27 MPa，与天然状态岩样的抗拉强度相比，其降低幅度为 18.57%；浸水 14 d 后，饱水岩样的抗拉强度为 10.84 MPa，与天然状态岩样的抗拉强度相比，其降低幅度为 21.68%；浸水 30 d 后，饱水岩样的抗拉强度为 10.32 MPa，与天然状态岩样的抗拉强度相比，其降低幅度为 25.43%；浸水 60 d 后，饱水岩样的抗拉强度为 10.11 MPa，与天然状态岩样的抗拉强度相比，其降低幅度为 26.95%；浸水 90 d 后，饱水岩样的抗拉强度为 9.94 MPa，与天然状态岩样的抗拉强度相比，其降低幅度为 28.18%；根据上述拟合曲线，可得饱水闪长岩试件单轴抗压强度和弹性模量与浸水时间的定量关系式：

$$\sigma_{t1}(t) = A_9\exp(-B_9 t) + C_9 \tag{2.13}$$

式中，$\sigma_{t1}(t)$ 为不同浸水时间饱水闪长岩的抗拉强度，MPa；t 为不同的浸水时间，d；A_9、B_9、C_9 分别为通过试验确定的拟合参数，其中 $A_9=3.9036$、$B_9=0.077$、$C_9=9.936$、$R_9^2=0.8576$。

2.3.4.3　*灰岩抗拉强度试验结果与分析*

根据天然状态、饱水状态及浸水时间为 1 d、7 d、14 d、30 d、60 d、90 d 的饱水灰岩岩样的抗拉强度试验结果，对灰岩抗拉强度的试验结果进行曲线拟合，拟合后的曲线如图 2.21 所示。

由图 2.21 可见，随浸水时间的增加，灰岩岩样的抗拉强度不断降低，直至趋于稳定。与天然状态岩样相比，饱水岩样的抗拉强度由 4.92 MPa 下降到 4.74 MPa，其降低幅度为 3.66%；浸水 1 d 后，饱水岩样的抗拉强度为4.59 MPa，

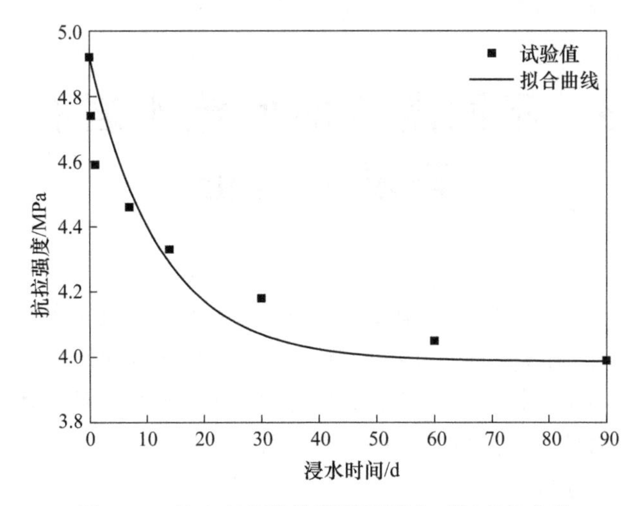

图 2.21 饱水灰岩抗拉强度随浸水时间变化曲线

与天然状态岩样的抗拉强度相比，其降低幅度为 6.71%；浸水 7 d 后，饱水岩样的抗拉强度为 4.46 MPa，与天然状态岩样的抗拉强度相比，其降低幅度为 9.35%；浸水 14 d 后，饱水岩样的抗拉强度为 4.33 MPa，与天然状态岩样的抗拉强度相比，其降低幅度为 11.99%；浸水 30 d 后，饱水岩样的抗拉强度为 4.18 MPa，与天然状态岩样的抗拉强度相比，其降低幅度为 15.04%；浸水 60 d 后，饱水岩样的抗拉强度为 4.05 MPa，与天然状态岩样的抗拉强度相比，其降低幅度为 17.68%；浸水 90 d 后，饱水岩样的抗拉强度为 3.99 MPa，与天然状态岩样的抗拉强度相比，其降低幅度为 18.90%；根据上述拟合曲线，可得饱水闪长岩试件单轴抗压强度和弹性模量与浸水时间的定量关系式：

$$\sigma_{t2}(t) = A_{10}\exp(-B_{10}t) + C_{10} \tag{2.14}$$

式中，$\sigma_{t2}(t)$ 为不同浸水时间饱水灰岩的抗拉强度；t 为不同的浸水时间，d；A_{10}、B_{10}、C_{10}分别为通过试验确定的拟合参数，其中 $A_{10}=0.9326$、$B_{10}=0.081$、$C_{10}=3.9874$、$R_{10}^2=0.8976$。

3 不同浸水时间饱水岩石声发射特征

本章彩图

岩石类材料在受力变形过程中以弹性波的形式释放应变能的现象称为声发射(acoustic emission，AE)。通过对岩石声发射信号的分析和研究，有助于揭示岩石内部微裂纹的萌生、扩展和断裂的劣化规律。声发射可广泛应用于岩石类材料微破裂机制、原岩地应力测量、采场稳定性监测、地震序列、冲击地压预测及岩体稳定性等领域的研究。

关于水对岩石力学特性及声发射特征的影响，许多学者做了大量的研究工作，并取得了一定的研究成果。许江等人[45]开展了不同含水状态下砂岩剪切过程中声发射特性的试验研究，探讨了剪切荷载作用下砂岩内部裂纹开裂、扩展过程与声发射特性之间的内在关系；秦虎等人[46]对不同含水率煤岩受压变形破坏全过程声发射特征进行了试验研究，结果表明含水率的不同使得煤岩的强度和声发射特征产生明显差异，含水量的增加使得声发射累积数减少，同时使产生声发射的时间滞后；文圣勇等人[47]对不同含水率红砂岩进行了单轴压缩条件下的声发射试验，结果表明含水率越高，砂岩声发射累积数越少且时间越滞后；陈结等人[48]对卤水浸泡后岩盐声发射特征进行了试验研究，分析了岩盐在卤水、温度、应力共同作用下的损伤劣化过程；童敏明等人[49]在不同的应力速率下对含水煤岩声发射信号特性进行了研究，表明含水率的不同对煤岩声发射信号的强度具有一定的影响；张艳博等人[51]对含水砂岩在破坏过程中的频谱特性进行了分析，研究结果为分析岩石破裂全过程的声发射特性提供了一条新的思路。

上述研究成果增强了人们对不同含水状态下煤岩声发射特征的认识，促进了声发射技术在岩土工程中的应用，但关于不同浸水时间条件下饱水岩石在变形破坏过程中声发射特征的研究成果相对较少。本章以中关铁矿深部闪长岩为研究对象，通过对天然状态、饱水状态及不同浸水时间的饱水岩石试件进行单轴压缩条件下的声发射试验，研究含水状态及浸水时间对岩石声发射特征的影响，利用累积声发射数与损伤变量一致的观点，建立了基于时间效应的饱水岩石声发射的损伤劣化方程。研究成果对水文地质条件复杂的大水矿山开采过程中岩体的稳定性评价具有一定的工程意义。

3.1 声发射技术原理

3.1.1 声发射产生机理

声发射的产生是材料中局部区域快速卸载使弹性能得到快速释放的结果。大部分岩石材料都是非均质和有缺陷的，在外部载荷作用下，其内部强度较低的微元体在局部应力集中到某一程度时产生塑性变形或局部微破裂而发生破坏，使局部应力松弛，从而造成局部区域快速卸荷而产生声发射。由此可见，材料局部塑性变形或破裂产生应力降是产生声发射的必要条件。

从微观形式看，岩石是一种非均质材料，其内部存在许多缺陷结构，主要有：点缺陷（替代式杂质、空位等）、线缺陷（位错等）、面缺陷（晶面、双晶面、相界面、堆垛错层和裂纹本身等）、体缺陷（气泡、空穴、掺杂物、沉淀物等），这些缺陷构成了岩石的微观结构。声发射的产生主要是由岩石内部微裂纹的位错引起的，如图 3.1 所示。当岩石的强度小于所受的外部载荷时，在其内部出现初始裂纹；当岩石内部的微裂纹发生脆性断裂时，将迅速产生不同频率的弹性波，此弹性波在岩石内向四周传播，并不断反射、折射。

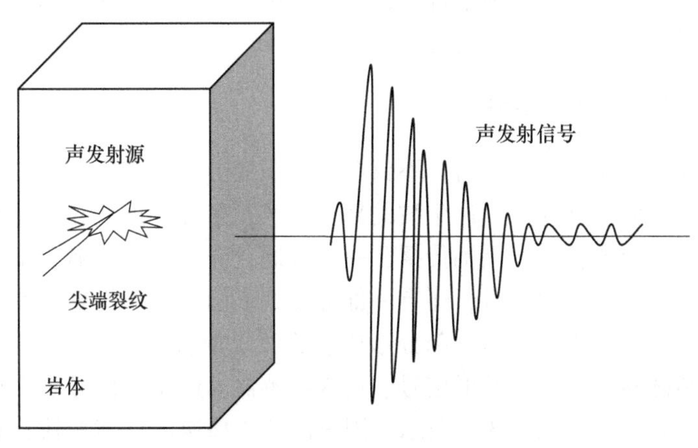

图 3.1 声发射产生机理示意图

单轴压缩条件下岩石的宏观破坏形式主要有单斜面剪切破坏、脆性拉伸破坏和 X 状共轭斜面剪切破坏。岩石微观破裂的主要形式有裂纹扩展、晶粒滑移（位错）、和撕裂，如图 3.2 所示。声发射信号的产生主要与岩石变形及其内部微裂纹的扩展和岩石受载状况有关。

声发射信号的产生主要与以下几个因素有关[121]：初始受载时产生的声发射信号，主要是岩石内部存在的微裂隙或微孔洞被压密造成的；当岩石在弹性阶段

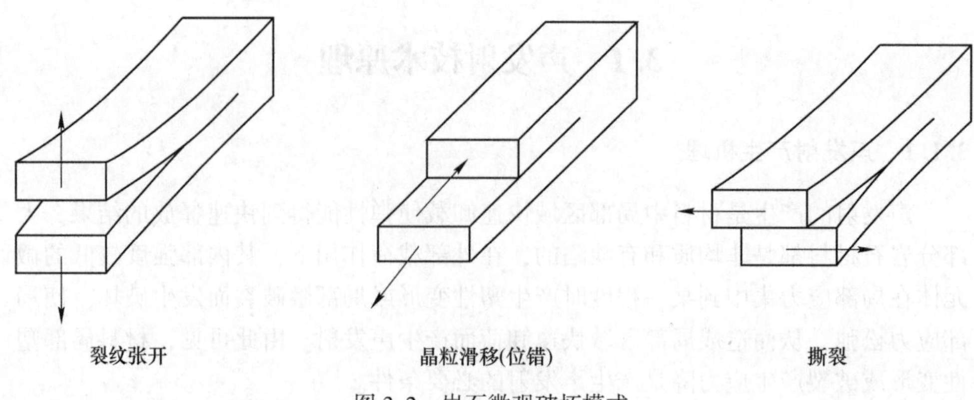

图 3.2　岩石微观破坏模式

承受过载荷后，即岩石在弹性阶段被压密过，再次对其在弹性范围内进行加载，岩石产生的声发射信号很少，由此可见，弹性变形范围内，声发射信号主要是由岩石内部的微裂隙或微孔洞被压密造成的；当岩石中某些晶体所受载荷超过一定值后，位错源产生（微裂纹初始阶段），并且在剪应力分量很大的低指数限定面上滑移，一个位错源的作用使一个晶粒屈服产生一个声发射事件，有多少位错源起作用就能产生多少个声发射事件；微裂纹形成后，在外载荷作用下初始裂纹的逐步扩展也是产生声发射信号的主要根源。

3.1.2　声发射信号的传播特征

固体介质中产生局部变形时，不仅产生体积变形，还产生剪切变形，因此将激起两种波——纵波和横波，产生波的部位叫声发射源。纵波和横波在声发射源产生后通过材料介质自身向周围传播，一部分通过介质直接传播到安装在固体表面的传感器，形成声发射信号，还有一部分传到表面后产生折射，其中的一部分形成折射返回到材料内部，另一部分形成表面波（简称 R 波），沿着介质表面传播，并到达传感器，形成声发射信号。传入传感器的声发射信号是多种波相互干涉后形成的混合信号，如图 3.3 所示。因纵波的传播速度比横波快，总是最先达到，因此纵波又称初至波（primary wave），简称 P 波，横波称为续至波（secondary wave），简称 S 波，最后到达的是表面波，图 3.4 为一次对天然岩体的实测波形，可明显地区分出 3 种波。

一般的固体材料并非完全弹性体，弹性波在其内部传播过程中都要发生能量损失，即波的振幅衰减。不同介质、传播条件和波形，有着不同的衰减规律。一般声波的衰减有以下几种方式：（1）扩散衰减，又称几何衰减，是由于波从波源向各个方向扩展，从而随传播距离的增加，波阵面的面积逐渐扩大使单位面积上的能量逐渐减少，造成波的幅度下降。（2）散射衰减：波在传播过程中，遇

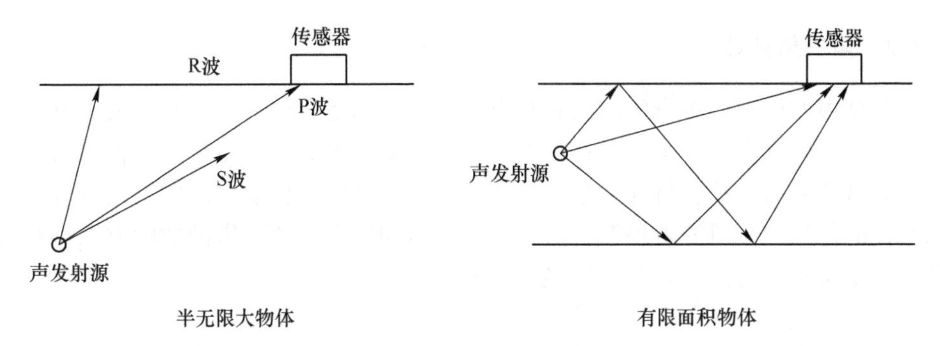

图 3.3 声发射信号的传播

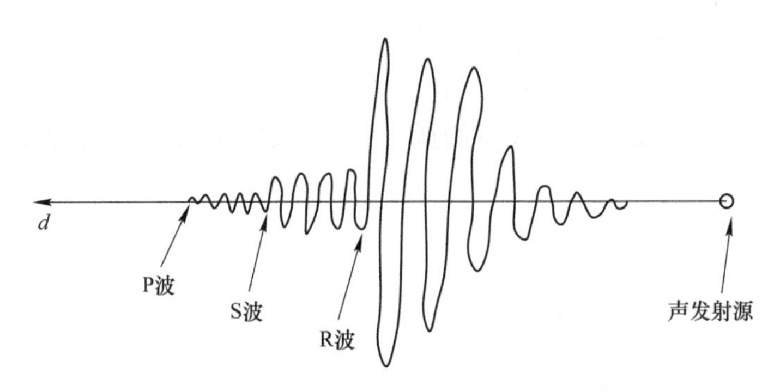

图 3.4 纵波、横波及表面波的传播次序

到不均匀声阻抗界面时，发生波的不规则反射（称为散射），使波源在原传播方向上的能量减少。粗晶、夹杂、异相物、气孔等是引起散射衰减的主要材质因素。(3) 吸收衰减：波在介质中传播时，由于质点间的内摩擦（黏弹性）和热传导等因素，部分波的机械能转换成热量等其他能量，使波的幅度随传播距离而下降。

不同材料介质对波衰减的影响程度可用品质因数 Q 表示，Q 定义为声波的存贮能量 E 与传播一个波动周期而损失的能量 δE 之比。

$$Q = \frac{2\pi E}{\delta E} \tag{3.1}$$

知道了材料的品质因数，根据波动理论，就可以得到波的振幅衰减方程：

$$A(x) = A_0 \exp\left(-\frac{\pi f x}{vQ}\right) \tag{3.2}$$

式中，$A(x)$ 为距震源距离为 x 时波的振幅；A_0 为初始振幅；f 为波动频率；v 为波速；Q 为材料品质因子。一般定义 α 为衰减系数，$\alpha = \pi f/(vQ)$ 。
这样，式（3.2）就可以表示为：

$$A(x) = A_0 \exp(-\alpha x) \tag{3.3}$$

3.1.3　声发射参数

根据声发射参数本身的内涵和对声发射信号描述方式和研究角度的不同，声发射参数可以分为基本参数和特征参数两类。基本参数是指通过测试仪器直接得到的时域或频域参数；特征参数是指从基本参数序列中提取出来的有关过程或状态变化的信息，是研究者根据自己的研究对象和研究目的，借助数学方法和相关理论所定义或构造的“再生式”的声发射参数。

基本参数和特征参数又可进一步分为过程参数和状态参数。过程参数是对整个声发射过程或某个子过程的描述，是过程总体行为的反映，而状态参数反映的则是在声发射过程中某一状态下（瞬间）的声发射行为，是瞬时量。常用的声发射基本参数中，累积参数，如累积事件数、振铃计数、累积释能量等，以及统计参数，如幅度分布、频率分布、上升时间分布等都属于过程参数；而声发射（AE）事件率、声发射率、能率等则属于状态参数，声发射的各种参数如图 3.5 所示。

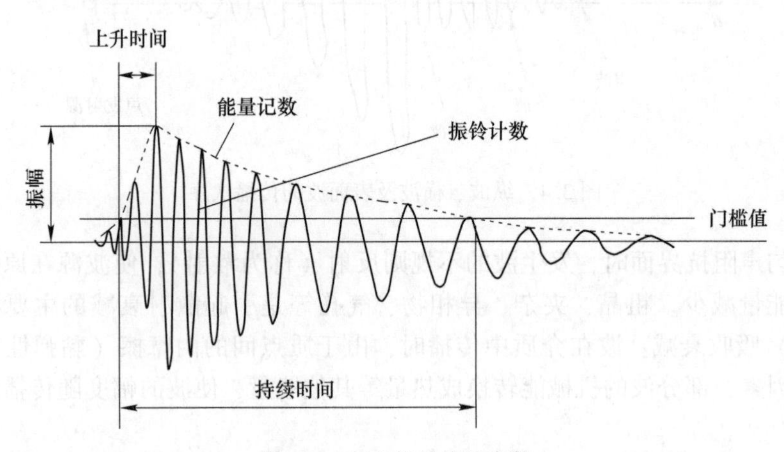

图 3.5　突发信号特性参数

根据实践中所使用的各种声发射基本参数的物理意义及其对声发射过程的描述作用，将基本参数分为以下几类。

3.1.3.1　累计计数参数

指在一个声发射过程中，声发射信号某一特征量的累加值。该类参数从整体上描述了声发射的总强度，属于过程参数。主要有以下几种：

（1）声发射事件总数。波形超过预设门槛值电压并维持一定时间，则形成一个矩形脉冲，称为一个事件。声发射过程中所有这些事件的和称为声发射事件总数。

（2）振铃计数。设置某一阈值电压，振铃波形超过这一阈值电压的部分形成矩形脉冲，累加这些振铃脉冲数，就是振铃总数。振铃计数在一定程度上反映了声发射信号中的幅度。振铃计数对连续性信号的测量更为有用，而事件计数主要用来测量突发性信号。

（3）总能量。关于声发射信号的能量有多种不同的定义，但本质上这些定义都只有数学上的意义，而并非声发射信号的真实物理量。实际应用中，通常把信号幅度平方、事件的包络、持续时间长短等作为能量参数。

（4）幅度计数。信号的幅值通常是指信号的峰值或有效值。幅度累积计数就是按信号峰值幅度大小的不同范围，分别对声发射信号进行事件计数。

（5）大事件计数。是指声发射信号脉冲超过某一阈值（较大）并维持较长时间的事件个数。

3.1.3.2　变化率参数

变化率参数反映的是在一定条件下声发射信号在单位时间内的变化情况，是声发射信号的瞬间特征描述，是状态参数。变化率参数同材料内部的变形速率以及损伤扩展速度有直接关系。这类参数有如下几种：

（1）事件计数率。是指单位时间内发生的声发射事件的个数。

（2）振铃计数率。通常又称为声发射率，是指单位时间内发生的振铃个数。

（3）能量释放率。单位时间内所测得的材料释放出的声发射信号能量。同样，这里所说的能量也只是数学意义上的能量。

3.1.3.3　统计参数

统计参数是指材料在某一力学过程中声发射性能的统计规律。由于声发射信号具有随机性，因而用统计的方法来获取声发射过程中的性能参数是很有效的方法。常用的这类参数有：

（1）幅度分布。是指对某一声发射过程，根据其声发射信号峰值或有效值大小的不同范围分别进行事件计数而得到的统计结果。

（2）频率分布。是指对某一声发射过程中的声发射信号频率成分进行统计所得到的结果。

（3）持续时间分布。是指对声发射信号脉冲超过某一阈值的时间长短进行统计的结果，它反映了信号的连续程度。

3.1.3.4　声发射特征参数

声发射特征参数是反映声发射过程或状态整体行为和个体属性的参数。特征参数的构造一方面应以声发射基本参数为基础，另一方面应尽可能体现声发射过程的基本属性。

3.1.4　影响声发射信号的因素

声发射来自材料的变形与断裂机制，因而所有影响变形与断裂机制的因素均构成影响声发射特性的因素。对岩石材料而言，影响其声发射信号产生及传播的主要因素有以下几个方面：

（1）岩石属性。由于岩石是一种非均质材料，不同岩石内部的晶粒结构、孔隙率、含水率及组分等不同，造成岩石在破裂失稳过程中，产生声发射信号的振幅和频率不同。

（2）加载条件。声发射产生次数的多少，也受加载速率、应力状态、加载方向和压力机刚度等条件的限制。特别是加载速率，对于一种岩石而言，适当的加载速率能够很好地反映岩石声发射的活动性。

（3）岩石受载历史。很多试验已经验证，岩石是一种有记忆能力的材料。而在进行岩石声发射试验时，有的岩石即使加载很大的应力也没有声发射事件产生，而有的岩石在很小的应力下就产生强烈的声发射信号。这主要是受岩石本身受载历史的影响，特别是在循环加卸载条件下，岩石的线弹性变形阶段表现得尤为明显。

（4）岩样的几何尺寸。对于固定频率的同种岩石试件而言，其尺寸不同，声发射信号在岩样内的传播符合一定的衰减规律，这些衰减直接影响声发射传感器对信号的频率响应，同时也决定能否接收声发射信号。

（5）岩石的非均质性。由于岩石本身是一种非均质材料，其在破裂失稳过程中，不同均质度的岩石具有不同的声发射活动特性，这对于研究岩石的脆性破坏具有重要意义。

3.2 声发射监测系统

声发射监测系统采用美国物理声学公司 PAC（physical acoustic corporation）生产的 PCI-2 型声发射监测系统，该系统采用 18 位 A/D 转换技术，可以实时采集声发射瞬态波形，并具有全波形采集处理和实时声发射定位功能。该系统由于是全数字式系统，具有超快处理速率、低噪声、低门槛值和可靠的稳定性。该系统包括主机和外围设备，主机设备的主要参数如下：

信噪比（SNR）：4.5（系统最高幅值为 100 dB，背景噪声为 22 dB）；响应频率范围：1 kHz~3 MHz；通道数目：8 通道。

软件功能：用于多通道下的显示/采集/存储/重放；实时同步 14 个撞击参数，6 个频域参数及 8 个外参数特征抽取；门槛设置；采样率设置；在 4 个高通与 4 个低通滤波器中由软件选择任一滤波频段；具有标签插入功能；实时波形采集与分析；波形流采集与分析。

FFT 频谱分析：声发射撞击与定位事件的圈选与参数及波形显示的链接；自动标定测试探头的耦合状态。

时间参数：声发射系统同时具有峰值定义时间（PDT）、撞击定义时间（HDT）及撞击闭锁时间（HLT）设置的功能。

软件图形功能：可任意添加图形页面；每一页面可任意添加图形个数；每一图形可任意选择图形坐标（二维或三维）、图形类型（点图、线图、直方图）、图形显示方式（实时图、统计图）；每一坐标可任意选择要显示的信号特征。

外围设备主要有 Nano30 型传感器和 2/4/6 型前置放大器。Nano30 型传感器，该传感器的原理为压电陶瓷的压电效应，细小振动信号使传感器产生的变形转化成电压信号，并被记录下来，该传感器具有坚固的钢结构外壳，在侧面有屏蔽电缆引出，屏蔽电缆在另一端接有 BNC 接头器，其响应频率范围为 125~750 kHz；2/4/6 型前置放大器的增益为 20 dB、40 dB 或 60 dB（可调），并有 20 Hz 的高通滤波功能，其接口为 BNC 标准接口，宽带范围可调，28 V 直流电运行。

3.3 试验设计与试验加载方案

3.3.1 试验设计

中关铁矿为水文地质条件复杂的大水矿山，长期饱水对岩石的力学性质及声发射特征具有重要影响。为模拟岩石的饱水条件，设计了闪长岩和灰岩的饱水试验，该试验主要是为取得饱水岩样在不同浸水时间条件下的声发射特性的变化规律而设计，试验前采用真空抽气法先对各岩样进行饱水处理，然后将处理后的岩样在水中分别浸泡 1 d、7 d、14 d、30 d、60 d 和 90 d。

3.3.2 试验加载方案

采用 TAW-3000 微机控制电液伺服试验机和 PCI-2 型声发射监测系统，对天然状态、饱水状态及浸水时间分别为 1 d、7 d、14 d、30 d、60 d 和 90 d 的饱水闪长岩岩样和饱水灰岩岩样进行单轴压缩条件下的声发射试验，试验加载速率为 10 kN/min，试验过程中，保持加载系统、声发射监测系统和数据采集系统同步进行。试验采用 8 个 Nano30 型传感器进行声发射信号采集，将声发射传感器的工作频率设为 125~750 kHz，每个传感器均配置一个型号为 2/4/6 的前置放大器。试验过程中采用橡胶带将传感器均匀地固定在试件的四周，传感器距试件的上下端面均为 20 mm。为保证声发射信号能被传感器良好接收，在试件与传感器接触部位涂抹黄油进行耦合。为降低端部噪声对声发射试验结果的影响，在压力机压头和试件之间用涂有黄油的滤纸片隔开。试验中将声发射测试分析系统的门槛值设为 45 dB，主放设为 40 dB，采样频率设为 1 MHz。

3.4　不同浸水时间的饱水闪长岩声发射特征

岩石破裂过程是其内部应变能不断积聚、间歇释放的过程。声发射是岩石在破裂失稳过程中产生的弹性波，传感器接收的声发射信号信息能够充分反映岩石内部裂纹扩展和损伤程度。饱水岩石在不同的浸水时间作用下，其声发射特征也将发生一定的变化。本章选取声发射事件率和声发射累积数为参数，分析饱水岩样在不同浸水时间条件下声发射信号与岩石变形破坏之间的内在联系。鉴于篇幅限制，在保证能反映试验规律的情况下，选取同条件下具有代表性的试验结果进行分析，根据试验结果，绘制了不同浸水时间的饱水闪长岩岩样的全应力-应变-声发射（AE）事件率关系曲线如图 3.6 所示。为了更好地说明浸水时间对饱水闪长岩岩样声发射特征的影响，将应力-应变-声发射事件率关系曲线划分为不同的阶段来分析其主要特征。

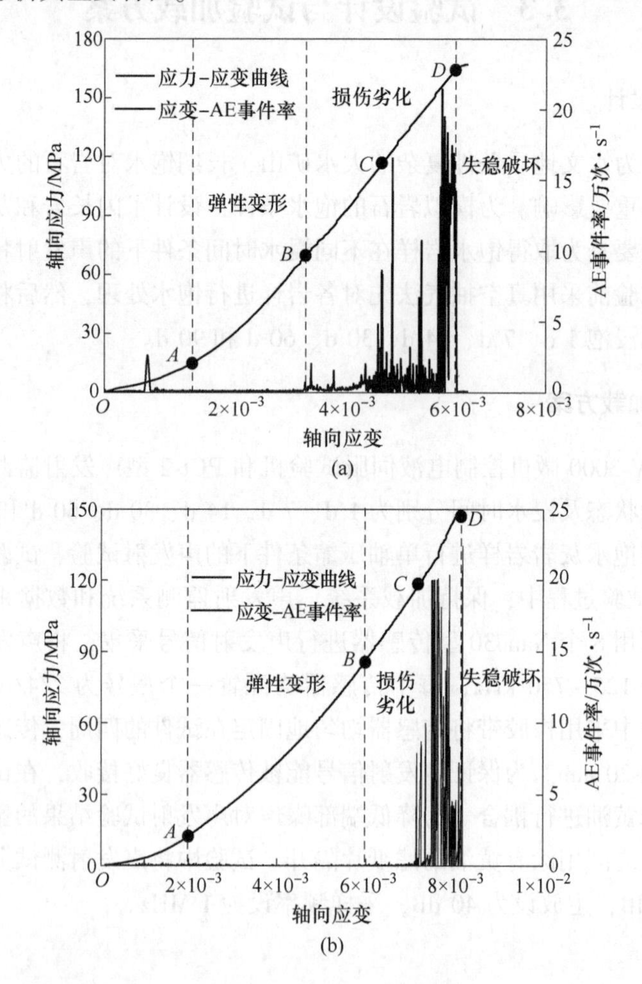

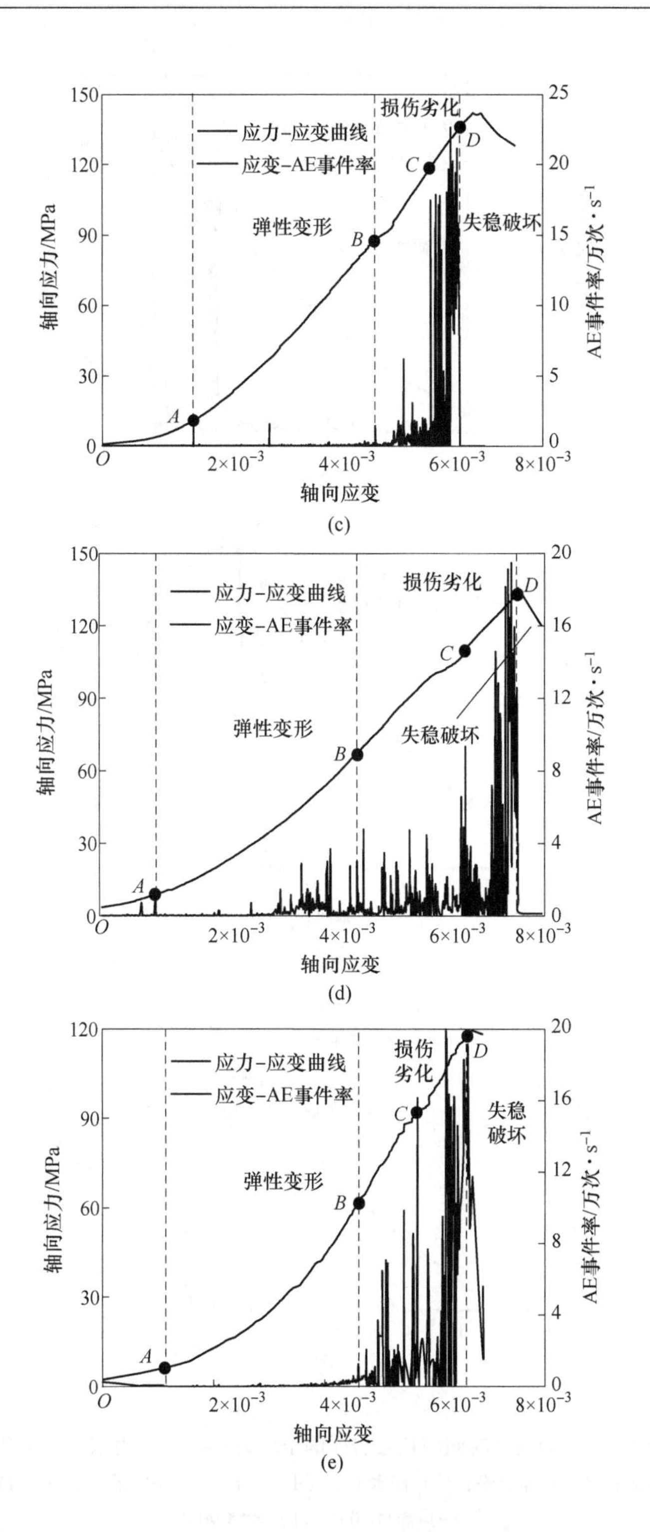

应力-应变曲线
应变-AE事件率
损伤劣化
弹性变形
失稳破坏
失稳
破坏
损伤
劣化
A
B
C
D
O
轴向应力/MPa
AE事件率/万次·s⁻¹
轴向应变
2×10⁻³
4×10⁻³
6×10⁻³
8×10⁻³

(c)

(d)

(e)

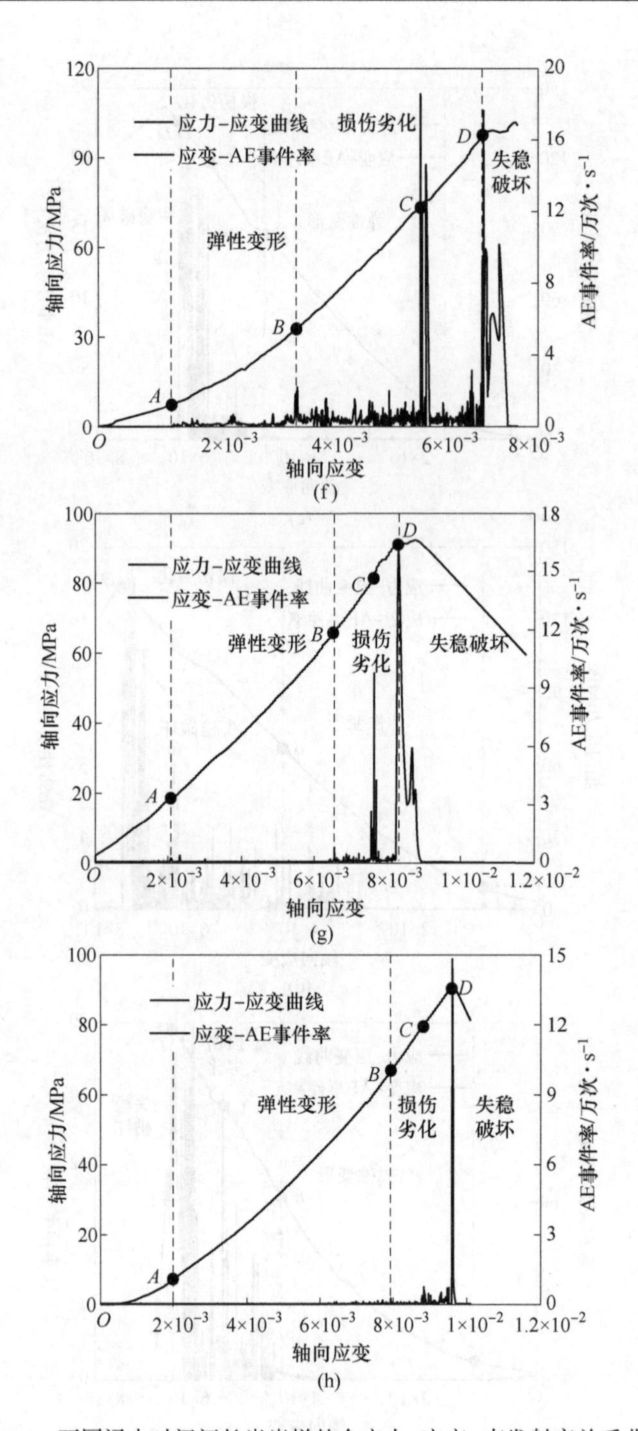

图 3.6　不同浸水时间闪长岩岩样的全应力-应变-声发射率关系曲线

(a) 天然状态；(b) 饱水状态；(c) 浸水 1 d；(d) 浸水 7 d；(e) 浸水 14 d；(f) 浸水 30 d；(g) 浸水 60 d；(h) 浸水 90 d

由图3.6可以看出，全部试验岩样在单轴压缩变形破坏过程中，各个阶段均有不同程度的声发射信号产生。声发射事件率的最大值均出现在应力峰值附近，且声发射事件率与岩样的应力-应变关系曲线均具有较好的一致性，但不同浸水时间的饱水岩样的试验结果与天然状态岩样的试验结果之间也存在较大的差异。

（1）*OA* 段：即初始压密阶段，在该阶段，天然状态、饱水状态及浸水时间较短（1~14 d）的饱水岩样均有少量声发射信号产生，而浸水时间较长（30~90 d）的饱水岩样在该阶段几乎没有声发射信号产生。天然状态岩样的平均声发射事件率为不同浸水时间的饱水岩样的3~9倍，产生这种现象的主要原因是，在该阶段，各岩样所处的应力水平较低，岩样变形主要为其内部原有微裂隙的压密闭合，裂纹在闭合过程中粗糙面咬合破坏及部分粗颗粒摩擦，产生少量的声发射信号，而水的存在使各岩样受水的软化作用显著，具有蠕变趋向，以至于饱水岩样及不同浸水时间的饱水岩样的变形破坏激烈程度均比天然状态岩样相对减弱的缘故。

（2）*AB* 段：即弹性变形阶段，在该阶段，天然状态、饱水状态及不同浸水时间的饱水岩样的声发射事件率均较少且较稳定，天然状态、饱水状态及不同浸水时间的饱水岩样的应力-应变-声发射事件率曲线表现出相似的趋势，这是由于该阶段内各岩样主要以弹性变形为主，塑性损伤很小。

（3）*BD* 段：即损伤劣化阶段，该阶段损伤积累蕴含失稳的前兆信息，可将该阶段划分为 *BC* 段和 *CD* 段。*BC* 段内，各岩样的声发射事件率出现了较为明显的波动，说明在该阶段内裂纹的萌生、扩展促进了声发射信号的产生，随浸水时间的增加，岩样声发射事件率的均值呈递减趋势，这说明水对岩样的软化作用表现为抑制了声发射信号的产生。*CD* 段为易受开采扰动的触发而失稳的阶段，该阶段内，随应力水平的继续增大，岩样内微裂纹开始增多并逐渐扩展，天然状态、饱水状态及不同浸水时间的饱水岩样均可以看到微破裂甚至崩裂的发生，随着应力水平的增大，天然状态、饱水状态及不同浸水时间饱水岩样的声发射事件率急剧增加，并且伴随着声发射的阶跃，饱水岩样及不同浸水时间的饱水岩样与天然状态的岩样相比，其平均声发射事件率是其弹性变形阶段的5~7倍，说明裂纹快速的萌生扩展促进了声发射信号的剧增。由于水的损伤软化作用，使得岩样的强度有不同程度的降低，并且随着浸水时间的增加，岩样的声发射事件率的最大值逐渐降低。

（4）失稳破裂阶段（*D* 点以后段），该阶段天然状态、饱水状态与不同浸水时间的饱水岩样的声发射信号特征随应变的变化趋势差异较小，在浸水时间不长（1~14 d）的情况下，该阶段几乎没有声发射信号；在浸水时间较长（30~90 d）的情况下，由于应力到达峰值后，试件仍具有一定的承载能力，因此在该阶段仍有少量的声发射信号产生。

岩样在外载荷作用下的破坏过程是损伤累积渐进发展过程，声发射事件累积数的大小代表了岩石材料在外载荷作用下损伤累积的程度。根据试验结果绘制的天然状态、饱水状态与不同浸水时间的饱水岩样的声发射事件累积数和轴向应变的关系如图 3.7 所示。对天然状态、饱水状态与不同浸水时间的饱水闪长岩岩样的声发射事件累积数进行曲线拟合，拟合后的曲线如图 3.8 所示。

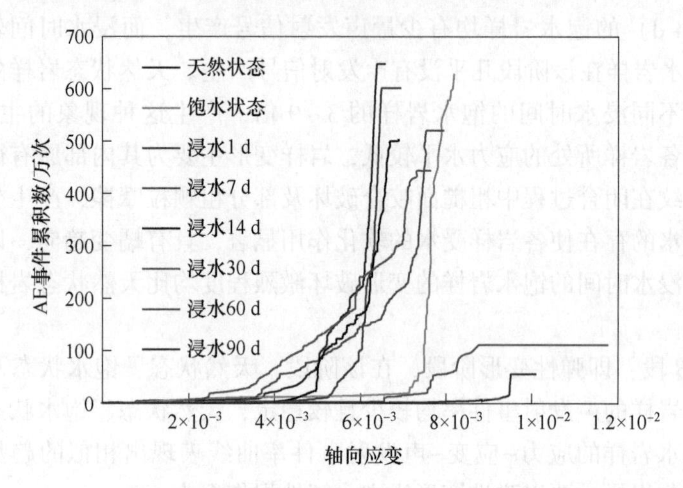

图 3.7　不同浸水时间条件下闪长岩岩样声发射累积数关系曲线

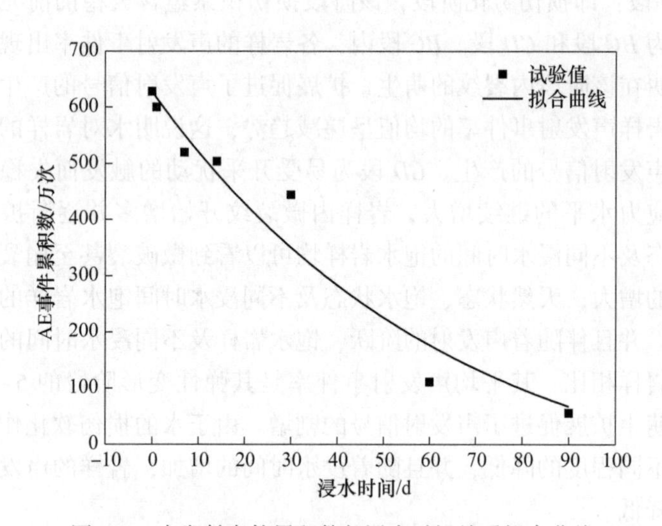

图 3.8　声发射事件累积数与浸水时间关系拟合曲线

根据图 3.8 的拟合曲线，可得饱水闪长岩岩样的声发射事件累积数与浸水时间的定量关系式：

$$N_1(t) = A_{11}\exp(-B_{11}t) + C_{11} \tag{3.4}$$

式中，$N_1(t)$ 为不同浸水时间的饱水闪长岩岩样的声发射累积数，次；t 为不同的浸水时间，d；A_{11}、B_{11}、C_{11} 分别为通过试验确定的拟合参数，其中 $A_{11}=6.0579$、$B_{11}=0.024$、$C_{11}=0.4109$、$R_{11}^2=0.9369$。

从图 3.8 可以看出，天然状态、饱水状态和不同浸水时间的饱水闪长岩岩样的声发射累积数随应变的增大具有较为一致的变化趋势，即在初始压密阶段和弹性变形阶段，声发射累积数均较小，说明在这两个阶段内几乎没有微裂纹的萌生或扩展，各岩样累积损伤均较小；随着应力水平的逐渐增加，岩样进入损伤劣化阶段，在该阶段，岩样内部微裂纹逐渐形成与扩展，累积损伤不断增加，当应力水平进一步增加，在岩样即将破坏之前，岩样内部的裂纹迅速扩展，声发射累积数急剧增加，各岩样的声发射累积数接近最大值；进入失稳破裂阶段后，各岩样的声发射累积数达最大值。上述分析表明声发射累积数的变化规律与试件内部损伤劣化的各个阶段是相互对应的。从图 3.7 和图 3.8 还可以看出，浸水时间对饱水岩样的声发射累积数具有显著影响，天然状态下岩样破坏后声发射累积数最大，声发射活动最为强烈，随浸水时间的增加，声发射累积数逐渐降低。这主要是因为岩样内部存在绿泥石等黏土矿物，这些矿物在水-岩相互作用下，导致其微观成分的改变和原有微观结构的破坏，使得其内部晶体颗粒强度及晶体颗粒间胶结程度降低，表现为随浸水时间的增加，饱水岩样的声发射减弱，声发射累积数减少。以上这些均说明浸水时间越长，水对岩样的损伤程度越大。

综合上述分析可知：声发射累积数的变化规律与岩样内部损伤劣化规律具有一致性。应该说明的是，岩石试件自身的初始损伤、结构和内部缺陷等都会对岩石声发射特征产生一定的影响，因此即使在同样的条件下，岩石试件的声发射特征仍存在一定的差异，但浸水时间对水和岩石试件声发射总的影响趋势是一致的。

对于遇水后强度降低的岩石，水是造成其损伤劣化的一个重要原因，水使岩石强度劣化具有很强的时间依赖性[113]。材料的声发射是其内部损伤产生和发展的结果，与材料的损伤变量、本构关系等之间存在着内在的必然联系，可利用损伤理论来建立分析基于时间效应的饱水岩石声发射规律的损伤模型。C. A. Tang 和 X. H. Xu 首先基于连续损伤力学理论，假定细观微元强度服从 Weibull 分布，提出声发射事件累积数与损伤变量具有一致性的观点[122]。

Kachanov 将即时承载断面上微缺陷的所有面积 A_d 与初始无损时的断面积 A 的比值定义为损伤变量 D，其表达式为：

$$D=\frac{A_d}{A} \tag{3.5}$$

损伤变量 D 表示材料劣化的状态，假设单轴压缩应力状态下各岩样均为各向同性损伤且浸水没有对岩样的形状及外观产生影响，并认为加载前天然状态的岩样为无初始损伤材料，即损伤变量 $D=0$。对于天然状态的岩样，若整个截面 A 完全破坏时声发射事件累积数为 N_m，则单位面积微元破坏时的声发射事件计数率为：

$$n_v = \frac{N_m}{A} \tag{3.6}$$

若不考虑声发射大小的影响，当断面破坏面积达到 A_d 时，累积声发射事件数为：

$$N = n_v A_d = \frac{N_m}{A} A_d \tag{3.7}$$

由式（3.5）和式（3.6）可得损伤变量与声发射事件数存在以下关系：

$$D_1(t) = \frac{N}{N_m} \tag{3.8}$$

式（3.8）表明声发射与损伤具有一致性，与损伤的性质相同。由式（3.5）可知，随浸水时间的增加，岩样的声发射事件累积数逐渐减少，假设声发射数的减少完全是因为水对岩石产生的损伤造成的，随浸水时间的增加，水对饱水岩样的损伤程度也逐渐增大。由式（3.5）和式（3.8）可得不同浸水时间的饱水闪长岩岩样的损伤变量与声发射数的关系为：

$$D_1(t) = \frac{A_{11}\exp(-B_{11}t) + C_{11}}{N_m} \tag{3.9}$$

假设天然状态下岩样的初始损伤 $D=0$，当断面破坏面积 $A_d = \mathrm{A}$ 时，整个断面完全破坏，此时损伤变量 $D=1$，则浸水时间对饱水岩样造成的损伤变量 $D_2(t)$ 为：

$$D_2(t) = 1 - D_1(t) \tag{3.10}$$

由式（3.9）和式（3.10）可得以浸水时间为参数表示的饱水闪长岩岩样的损伤变量如下：

$$D_2(t) = 1 - \frac{A_{11}\exp(-B_{11}t) + C_{11}}{N_m} \tag{3.11}$$

3.5 不同浸水时间的饱水灰岩声发射特征

根据试验结果，绘制了不同浸水时间的饱水灰岩岩样的全应力-应变-声发射事件率关系曲线如图 3.9 所示。

由图 3.9 可见，天然状态、饱水状态及不同浸水时间的饱水灰岩岩样在单轴压缩变形破坏过程中均有声发射信号产生。声发射事件率的最大值均出现在应力峰值附近，且声发射事件率与岩样的应力-应变关系趋势均具有较好的一致性，但不同含水状态与不同浸水时间的饱水岩样的试验结果之间也存在较大的差异。

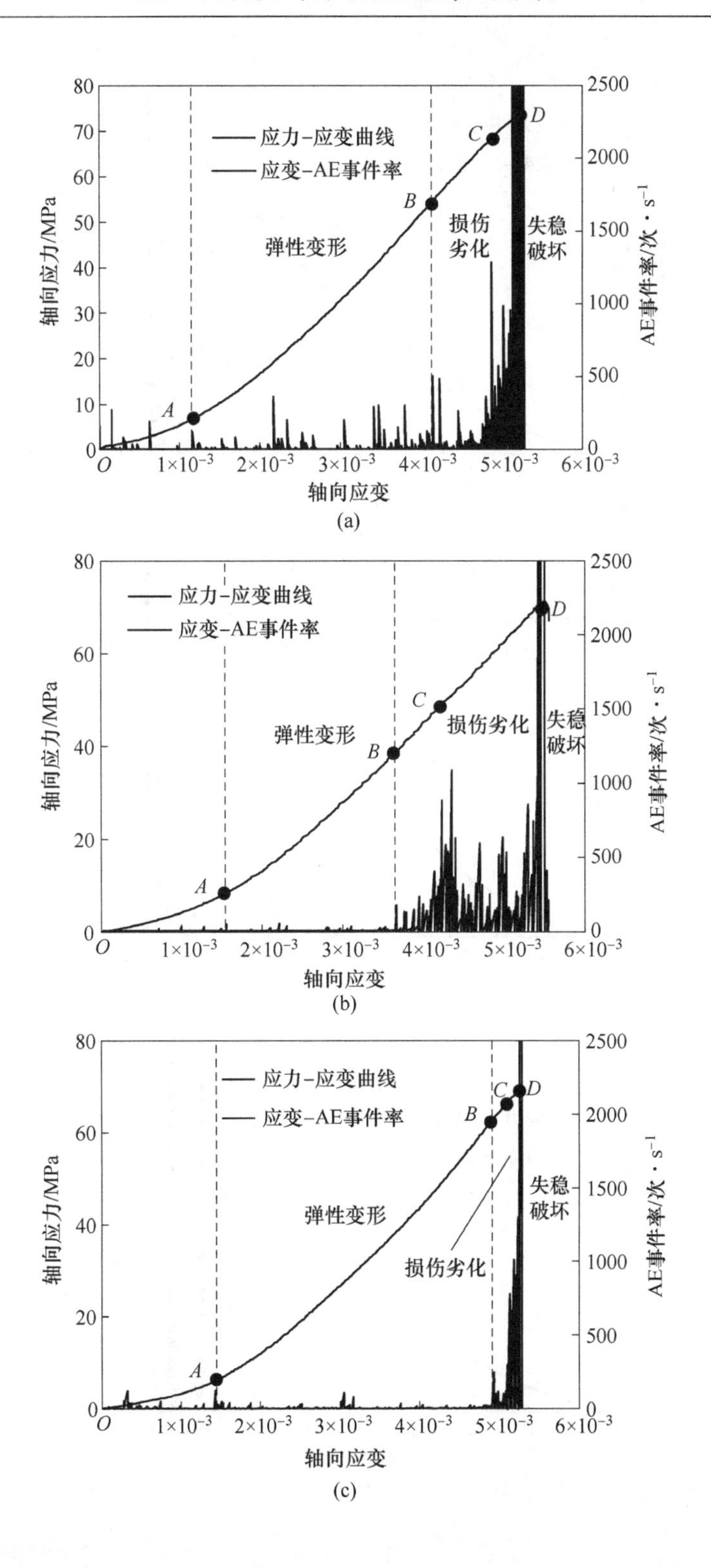

(a)

(b)

(c)

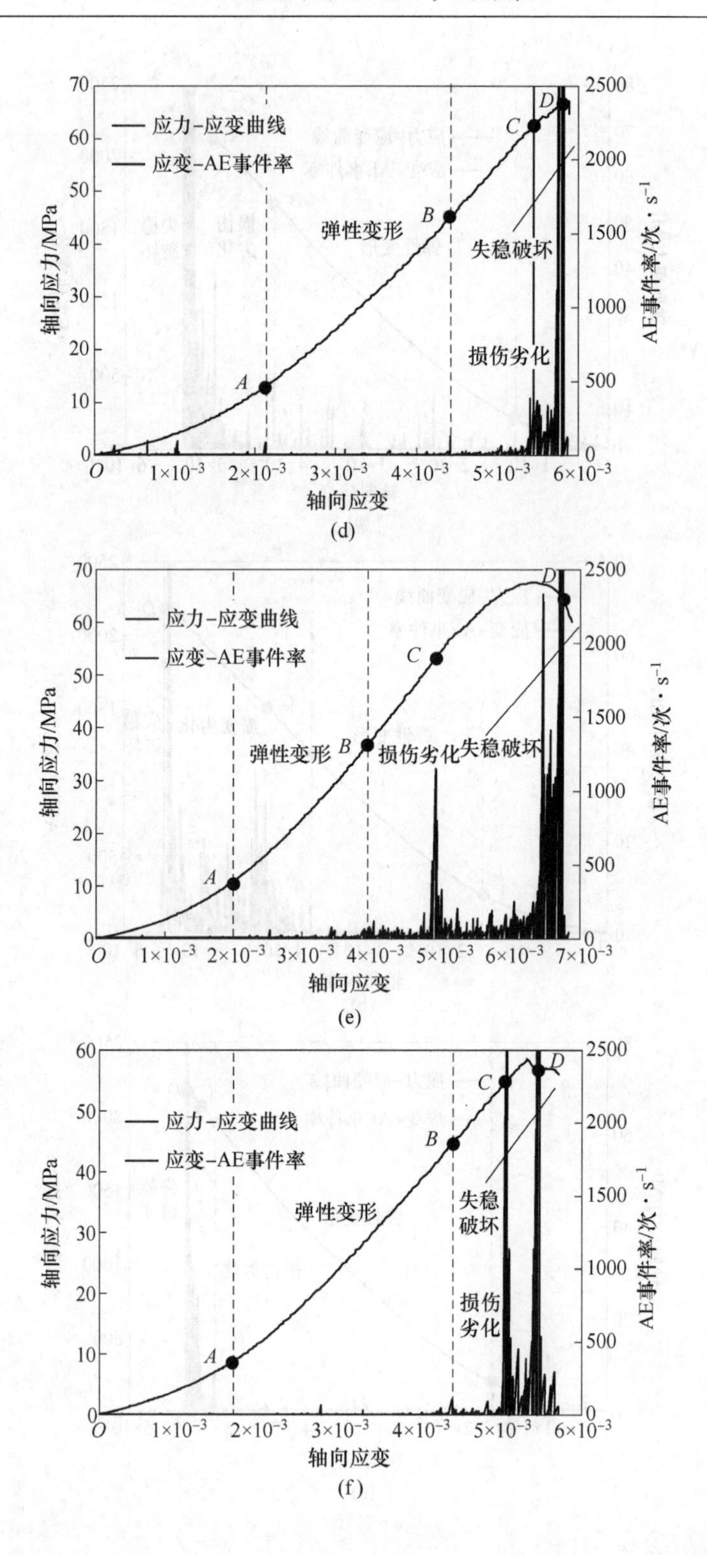

应力-应变曲线
应变-AE事件率
轴向应力/MPa
AE事件率/次 · s⁻¹
轴向应变
弹性变形
失稳破坏
损伤劣化
(d)
(e)
(f)

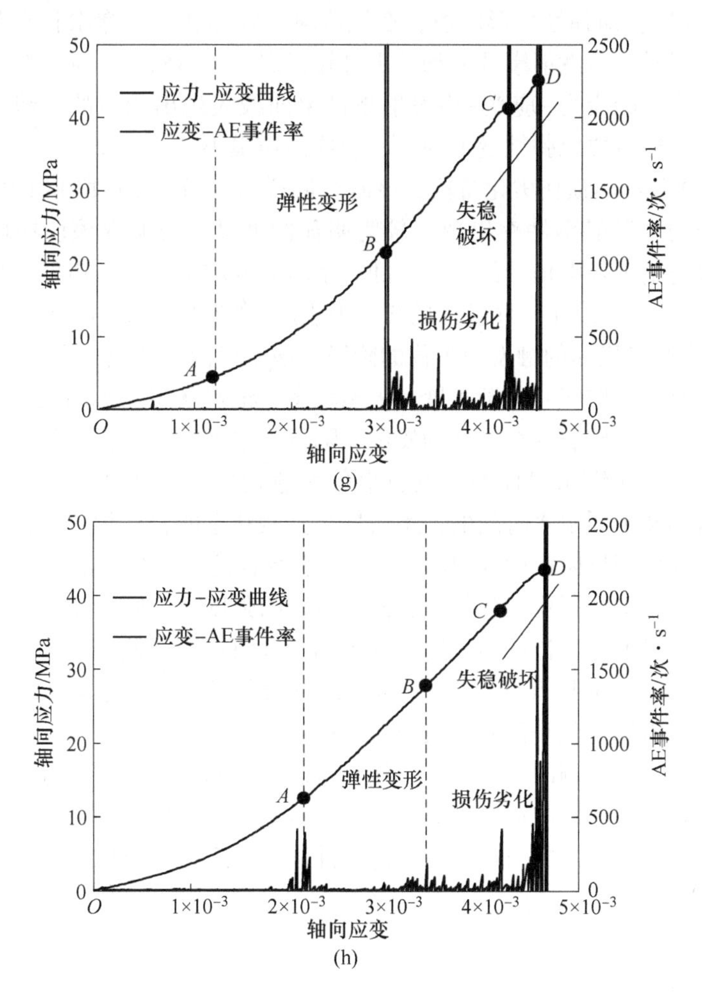

图 3.9 不同浸水时间灰岩岩样的全应力-应变-声发射率关系曲线

(a) 天然状态；(b) 饱水状态；(c) 浸水 1 d；(d) 浸水 7 d；(e) 浸水 14 d；(f) 浸水 30 d；(g) 浸水 60 d；(h) 浸水 90 d

(1) *OA* 段：即初始压密阶段，在该阶段，天然状态的岩样有少量声发射信号产生，而饱水岩样及不同浸水时间的饱水岩样在该阶段几乎没有声发射信号产生。该阶段天然状态岩样的平均声发射事件率为饱水状态岩样及不同浸水时间饱水岩样的 2~10 倍，产生这种现象的主要原因是，在该阶段，各岩样所处的应力水平较低，岩样变形主要为其内部原有微裂隙的压密闭合，裂纹在闭合过程中粗糙面咬合破坏及部分粗颗粒摩擦，产生少量的声发射信号，而水的存在使各岩样受水的软化作用显著，具有蠕变趋向，以至于饱水岩样及不同浸水时间的饱水岩样的变形破坏激烈程度均比天然状态岩样相对减弱的缘故。

(2) *AB* 段：即弹性变形阶段，在该阶段，天然状态、饱水状态及不同浸水时间的饱水岩样的声发射事件率均较少且较稳定，天然状态、饱水状态及不同浸水时间饱水岩样的应力-应变-声发射事件率曲线表现出相似的趋势，这是由于该阶段内各岩样主要以弹性变形为主，塑性损伤很小。

(3) *BD* 段：即损伤劣化阶段，该阶段同样可划分为 *BC* 段和 *CD* 段。*BC* 段内，各岩样的声发射事件率出现了较为明显的波动，说明在该阶段内裂纹的萌生、扩展促进了声发射信号的产生，随浸水时间的增加，岩样声发射事件率的均值呈递减趋势，这说明水对岩样的软化作用表现为抑制了声发射信号的产生。*CD* 段为易受开采扰动的触发而失稳的阶段，该阶段内，随应力水平的继续增大，岩样内微裂纹开始增多并逐渐扩展，天然状态、饱水状态及不同浸水时间的饱水岩样均可以看到微破裂甚至崩裂的发生，随应力水平的增大，天然状态、饱水状态及不同浸水时间饱水岩样的声发射事件率急剧增加，并且伴随着声发射的阶跃，饱水岩样及不同浸水时间的饱水岩样与天然状态的岩样相比，其平均声发射事件率是其弹性变形阶段的 5~10 倍，说明裂纹快速的萌生扩展促进了声发射信号的剧增。由于水的损伤软化作用，使得岩样的强度有不同程度的降低，并且随着浸水时间的增加，岩样的声发射事件率的最大值逐渐降低。

(4) 失稳破裂阶段（*D* 点以后段），该阶段天然状态、饱水状态与不同浸水时间的饱水灰岩岩样几乎没有声发射信号产生。

根据试验结果绘制的天然状态、饱水状态与不同浸水时间的饱水灰岩岩样的声发射事件累积数和轴向应变的关系如图 3. 10 所示。对天然状态、饱水状态与不同浸水时间的饱水灰岩岩样的声发射事件累积数进行曲线拟合，拟合后的曲线如图 3. 11 所示。

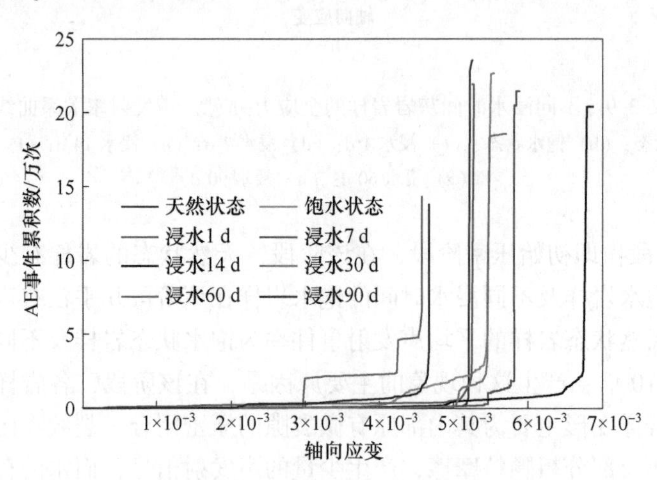

图 3. 10　不同浸水时间岩样声发射累积数关系曲线

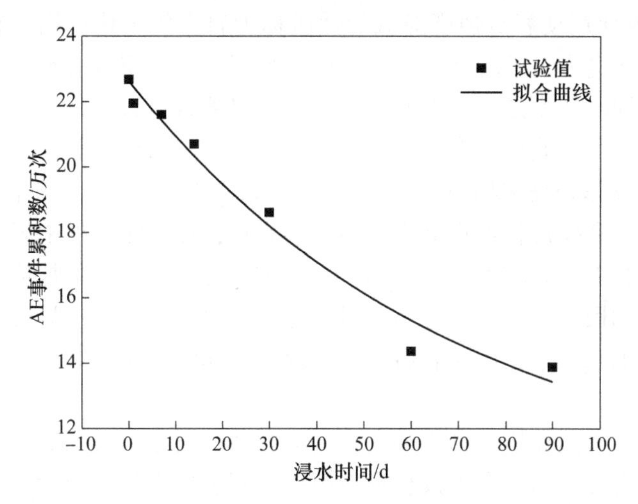

图 3.11　声发射事件累积数与浸水时间关系拟合曲线

根据图 3.11 的拟合曲线，可得饱水灰岩岩样的声发射事件累积数与浸水时间的定量关系式：

$$N_2(t) = A_{12}\exp(-B_{12}t) + A_{13}\exp(-B_{13}t) + C_{12} \tag{3.12}$$

式中，$N_2(t)$ 为不同浸水时间的饱水灰岩岩样的声发射累积数；t 为不同的浸水时间，d；A_{12}、A_{13}、B_{12}、B_{13}、C_{12} 分别为通过试验确定的拟合参数，其中 $A_{12}=6.3332$、$A_{13}=6.3332$、$B_{12}=0.014$、$B_{13}=0.0144$、$C_{12}=9.9702$、$R_{12}^2=0.9362$。

从图 3.12 可以看出，天然状态、饱水状态及不同浸水时间的饱水灰岩岩样的声发射累积数随应变的增大具有较为一致的变化趋势，即在初始压密阶段和弹性变形阶段，声发射累积数均较小，说明在这两个阶段内几乎没有微裂纹的萌生或扩展，各岩样累积损伤均较小；随着应力水平的逐渐增加，岩样进入损伤劣化阶段，在该阶段，岩样内部微裂纹逐渐形成与扩展，累积损伤不断增加，当应力水平进一步增加，在岩样即将破坏之前，岩样内部的裂纹迅速扩展，声发射累积数急剧增加，各岩样的声发射累积数接近最大值；进入失稳破裂阶段后，各岩样的声发射累积数达最大值。上述分析表明声发射累积数的变化规律与试件内部损伤劣化的各个阶段是相互对应的。从图 3.10 和图 3.11 可以看出，浸水时间对饱和岩样声发射累积数具有显著影响，天然状态下岩样破坏后声发射累积数最大，声发射活动最为强烈，随浸水时间的增加，声发射累积数逐渐降低。以上这些均说明浸水时间越长，水对岩样的损伤程度越大。

根据不同浸水时间的饱水灰岩岩样的声发射累积数与浸水时间的定量关系，可以得出浸水时间为参数表示的饱水灰岩岩样的损伤变量：

$$D_3(t) = 1 - \frac{A_{12}\exp(-B_{12}t) + A_{13}\exp(-B_{13}t) + C_2}{N_m} \tag{3.13}$$

水-岩相互作用使岩石强度降低的性质称为岩石的软化作用，软化作用的机制是由于水分子进入岩石粒间间隙而削弱了粒间联结，使得岩石的强度及变形参数有所降低；同时，水是一种良好的溶剂，可以溶解岩石中许多矿物成分，对岩石也起了软化作用。此外，有些含亲水性高的矿物浸水后膨胀，使得岩体内部产生应力不均匀或部分胶结物被溶解，也会造成围岩强度降低；不同应力环境下，水对岩石的强度和变形特征也会产生不同的影响，在压缩过程中岩石试件内部孔隙体积的减少会引起孔隙水压的增加，对裂隙附近岩石产生附加应力，触发裂隙扩展，使岩石的极限强度降低。本文只考虑了软化过程对岩石强度及变形特征的影响，没有考虑水化学作用对岩石的劣化效应及孔隙水压力对岩石所承受有效应力的影响。

岩石是一种天然介质，其内部存在大量孔隙、裂隙、微孔洞等缺陷，这些缺陷的存在使得岩石在力学特性及变形特征等方面表现为各向异性。本文利用连续损伤力学理论，假设单轴压缩应力状态下各试件均为各向同性损伤，并认为加载前天然状态的岩石试件为无初始损伤材料，针对单轴应力下的各向同性损伤，在单调加载和重复加载条件下，建立一般的准脆性材料声发射的损伤模型。

4 干燥、饱水岩石损伤破坏过程中能量机制试验

本章彩图

在水文地质条件复杂的大水矿山中，煤岩体总是赋存于一定的地下水环境中，并常处于饱水状态，同时，在矿体开采过程中，开采活动必然破坏原岩的应力状态，引起煤岩体中应力场的重分布，尤其在工作面回采过程中，采掘卸压作用和超前支承压力的出现，会导致煤岩体承载力发生改变，使煤岩体始终处于加卸载状态，同时，水的存在对煤岩体的力学性质及其稳定性起到了弱化作用。因此，研究含水岩石在不同应力路径下、不同受力阶段的损伤破坏情况，寻找岩石从稳定到不稳定直至破坏的前兆信息，对于实际工程中围岩的稳定性监测及灾害预警具有重要意义。

矿井突水是矿山开采过程中较为突出的一种灾害类型，突水前地下工程与含水构造间的岩石往往处于饱水状态，岩石在地下水和施工及运行载荷作用下必然发生各种物理、力学性质的变化，这些变化必将对岩体强度、变形、声发射特征和能量机制产生重大影响。基于此，本章以取自中关铁矿深部的闪长岩为研究对象，利用 TAW-3000 微机控制电液伺服试验机和 PCI-2 型声发射监测系统，对干燥、饱水岩样分别进行单轴压缩和单轴循环加卸载条件下的力学试验和声发射试验，分析饱水对岩石强度、变形及声发射特性的影响，并从能量和声发射的角度研究干燥、饱水状态下闪长岩损伤破坏过程中能量累积与耗散特征、能量与损伤之间的内在机制，建立了基于声发射能量累积数和耗散应变能为表征参数的干燥、饱水岩样的损伤变量，根据耗散应变能与声发射表征的损伤变量之间的互补性，综合分析二者在单轴压缩及单轴循环加卸载过程中的变化规律，能够更全面、客观地反映和描述干燥与饱水岩样的损伤劣化过程及其破坏前兆信息。研究成果为水文地质条件复杂的大水矿山在开采扰动条件下岩体工程的设计、施工、灾害处理及围岩的稳定性分析提供参考。

4.1 试验加载方案

试验中单轴压缩采用的加载方式为：以 10 kN/min 的恒定加载速率沿轴向加载直至试件破坏；单轴循环加卸载采用的加载方式为：首先以上述加载速率加载至岩样单轴抗压强度的 20%，然后卸载至其单轴抗压强度的 5%，此后，每次按

10 kN 的增量增加荷载直至试件破坏，循环加载方式见图 4.1。试验过程中，保持加载系统、声发射监测系统和数据采集系统同步进行。

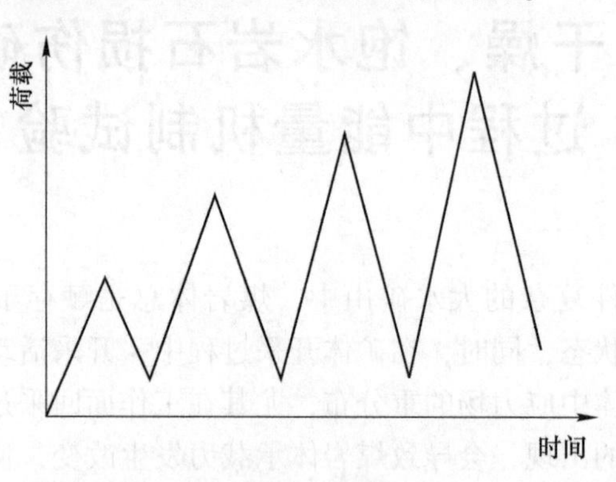

图 4.1　循环加载方式

4.2　强度及变形特征

4.2.1　单轴压缩条件下岩石的强度及变形特征

岩样在单轴压缩载荷作用下的全应力-应变曲线反映了岩样受力后的强度及变形性质，由试验结果绘制的典型的干燥、饱水状态下闪长岩岩样的应力-应变关系曲线如图 4.2 所示。

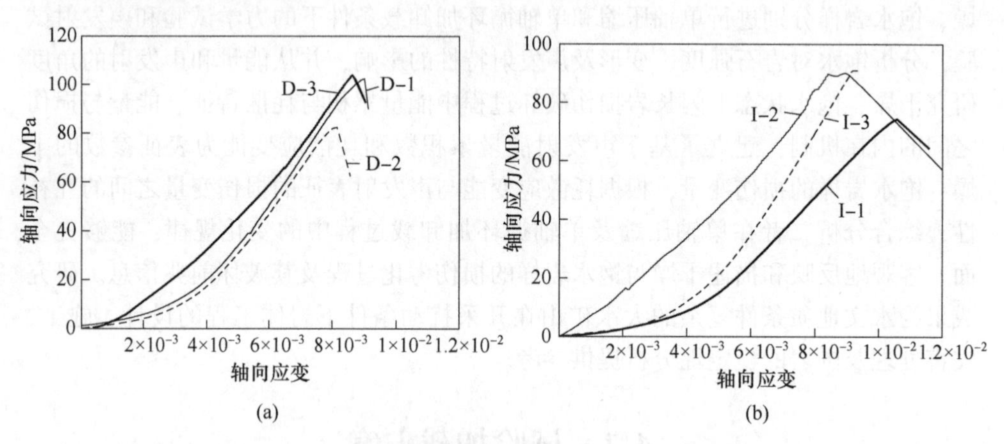

图 4.2　干燥与饱水岩样单轴压缩应力-应变曲线

（a）干燥岩样；（b）饱水岩样

矿物成分、初始含水率、颗粒构成、应力状态等因素均会对岩石的强度及变形产生重要影响。由图 4.2 可以看出，干燥、饱水岩样在整个变形破坏过程中表现出不同的强度及变形特征。干燥状态下岩样的单轴抗压强度为 82.3～103.7 MPa，变化幅度为 25.03%，单轴抗压强度的平均值为 95.9 MPa；饱水状态下岩样的单轴抗压强度为 74.3～90.1 MPa，变化幅度为 21.27%，单轴抗压强度的平均值为 88.8 MPa；饱水岩样的单轴抗压强度为干燥岩样的 85.2%。干燥状态岩样的峰值应变为 0.812%～0.898%，变化幅度为 10.6%，平均应变为 0.857%；饱水状态岩样的峰值应变为 0.893%～1.057%，变化幅度为 18.4%，平均应变为 0.956%；干燥与饱水岩样的总应变分别为 0.892%和 1.114%。总体来说，饱水岩样的峰值应变及总应变较干燥岩样的对应值均有增大的趋势。干燥状态岩样的弹性模量为 34.28～36.76 GPa，平均值为 33.48 GPa；饱水岩样的弹性模量为 21.12～35.76 GPa，平均值为 30.8 GPa，降低系数为 91.9%。上述结果表明岩样饱水后其承载能力和抗变形能力均有不同程度的下降。

4.2.2 循环加卸载条件下岩石的强度及变形特征

由试验结果，绘制出循环加卸载条件下干燥、饱水岩样典型的应力-应变关系曲线如图 4.3 所示。

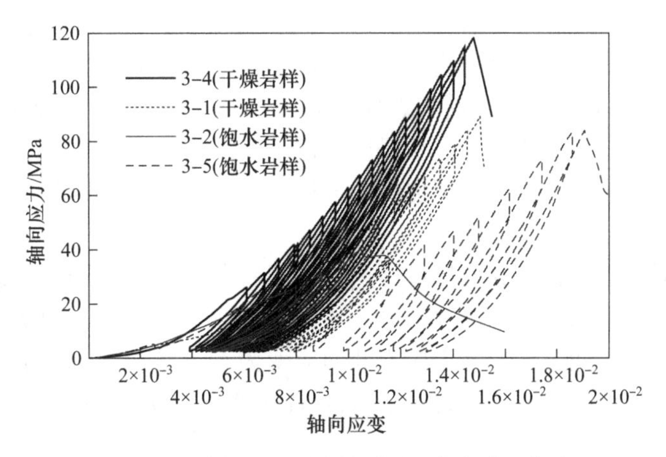

图 4.3 干燥、饱和岩样的应力-应变关系曲线

由图 4.3 可见，在循环加卸载作用下饱水对岩样的峰值强度具有显著的软化作用。干燥岩样的峰值强度为 89.1～117.9 MPa，变化幅度为 32.3%，平均值为 103.5 MPa，饱水岩样的峰值强度为 40.2～83.9 MPa，因岩样 3-2 的峰值强度相对于其他岩样的离散性较大，故将其结果舍去，将饱水岩样的峰值强度取为 83.9 MPa，可得循环加卸载下岩样抗压强度的软化系数为 0.81。干燥岩样的峰值应变为 1.48%～1.50%，变化幅度为 1.35%，平均值为 1.49%，饱水状态下峰值应变为 1.907%，相对于干燥岩样其峰值应变值增加 27.9%。干燥岩样初次卸载后的应变值为 0.392%～0.527%，变化幅度为 34.4%，平均值为 0.459%，饱

水岩样的值为0.668%，相对于干燥岩样其值增加45.6%；干燥岩样的总应变为1.52%~1.55%，变化幅度为0.03%，平均值为1.535%，饱水岩样的值为1.98%，相对于干燥岩样其值增加28.9%，总体而言，饱水岩样峰值应变、初次卸载后应变及总应变值较干燥岩样的对应值有增大趋势。

对比分析干燥与饱水岩样在循环加卸载作用下的应力-应变曲线可以发现，干燥、饱水岩样在加载初期均出现了较大的塑性变形，相对于干燥岩样，饱水岩样更为明显，这是因为加载初期，岩样内部原始天然裂隙逐渐闭合，且水分子进入岩样内部，削弱了岩样内部颗粒间的粒间联系，使得岩样内部的裂隙处于调整阶段，即便在较低的应力水平下，岩样在加载方向上也产生较大的塑性变形。随循环次数及应力水平的增加，干燥、饱水岩样均进入稳定变形阶段，该阶段干燥与饱水岩样加载曲线的斜率也逐次略有增加，这表明在循环加卸载条件下，岩样如果没有明显的宏观裂纹产生，则循环加卸载对岩样有逐渐的强化作用。干燥与饱水岩样的加载与卸载路径不重合，每次加载与卸载过程都会形成一个塑性滞回环，随着循环次数及应力水平的增加，塑性滞回环向应变增大的方向移动，且应变中不可恢复变形量的增加速率逐渐减小，累积变形量逐渐增大，滞回环也越来越密集。峰值强度前，干燥岩样的应力-应变曲线基本呈线性变化，其破坏形态为剪切脆性破坏，破坏前没有明显征兆且破坏时伴随明显的爆裂声和岩石碎块的飞出；饱水岩样的应力-应变曲线表现为向下弯曲，不属于脆性破坏，这可能与矿物晶格内的含水量变化有关。从滞回环也可以发现，下一次加载的刚度要比上一次略高些，这表明，即便循环加卸载过程没有造成岩样刚度的劣化，但仍引起了损伤能量耗散。

水除了对岩样的强度和变形特性产生显著的影响外，对岩样的变形参数也有一定程度的影响。采用近似等效的方法[102]计算每一加卸载岩石的弹性模量、泊松比等弹性参数。假设轴向峰值应力处的应变为 $\varepsilon^{\text{total}}(n)$，卸载到最低应力处的应变为不可逆应变 $\varepsilon^{\text{per}}(n)$，二者之差为弹性应变 $\varepsilon^{\text{ela}}(n)$。轴向应变和侧向应变计算公式如下：

$$\varepsilon_{\text{ax}}^{\text{ela}}(n) = \varepsilon_{\text{ax}}^{\text{total}}(n) - \varepsilon_{\text{ax}}^{\text{per}}(n) \tag{4.1}$$

$$\varepsilon_{\text{lat}}^{\text{ela}}(n) = \varepsilon_{\text{lat}}^{\text{total}}(n) - \varepsilon_{\text{lat}}^{\text{per}}(n) \tag{4.2}$$

式中，$\varepsilon_{\text{ax}}^{\text{ela}}(n)$ 为轴向弹性应变；$\varepsilon_{\text{lat}}^{\text{ela}}(n)$ 为侧向弹性应变；n 为循环加卸载的周期数。

弹性模量可根据轴向弹性应变计算：

$$E_i = \frac{\sigma_{\text{ax}}^{\max}(n)}{\varepsilon_{\text{ax}}^{\text{ela}}(n)} \tag{4.3}$$

式中，$\sigma_{\text{ax}}^{\max}(n)$ 为峰值应力。

循环加卸载作用下岩石泊松比计算公式如下：

$$\nu_n = -\frac{\varepsilon_{\text{lat}}^{\text{ela}}(n)}{\varepsilon_{\text{ax}}^{\text{ela}}(n)} \tag{4.4}$$

式中，ν_n 为第 n 次循环加卸载的泊松比。

以 3-1（干燥岩样）和 3-5（饱水岩样）单轴循环加卸载的应力-应变曲线为例，可得干燥与饱水岩样每次加卸载的弹性常数，如图 4.4 所示。

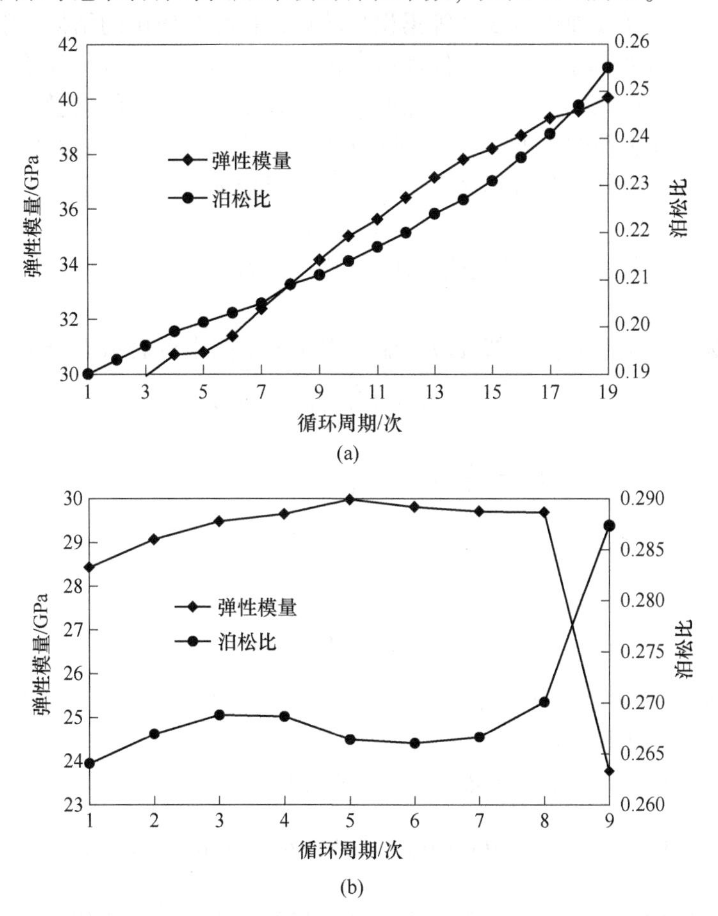

图 4.4 干燥与饱水岩样弹性模量及泊松比变化曲线

（a）干燥岩样；（b）饱水岩样

从图 4.4 可以看出，干燥岩样的弹性模量和泊松比均随循环加卸载周期数的增加而增大，说明在此试验条件下，循环加卸载对干燥岩样具有逐渐强化的作用。对于饱水岩样，在循环加卸载前期，随着加卸载周期数的增加，岩样的弹性模量有小幅增加，而后有逐渐减小的趋势，临近破坏时，弹性模量大幅降低而泊松比明显增大。上述现象表明，饱水对岩样的变形参数具有显著的影响。

4.3 能量特征与损伤机制

热力学定律表明，能量转化是物质物理特征变化过程的内在本质[123]。从能量的角度来看，岩样的损伤直至破坏是能量驱动下一种宏观失稳现象的劣化，是耗散应变能、可释放弹性应变能等累积与转化过程综合作用的结果。能量耗散主要诱发岩石损伤进而导致岩石试件性质劣化和强度丧失，能量释放是导致岩石试件突然破坏的内在原因。岩石试件在循环加卸载作用下产生的能量，一部分耗散于损伤的产生和裂隙的扩展，一部分则以弹性能的形式储存在岩石中。假设岩样在加卸载过程中与外界没有热交换，即为一封闭系统，由热力学第一定律可得：

$$U = U^{d} + U^{e} \tag{4.5}$$

式中，U 为外力做功所产生的总输入应变能；U^{d} 为耗散应变能；U^{e} 为可释放的弹性应变能。

复杂应力状态下岩样各部分应变能在主应力空间中可表示为[124]：

$$U = \int_{0}^{\varepsilon_1}\sigma_1 \mathrm{d}\varepsilon_1 + \int_{0}^{\varepsilon_2}\sigma_2 \mathrm{d}\varepsilon_2 + \int_{0}^{\varepsilon_3}\sigma_3 \mathrm{d}\varepsilon_3 \tag{4.6}$$

$$U^{e} = \frac{1}{2}\sigma_1\varepsilon_1^{e} + \frac{1}{2}\sigma_2\varepsilon_2^{e} + \frac{1}{2}\sigma_3\varepsilon_3^{e} \tag{4.7}$$

$$U^{d} = U - U^{e} \tag{4.8}$$

其中：

$$\varepsilon_i^{e} = \frac{1}{E_i}[\sigma_i - \mu_i(\sigma_j + \sigma_k)] \tag{4.9}$$

式中，σ_i、σ_j、σ_k（i，j，k=1，2，3）为主应力；ε_i 和 ε_i^{e}（i=1，2，3）分别为主应力方向上的应变和弹性应变；μ_i 为泊松比。

为便于计算，可释放应变能 U^{e} 可写成如下形式：

$$U^{e} = \frac{1}{2\overline{E}}[\sigma_1^2 + \sigma_2^2 + \sigma_3^2 - 2\overline{\mu}(\sigma_1\sigma_2 + \sigma_2\sigma_3 + \sigma_1\sigma_3)] \tag{4.10}$$

式中，$\overline{E}$、$\overline{\mu}$ 分别为一个加卸载循环中弹性模量与泊松比的平均值。为适合工程应用，可将式（4.10）改写为：

$$U^{e} = \frac{1}{2E_0}[\sigma_1^2 + \sigma_2^2 + \sigma_3^2 - 2\mu(\sigma_1\sigma_2 + \sigma_2\sigma_3 + \sigma_1\sigma_3)] \tag{4.11}$$

式中，E_0 为岩样初始弹性模量；μ 为岩样初始泊松比。

4.3.1 单轴压缩条件下岩石能量特征与损伤机制

单轴压缩加载条件下耗散应变能 U^{d} 与可释放弹性应变能 U^{e} 之间的关系如图 4.5 所示。

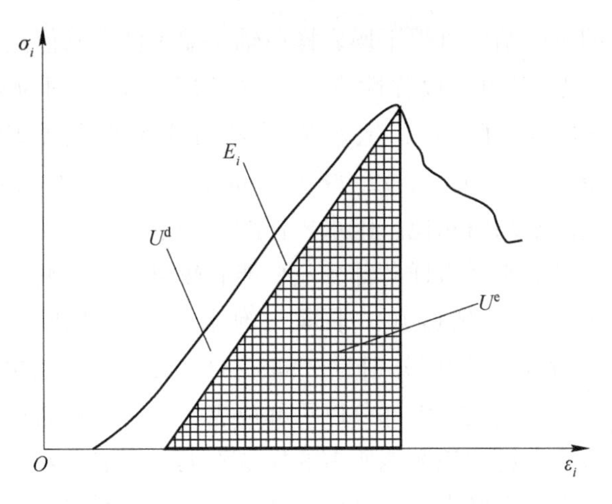

图 4.5 单位体积岩石中 U^d 与 U^e 的量值关系

图 4.5 中应力-应变曲线与卸载弹性模量 E_i 所围成的面积为 U^d，表示单位体积岩石内部发生损伤和塑性变形时所消耗的能量；阴影面积 U^e 为可释放的弹性应变能，该部分能量为单位体积岩石卸载后释放的弹性应变能。从热力学观点来看，能量耗散是单向和不可逆的，而能量释放则是双向的。

由于单轴压缩过程中不存在围压，因此整个试验过程中仅轴向应力参与做功，故各部分应变能可表示为：

$$U = \int_0^{\varepsilon_1} \sigma_1 \mathrm{d}\varepsilon_1 \tag{4.12}$$

$$U^e = \frac{1}{2}\sigma_1 \varepsilon_1^e \tag{4.13}$$

$$U^d = \int_0^{\varepsilon_1} \sigma_1 \mathrm{d}\varepsilon_1 - \frac{\sigma_1^2}{2E_0} \tag{4.14}$$

依据式（4.12）~式（4.14），对干燥状态与饱水状态的闪长岩岩样在单轴压缩条件下的试验结果进行处理后，可得峰值应力点对应的单位体积吸收的应变能 U，耗散应变能 U^d 和可释放弹性应变能 U^e 的具体数值见表 4.1。

表 4.1 单轴压缩条件下峰值应力对应的应变能

岩样编号	$U/\mu J \cdot mm^{-3}$	$U^d/\mu J \cdot mm^{-3}$	$U^e/\mu J \cdot mm^{-3}$
D-1	113.11	23.41	86.70
D-2	99.71	18.05	71.66
D-3	111.81	9.19	95.55
I-1	80.23	18.43	61.59
I-2	102.89	33.28	69.61
I-3	115.17	27.40	87.77

由表 4.1 中的试验结果可得干燥岩样单轴压缩条件下峰值点处的输入总应变能 U、耗散应变能 U^d 和可释放弹性应变能 U^e 的平均值分别为 107.61 μJ/mm³、16.88 μJ/mm³、84.64 μJ/mm³，饱水岩样各对应部分的平均应变能分别为 99.43 μJ/mm³、26.37 μJ/mm³、72.99 μJ/mm³，与干燥岩样峰值点处总输入应变能和可释放应变能平均值相比，饱水岩样的平均值有一定程度的减小，而耗散应变能有所增加，可见水对岩样各部分应变能有较显著的影响。

根据表 4.1 的试验结果可知，干燥与饱水岩样峰值点处的 U^d/U 分别为 0.157 和 0.265，U^e/U 的平均值分别为 0.843 和 0.735，这说明单轴压缩时峰值前干燥与饱水岩样吸收的应变能大部分以可释放应变能的形式储存起来，因岩样内部损伤和塑性变形所消耗的耗散能所占的比重不大，但饱水岩样在这一过程中所消耗的应变能明显高于干燥岩样，这也可从表 4.1 中所列的数值得到证明。相对于干燥岩样，饱水岩样所储存的应变能明显减少，这也减少了单轴压缩时应变能在峰后跌落时急剧释放的可能性，较好地解释了煤矿等地下工程中采用煤层注水预防冲击地压的内在机制。根据 M. Aubertin 等人[124] 定义的脆性指标修正值（岩样峰值点处耗散能与可释放应变能的比值），干燥与饱水岩样的 U^d/U^e 的平均值分别为 0.199 和 0.361，这说明单轴压缩时饱水岩样峰值强度前的塑性变形大于干燥岩样。

4.3.2　单轴压缩条件下基于能量的损伤劣化过程分析

以 D-2（干燥岩样）和 I-1（饱水岩样）为例，分析干燥、饱水岩样吸收的应变能 U，耗散应变能 U^d 和可释放弹性应变能 U^e 随应变的变化过程如图 4.6 所示。

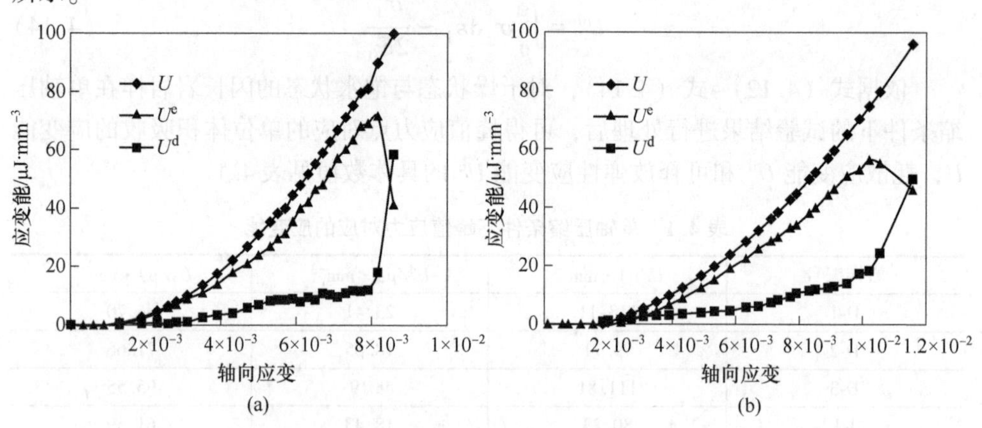

图 4.6　干燥与饱水岩样应变能-轴向应变关系曲线

（a）干燥状态；（b）饱水状态

对比分析图 4.6 中干燥、饱水岩样吸收的应变能 U，耗散应变能 U^d 和可释放弹性应变能 U^e 随轴向应变的变化趋势，可得干燥与饱水岩样单轴压缩时的损伤破坏机制。

(1) 压密阶段，干燥与饱水岩样吸收的应变能、耗散应变能和可释放弹性应变能均随轴向应变的增加而略有增加，对于干燥岩样，可释放应变能的增加幅度略大于耗散应变能的增加幅度，而饱水岩样的对应值略小于干燥岩样，这说明外部对岩样所做的功主要消耗于岩样的塑性变形，只有一小部分以弹性应变能的形式储存在岩样中，这是因为在该阶段岩样中原有张开性结构面或微裂纹在闭合过程中消耗了一部分应变能。

(2) 弹性变形至微弹性裂纹稳定发展阶段，该阶段的应力-应变曲线近似呈直线，岩样从外部吸收的能量主要以可释放应变能的形式储存在岩样中，这是由于岩样从外部吸收的能量主要用于岩样内部承载结构的弹性变形，耗散应变能在该过程中有小幅增加。

(3) 非稳定破裂发展阶段，随着应力水平的增大，外界对岩样输入的能量也逐渐增加，但输入的能量中大部分仍以可释放应变能的形式储存在岩样中。但在该阶段耗散应变能显著增加，这是因为在该阶段微裂纹的发展出现了质的变化，破裂不断发展。

(4) 破裂后阶段，在该阶段可释放应变能快速减少而耗散应变能急剧增加，这是因为岩样承载力达到峰值强度后，其内部结构遭到严重破坏，裂隙快速发展、交叉且相互联合形成宏观破裂面，塑性变形、宏观裂纹贯通及宏观裂隙面的滑移需要消耗大量的应变能，在此过程中弹性应变能以表面能、动能、摩擦热能等形式急剧释放，并最终导致岩样失稳破坏。

由上述分析可知，干燥、饱水岩样损伤破坏机制与应变能的累积、释放及耗散具有大体一致的变化规律，但因水的存在使得两种状态岩样在单轴压缩损伤破坏过程中能量实时劣化特征仍有较大差异。干燥与饱水岩样损伤破坏过程中能量变化特征如图 4.7 所示。

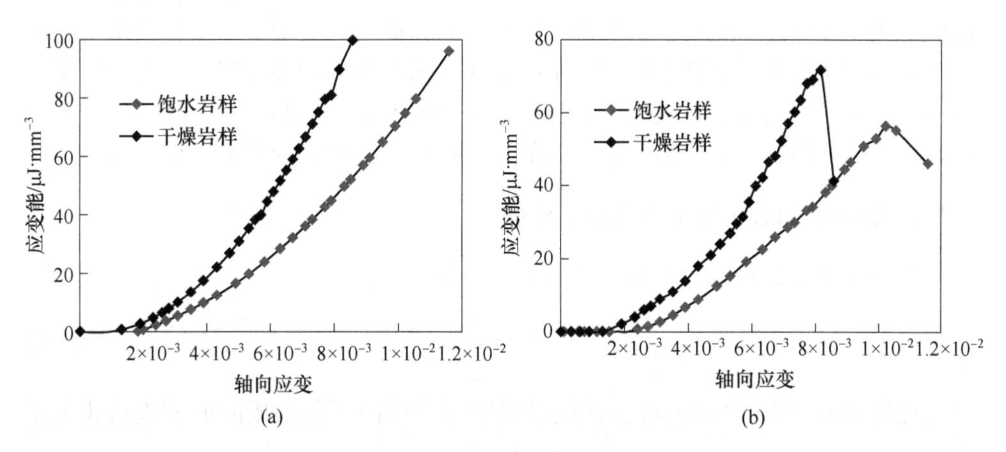

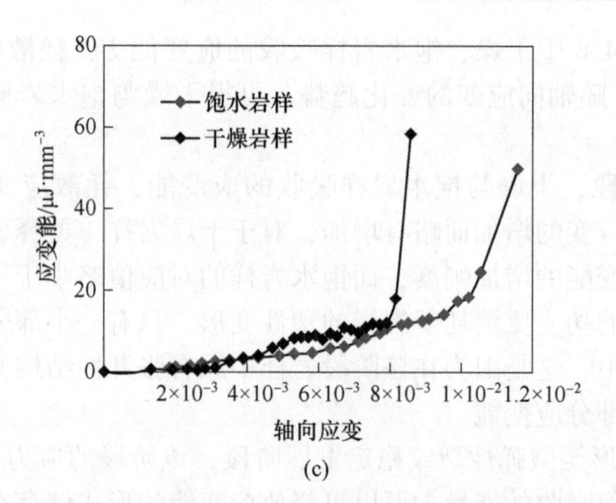

图 4.7　干燥与饱水岩样应变能-轴向应变关系曲线

(a) 总应变能 U；(b) 弹性应变能 U^e；(c) 耗散能 U^d

由图 4.7 可见，峰值强度前，干燥与饱水岩样吸收的总应变能、可释放应变能随轴向应变的增加速率大于饱水岩样对应的增加速率，其峰值强度前，相同应变条件下，干燥岩样吸收及储存的应变能均大于饱水岩样对应的应变能，表明水对岩样的储能特性有显著影响。

对比分析干燥、饱水岩样在损伤破坏过程中耗散能的变化规律可知，在压密阶段，干燥、饱水岩样耗散应变能均随加载过程缓慢增加，且干燥岩样的耗散应变能略大于饱水岩样，这是由于水对岩样内受压闭合的原生微裂纹摩擦耗能效果不强，再加上饱水状态下岩样承载骨架受载压缩引起部分缺陷内产生孔隙水压力。弹性变形至微弹性裂纹稳定发展阶段，干燥与饱水岩样耗散应变能增加幅度均较小，饱水岩样耗散应变能的增加幅度略大于干燥岩样，这是由于应力的进一步增加使得饱水岩样局部会有微裂纹的萌生及扩展，这与郭佳奇等人[50]得出的结论类似。随载荷的继续增加，干燥与饱水岩样均进入非稳定破裂发展阶段，该阶段饱水岩样较干燥岩样耗散更多的应变能，且在接近峰值强度处，饱水岩样耗散应变能的增加速率更快，这是由于随着轴向载荷的持续增大，岩样内部的孔隙水压力也随之增大，孔隙水压对原生缺陷和局部萌发的微裂纹附近岩石产生附加应力，且水对裂纹断裂韧度等岩石强度参数也具有软化效应[125]，这使得饱水岩样在该阶段缺陷和微裂纹易于触发新的裂纹产生，且使得细观裂纹扩展加快。

4.3.3　循环加卸载条件下能量特征分析

单轴循环加卸载条件下可将式 (4.10) 简化为：

$$U^e = \frac{\sigma_1^2}{2E} \tag{4.15}$$

耗散能 U^d 可由每次循环加卸载过程中塑性滞回环所围成的面积进行积分求

得，根据试验结果可得总应变能 U、可释放弹性应变能 U^{e} 及耗散应变能 U^{d} 随应力增加的变化趋势如图 4.8 所示。

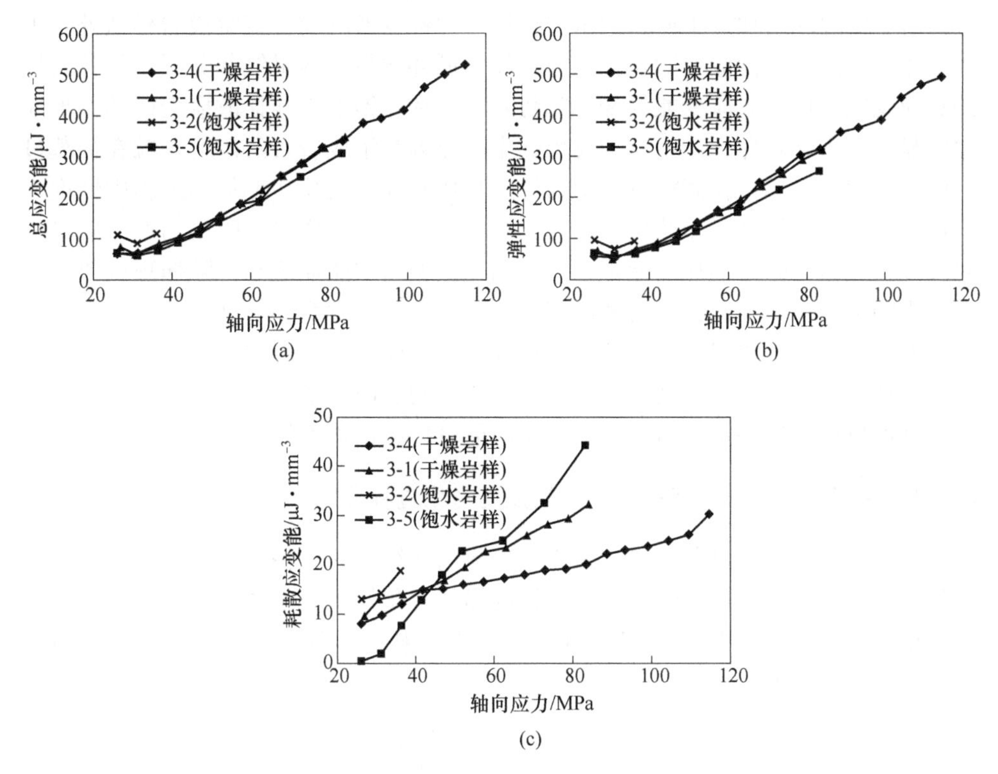

图 4.8　干燥与饱水岩样的能量变化曲线

（a）总应变能；（b）弹性应变能；（c）耗散应变能

从图 4.8 可以看出，岩样从外界吸收的总应变能、内部储存的弹性应变能及因损伤的产生和扩展所消耗的耗散能均随循环周期数及应力水平的逐级增加有逐渐增大的趋势，且干燥、饱水岩样在峰值强度前吸收的应变能大部分以可释放应变能储存起来。对比分析干燥、饱水岩样各能量特征可以发现，第一个循环结束后，各岩样从外界吸收的总应变能、岩样内部储存的弹性应变能均大于第二个循环，这是因为，从初始加载到第一个循环结束后，应力差值较大，外力对岩样所做的总功较大，其后外力对各岩样所做的总功及岩样内部储存的弹性应变能的变化趋势基本一致，在相同应力水平下，外力对各干燥岩样所做的总功较为接近且其值略大于饱水岩样。对于耗散应变能，在压密阶段，干燥与饱水岩样的耗散应变能差别较大，耗散应变能随加载周期数及应力水平的增大而增大，而循环加卸载的第一个周期和岩样的能量耗散值较小，产生这种现象的原因是在加卸载初期应力水平较低，岩样内部的微孔隙、微裂隙处于压密阶段，且对于饱水岩样来说，由于水分子进入岩样内部，削弱了岩样内部颗粒间的粒间联系，减弱了缺陷的闭合程度，再加上饱水岩样内部受压闭合的原生微缺陷摩擦耗能不强，使得在该阶段饱水岩样即便产生较大的塑性变形，也只消耗较少的能量。随循环次数及应力水平的逐级增加，干燥、饱水岩样进入弹性变形阶段，该阶段岩样从外界吸收的总应变能、弹性应变能及耗散应变能与循环次数基本呈线性关系，且各岩样的总应变能与可释放应变能的变化趋势基本一致，饱水岩样耗散应变能的增加速率明显大于干燥岩样，产生这种现象的主要原因是组成岩石的矿物颗粒在加载过程中产生弹性变形，在卸载过程中弹性能释放，外部载荷在增加的过程中使饱水岩样内部的微裂纹进一步萌生、扩展，从而使得饱水岩样在该阶段消耗的能量相对较多，且后一循环消耗的能量不等于前几次循环的能耗之和；随循环次数及应力水平的进一步增加，饱水岩样内部的微裂隙进一步发育、扩展、汇合，损伤进一步累积，使得饱水岩样内部储存的可释放应变能减少，裂纹尖端塑性区的形成需要消耗较多的能量，微裂隙分支、扩展所需的表面能增大，同时岩样内部孔隙相互摩擦也要消耗一定的能量，这一阶段能量耗散达最大值。

4.3.4　循环加卸载条件下基于能量的损伤劣化过程分析

损伤变量的劣化过程可看作是岩石材料内部结构的一种不可逆、需要消耗能量的劣化过程。为描述干燥、饱水岩样的损伤劣化规律，需要计算岩石的损伤变量。根据彭瑞东等人[60]的研究成果，基于损伤耗散能的干燥、饱水岩样的损伤变量计算公式如下：

$$D = \frac{2}{\pi}\arctan\frac{\Delta E^{\mathrm{d}}}{\Delta\sigma} \tag{4.16}$$

式中，$\Delta\sigma$ 为应力增量；ΔE^{d} 为对应的损伤耗散能增量。当 $\Delta E^{\mathrm{d}}=0$ 时表示岩石材料没有损伤，当 $\Delta E^{\mathrm{d}}\to\infty$ 时，表示材料损伤极端严重。

根据上述损伤变量的计算方法，可得干燥、饱水岩样在不同应力下的损伤变量的发展规律如图 4.9 所示。

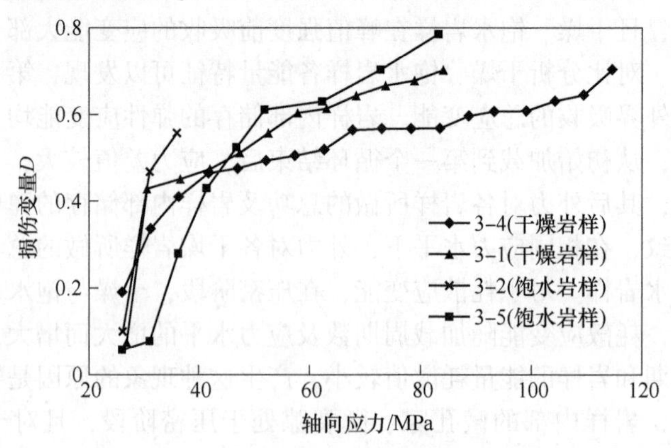

图 4.9　干燥与饱水岩样的损伤劣化曲线

由图4.9可见，损伤变量的起始值并不为0，说明在循环加卸载初期，由于岩样内部存在微裂纹，加载过程中主要是微裂纹的压密闭合，而产生新裂纹扩展所占比例较小，因此第一循环周期会产生较大的塑性变形，从而使得损伤变量的起始值不为0。随着应力的增加，岩样的损伤变量也逐渐增大，损伤加剧。但干燥与饱水岩样损伤劣化曲线的变化趋势有所不同，具体表现为：在加载初期，干燥岩样的损伤变量明显大于饱水岩样，这是由于加载初期，在相同的应力水平下，对于干燥岩样，外部输入的能量主要转化为可释放的弹性应变能储存，试样在压密及微裂纹的产生过程中所耗散的应变能较少，且随加载过程增加缓慢，而对于饱水岩样，由于水的存在，岩样在加载初期就产生了较大的塑性变形，消耗了较多的应变能。随循环周期数及应力水平的增加，干燥、饱水岩样均由压密阶段过渡到弹性变形阶段，在该阶段，干燥、饱水岩样的损伤变量均呈线性小幅增加，这是因为在该阶段岩样从外部吸收的能量主要用于岩样的弹性变形，耗散能几乎不变或有小幅增加，然而因岩样饱水状态的差异，使得饱水岩样能量耗散值的增加速率大于干燥岩样对应的耗散能增加速率。临近峰值强度时，岩样的损伤变量快速增大，这是岩样内部微裂纹不稳定扩展的结果，这也说明能量耗散到一定程度后将导致岩石强度丧失。

4.4 声发射特征

声发射（acoustic emission，AE）是指材料或结构在受力变形过程中以弹性波的形式释放应变能的现象。本书选取声发射能率和能量累积数为特征参数，分析干燥、饱水岩样在单轴加载及单轴循环加卸载条件下的声发射特征。

4.4.1 单轴压缩条件下干燥与饱水岩样声发射特征

以D-2（干燥岩样）和I-1（饱水岩样）为例绘制的干燥、饱水岩样在单轴压缩损伤破坏过程中应力-应变-声发射能率曲线和声发射应力-应变-能量累积数曲线如图4.10和图4.11所示。

由图4.10和图4.11可见，干燥、饱水岩样在受压损伤破坏全过程中均有声发射信号产生，声发射能率的最大值均出现在应力峰值附近的极短时间内。但干燥、饱水岩样的试验结果之间也存在许多不同之处，具体表现为：

（1）初始压密阶段，该阶段声发射信号总体较弱，干燥岩样有少量的声发射信号产生，而饱水岩样几乎没有声发射信号产生，这是因为较低的应力水平使岩样内部的原生裂隙、孔隙闭合，在此过程中岩石颗粒摩擦及咬合破坏会产生能量较低的声发射，而饱水岩样由于受水的软化作用显著，以至于其变形破坏的激烈程度比干燥岩样相对减弱。

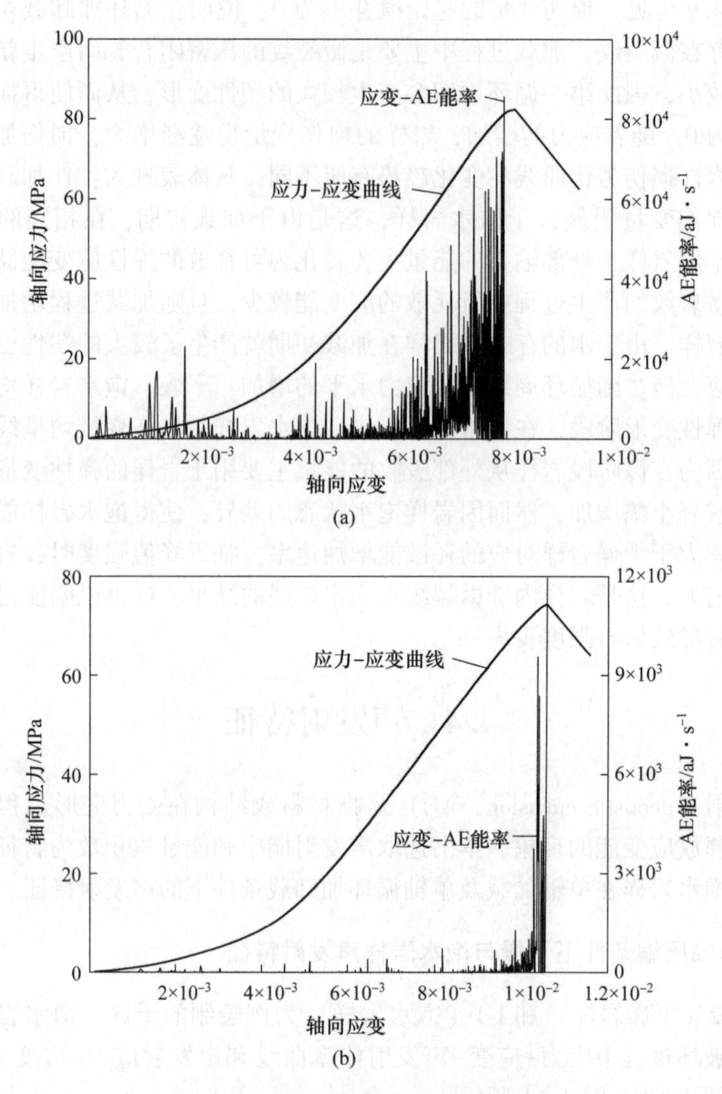

图 4.10　应力-应变-声发射能率曲线

（a）干燥岩样；（b）饱水岩样

（2）弹性变形阶段，干燥岩样声发射能率随应变的增加有逐渐增大的趋势，而饱水岩样在此过程中声发射能率比较稳定且有小幅增大。

（3）屈服阶段，在此阶段，岩样内部新生裂纹开始增多并逐渐发展，干燥岩样声发射活动更加活跃，饱水岩样声发射活动也开始活跃，但饱水岩样的声发射能率的最大值及能量累积数均明显低于干燥岩样，这是因为随含水量的增加，岩样内部颗粒之间的水岩作用增强，水对岩样颗粒的软化作用增强。

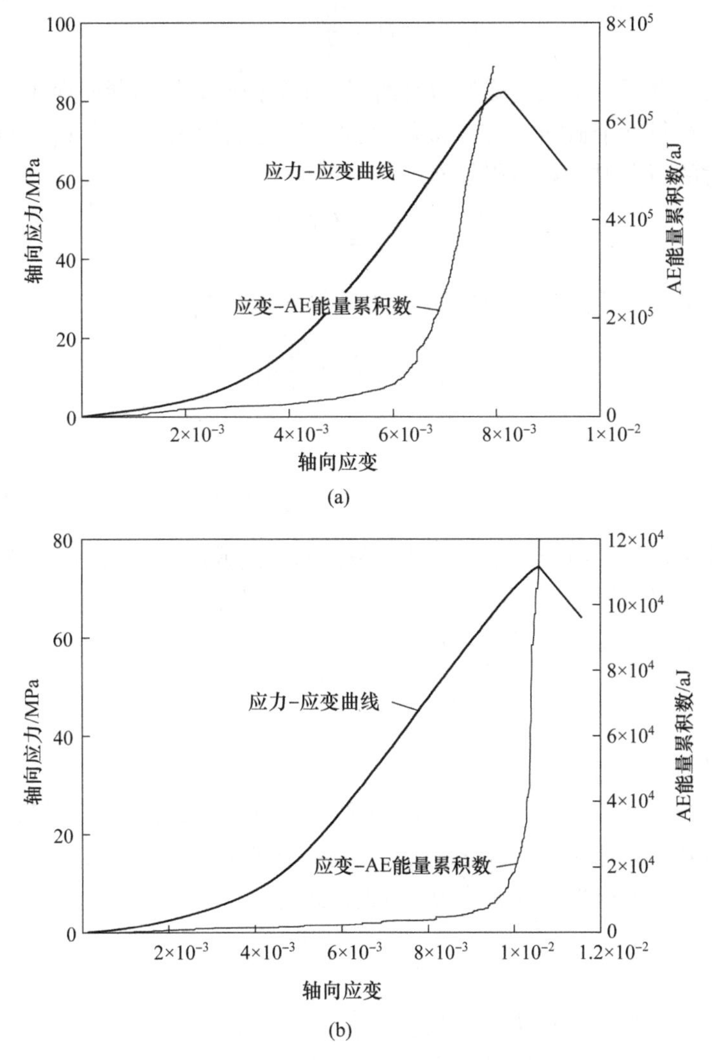

图 4.11 应力-应变-声发射能量累积数曲线

(a) 干燥岩样；(b) 饱水岩样

（4）破坏阶段，在该阶段声发射活动异常活跃，干燥岩样声发射累积数呈加速增加趋势，而饱水岩样声发射累积数出现了骤增的现象。

4.4.2 单轴压缩条件下基于声发射的损伤机制

选用声发射能量累积数为特征参量，对干燥、饱水闪长岩岩样在单轴压缩过程中的损伤劣化特征进行分析。

苏联学者 L. M. Kachanov 将损伤变量定义为：

$$D = \frac{A_d}{A} \tag{4.17}$$

式中，A_d 为承载断面上微缺陷的所有面积；A 为初始无损的断面面积。

若无损材料整个截面 A 完全破坏时的声发射能量累积数为 C_0，则单位面积微元破坏时的声发射能量累积数 C_w 为：

$$C_w = \frac{C_0}{A} \tag{4.18}$$

当断面损伤面积达到 A_d 时，声发射能量累积数 C_d 为：

$$C_d = C_w A_d = \frac{C_0}{A} A_d \tag{4.19}$$

则有：

$$D = \frac{C_d}{C_0} \tag{4.20}$$

在试验过程中，由于设定岩石破坏条件的不同或试验机的刚度不够及其他因素的影响，使得岩样还没有完全破坏试验机就已经停机，此时，基于声发射能量累积数建立的损伤变量的表达式为：

$$D = D_U \frac{C_d}{C_0} \tag{4.21}$$

式中，D_U 为损伤临界值。

式（4.18）中 C_0 的取值为损伤变量达 D_U 时的声发射能量累积数。为了计算简便，参照刘保县等人[125]的研究成果，将损伤临界值按线性函数转换的方法进行归一化处理，可得损伤临界值 D_U 的表达式为：

$$D_U = 1 - \frac{\sigma_c}{\sigma_p} \tag{4.22}$$

式中，σ_c 为残余强度；σ_p 为峰值强度。

因此，基于声发射能量累积数的损伤变量表达式为：

$$D = D_U \frac{C_d}{C_0} = \left(1 - \frac{\sigma_c}{\sigma_p}\right) \frac{C_d}{C_0} \tag{4.23}$$

需要说明的是：当 $\sigma_c = 0$ 时，$D_U = 1$，表示岩样在压缩过程中完全破坏；当 $\sigma_c = \sigma_p$ 时，$D_U = 0$，此时损伤变量为0，可将材料看作理想弹塑性材料。岩样在单轴压缩过程中伴随着损伤的发生，且个别岩样在破坏后仍具有一定的承载能力，因此，$D_U \in (0, 1)$。

采用线性函数转换方法将式（4.21）中的损伤临界值进行归一化处理，处理后得到基于归一化的以声发射能量累积数为特征参量的损伤变量，综合式（4.21）~式（4.23）得到干燥、饱水岩样的损伤变量–应变关系曲线如图4.12所示。

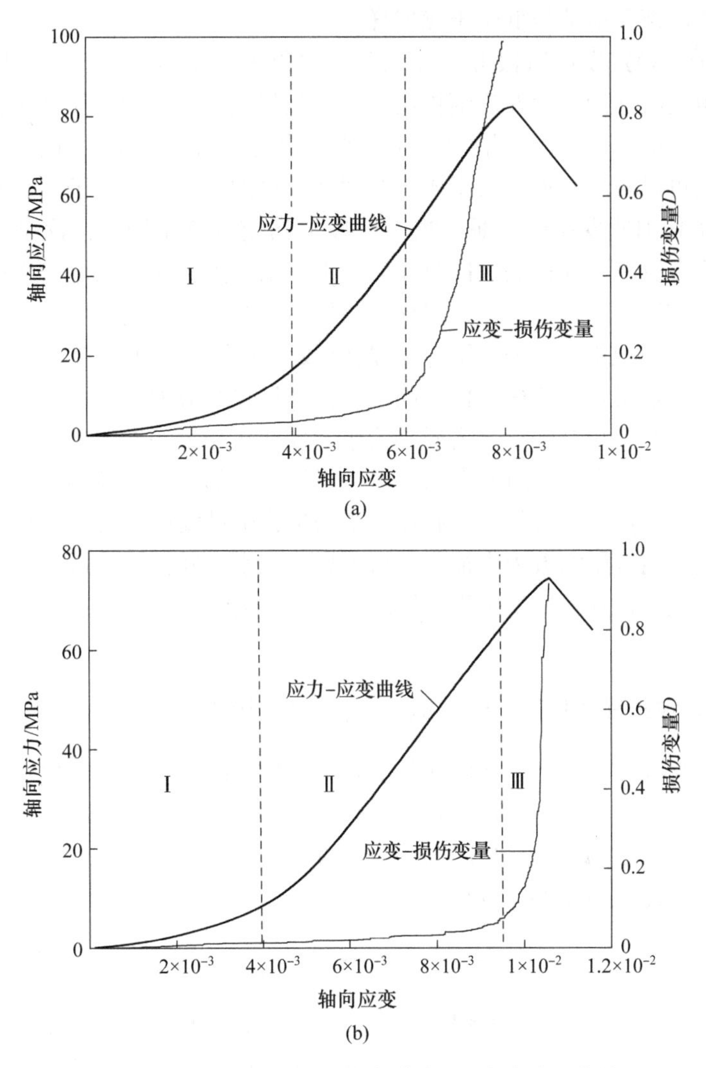

图 4.12 干燥与饱水岩样的损伤变量–应变关系曲线

（a）干燥岩样；（b）饱水岩样

对比分析上述各曲线可以发现，单轴压缩条件下干燥、饱水岩样的损伤劣化过程大致可分为初始损伤阶段Ⅰ、损伤稳定发展阶段Ⅱ和损伤加速发展阶段Ⅲ。

（1）初始损伤阶段Ⅰ，该阶段干燥与饱水岩样的损伤变量均很小，且干燥岩样的损伤变量略大于饱水岩样，产生这种现象的原因是在该阶段各岩样均处于压密阶段，在该阶段各岩样内部的孔隙及微裂隙基本没有扩展，同时，在此过程中也很少有新生裂纹的扩展和微裂隙产生，因此在此过程中产生的声发射能量累积数很少，声发射事件能量很低，由于水对岩样的软化作用，使得饱水岩样在此过程中产生的声发射信号低于干燥岩样。

（2）损伤稳定发展阶段Ⅱ，在该阶段损伤变量稳定增大，这是因为该阶段岩样中新生裂纹开始产生并逐渐扩展或新的微裂纹或微孔洞开始产生，声发射开始增强，声发射能量累积数增加，损伤的变化稳定增大，声发射能量逐渐增大。由试验结果可以看出，该阶段干燥岩样损伤变量的增加速率大于饱水岩样。

（3）损伤加速发展阶段Ⅲ，这一阶段损伤变量急剧增大，这是因为在该阶段岩样中原有裂隙不断扩展，同时新的裂隙不断产生，这些尺度较大的微孔洞和微裂隙迅速扩展、汇合、贯通，岩样最终发生宏观破坏，此阶段裂纹之间相互作用加剧，局部承载能力迅速下降，在此阶段，声发射活动异常活跃，宏观破坏前，声发射能量累积数达最大值，同时损伤变量也达最大值，该阶段岩样的损伤发展是不稳定的。相对于干燥岩样，饱水岩样损伤变量的增加速率更快。

上述分析结果表明，声发射信息反映了岩样内部的损伤破坏情况，岩样由裂纹的萌生、扩展直至最后的宏观破坏可视为损伤渐进发展的劣化过程。在此过程中，以声发射能量累积数为表征参数对干燥、饱水岩样在受载过程中的损伤劣化进行分析，能够较好地反映干燥、饱水岩样内部裂纹萌生、扩展直至破坏的渐进劣化过程。

4.4.3　循环加卸载条件下干燥与饱水岩样声发射特征

循环加卸载过程中，岩样同样伴随着原生裂隙的压密、新生裂隙的萌生、扩展和贯通，最终形成宏观裂隙，且在加载及卸载过程中同时伴随声发射信号的产生，以 3-1（干燥岩样）和 3-5（饱水岩样）为例绘制的应力-时间-声发射能量累积数关系曲线如图 4.13 所示。

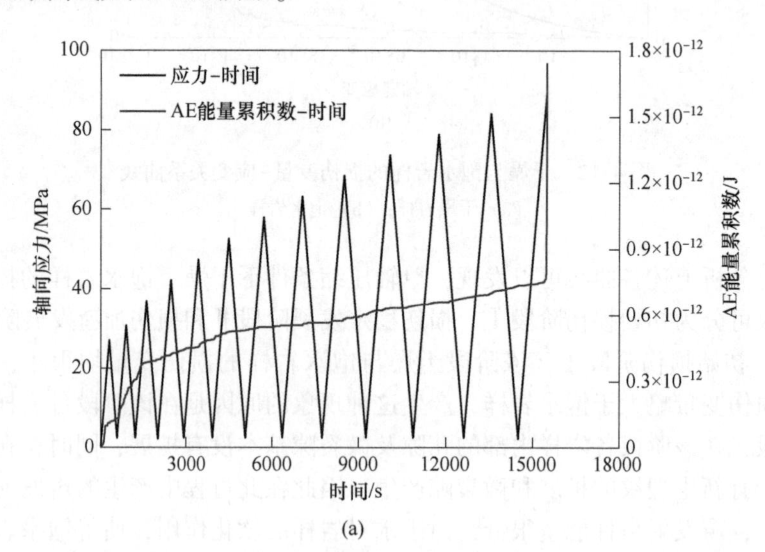

(a)

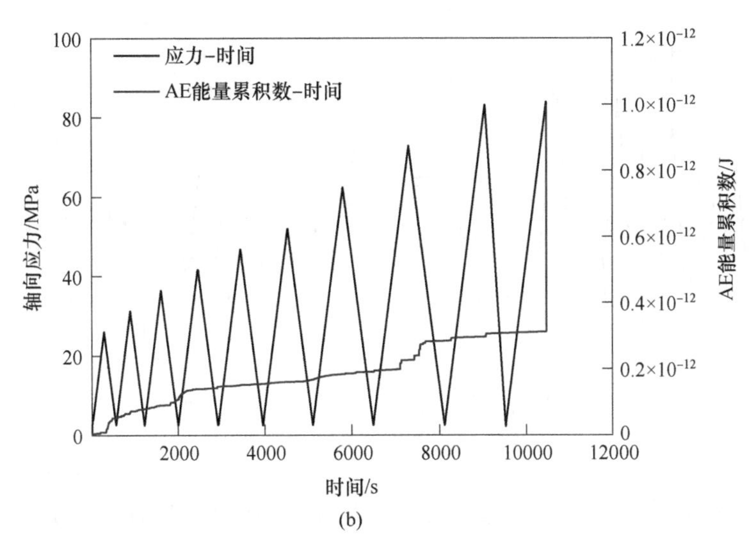

图 4.13 应力-时间-声发射能量累积数关系曲线
（a）干燥状态；（b）饱和状态

由图 4.13 可见，加载初期，干燥岩样有少量的声发射信号产生，而饱水岩样几乎没有声发射信号产生，且干燥岩样的声发射能量累积数增长速率大于饱水岩样。随循环周期数的增加及应力水平的逐级增大，干燥、饱水岩样的声发射能量累积数的增加速率均较小且较为平稳，产生这种差别的原因可能是水的软化及润滑作用使得岩样的声发射信号明显减弱。随循环次数的增加及应力水平的进一步增大，岩样进入破坏阶段，在该阶段，干燥、饱水岩样的声发射能量累积数均发生突变，声发射活动进入高峰期，与此同时两种不同含水状态的岩样均可看到微破裂甚至崩裂的发生。在整个加卸载过程中，饱水岩样的声发射能量累积数为干燥岩样的 52.18%，且试件发生宏观破坏前，饱水岩样的声发射能量累积数为干燥岩样的 46.14%，产生这种现象的原因是水分子进入岩样内部，削弱了岩样内部颗粒间的粒间联系，使岩样在破裂时所需的能量减少。

4.4.4 循环加卸载条件下基于声发射的损伤机制

同样选用声发射能量累积数为特征参量，以 3-1（干燥岩样）和 3-5（饱水岩样）为例，对干燥、饱水岩样在循环加卸载作用下的损伤劣化特征进行分析。综合式（4.21）~式（4.23）得到干燥、饱水岩样在单轴循环加卸载作用下的应力-时间关系曲线和损伤变量-时间关系曲线如图 4.14 所示。

对比分析干燥与饱水岩样在单轴循环载加卸载作用下的应力-时间-损伤变量关系曲线可以发现，其变化趋势与岩样在单轴循环加卸载作用下的应力-时间关系曲线和声发射能量累积数-时间关系曲线基本一致，这说明基于声发射能量

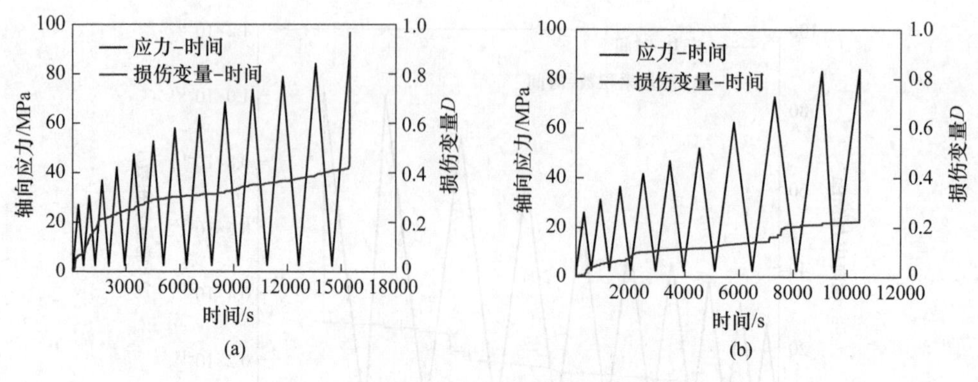

图 4.14　应力-时间-损伤变量关系曲线
(a) 干燥状态；(b) 饱和状态

累积数表征的损伤变量可以较好地反映干燥与饱水岩样在单轴循环加卸载作用下损伤劣化过程。

4.5　对比分析

由热力学定律可知，能量耗散是岩石变形破坏的本质属性，它反映了岩石内部微缺陷的不断发展、强度不断弱化并最终丧失的过程，能量耗散主要诱发岩石损伤进而致使岩石试样性质劣化和强度丧失。因此，能量耗散与损伤和强度丧失直接相关，耗散量反映了初始强度的衰减程度。对基于声发射能量累积数定义的损伤变量与以耗散应变能表征的干燥与饱水岩石损伤劣化过程进行对比分析，可更加准确地把握干燥与饱水岩样损伤破坏前兆信息。

4.5.1　单轴压缩条件下耗散能与损伤变量对比分析

以 D-1（干燥岩样）和 I-1（饱水岩样）为例，绘制干燥、饱水岩样单轴压缩全过程的损伤变量-应变关系曲线和耗散应变能-应变关系曲线如图 4.15 所示。

结合图 4.11，可得干燥、饱水岩样声发射与耗散应变能的响应规律，具体如下：

(1) 初始损伤阶段，干燥、饱水岩样的损伤变量和能量耗散值的增加幅度均较小，且两者的增加趋势基本一致，这表明在该阶段干燥与饱水岩样的损伤程度较小。干燥岩样损伤变量的增加幅度略大于饱水岩样，而饱水岩样的能量耗散值略高于干燥岩样，同时，在该阶段，两种岩样的声发射信号相对比较微弱，但干燥岩样的声发射活动相对活跃，说明闭合裂纹表面之间的滑移引起了少量的声发射。

(2) 损伤稳定发展阶段，损伤变量和耗散能都保持相对较低的增加速率，

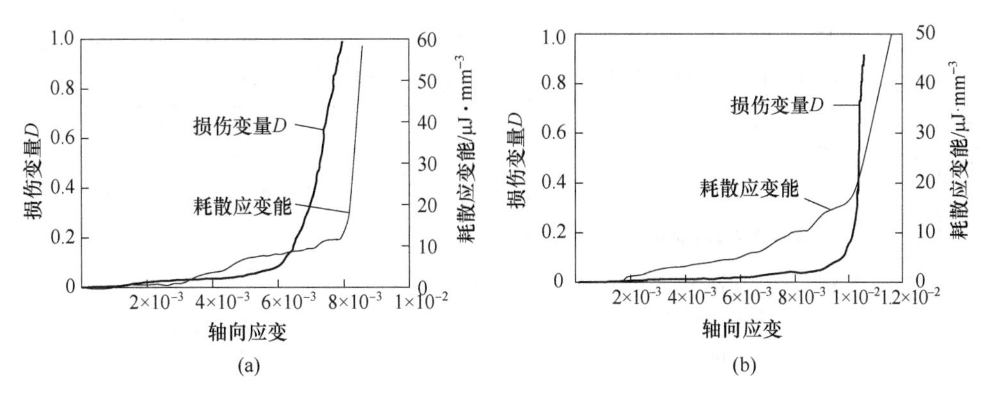

图 4.15 单轴压缩全过程损伤变量-应变关系曲线和耗散应变能-应变关系曲线

（a）D-1（干燥状态）；（b）I-1（饱水状态）

干燥岩样损伤变量的增加速率大于饱水岩样，而耗散应变能的增加速率饱水岩样大于干燥岩样。

（3）损伤加速发展阶段，干燥与饱水岩样声发射信号趋于活跃，基于声发射能量累积数定义的损伤变量有不同程度的增加，且干燥岩样的增加速率明显大于饱水岩样；干燥与饱水岩样的耗散能也逐步增加，且饱水岩样的增加速率高于干燥岩样。从损伤变量与耗散能快速增大的起点来看，干燥岩样损伤变量快速增大的起点早于耗散应变能快速增大的起点，而饱水岩样与之相反。相比之下，损伤变量信息对干燥岩样损伤破坏的响应情况较好，能量耗散值快速增大的信息可作为饱水岩石损伤破坏前兆。随着应力-应变曲线的突然跌落，损伤变量和耗散应变能表现为突然增大。干燥岩样损伤变量突增点超前于耗散应变能突增点，而饱水岩样的则滞后于干燥岩样，损伤变量和耗散应变能突然升高是岩样破坏的主要表征。

综合上述分析可知，基于声发射能量累积数定义的损伤变量信息与耗散应变能信息对于干燥岩样与饱水岩样在单轴压缩不同阶段的敏感程度是不同的，且二者具有较强的互补性。对于干燥岩样，可将损伤变量值快速增加作为岩石损伤破坏前兆信息，而对于饱水岩样，可将耗散应变能快速增加作为损伤破坏前兆信息。通过二者的变化情况来综合反映和判别岩石的破坏阶段，并准确给出岩石损伤破坏前兆信息是可行的。

4.5.2 循环加卸载条件下耗散能与损伤变量对比分析

以 3-1（干燥岩样）和 3-5（饱水岩样）为例，绘制单轴循环加卸载条件下干燥、饱水岩样的基于声发射能量累积数表征的损伤变量-时间关系曲线和基于耗散能表征的损伤变量-时间关系曲线如图 4.16 所示。

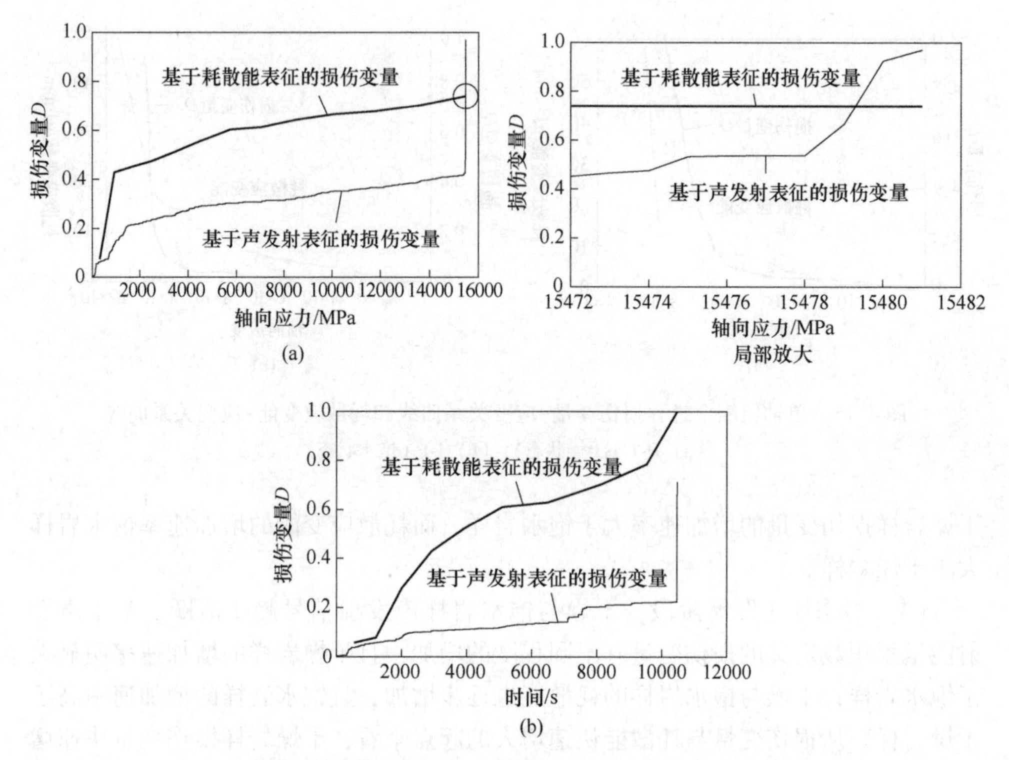

图 4.16　循环加卸载过程损伤变量–时间关系曲线

（a）3-1（干燥岩样）；（b）3-5（饱水岩样）

结合图 4.14，对比分析基于声发射能量累积数表征的损伤变量与基于耗散能表征的损伤变量随时间的响应规律，具体如下：

（1）初始损伤阶段，干燥、饱水岩样的损伤变量均较小，岩样在该阶段处于压密阶段，初始的微孔隙、裂隙基本没有扩展，也很少有新生微裂隙的产生，声发射信号不活跃，对于干燥岩样而言，该阶段的损伤变量明显高于饱水岩样，这是因为干燥岩样声发射信号较饱水岩样活跃，产生的声发射信号高于饱水岩样，同时在该阶段其塑性滞回环的面积也大于饱水岩样，饱水岩样在此过程中虽也产生一定数量的声发射信号，但由于水的软化作用，其声发射信号活跃程度明显低于干燥岩样，加载初期饱水岩样的塑性变形虽明显大于干燥岩样，但在循环加载过程中形成塑性滞回环的面积小于干燥岩样，因此该阶段饱水岩样基于声发射能量累积数表征的损伤变量及基于耗散能表征的损伤变量均低于干燥岩样。

（2）损伤稳定发展阶段，干燥、饱水岩样的损伤变量稳定增大，岩样中新生裂纹开始产生并逐步扩展，声发射能量累积数逐渐增加，基于声发射能量累积数表征的损伤变量持续增加，但增加幅度较小。同时，在持续加载过程中，基于耗散应变能表征的干燥、饱水岩样的损伤变量也有不同程度的增加，但干燥岩样的增加趋势与饱水岩样有较大差别，干燥岩样的增加趋势与基于声发射定义的损伤变量增加趋势基本一致，而饱水岩样在此过程中基于耗散能表征的损伤变量值明显大于基于声发射能量累积数表征的损伤变量，这是因为饱水对岩样的声发射及耗散应变能产生较大的影响。

(3) 损伤加速发展阶段，基于声发射能量累积数表征的损伤变量呈阶跃式增加，岩样趋于失稳破坏。而基于耗散能定义的损伤变量在此阶段有较大差别，干燥岩样在破坏之前基于声发射表征的损伤变量没有出现明显的增大，且干燥岩样基于声发射能量累积数表征的损伤变量达最大值时基于耗散能表征的损伤变量将出现阶跃式增大，对其局部放大后可以看出，试件临近破坏时基于声发射累积数表征的损伤变量快速增大且其增大的起点先于基于耗散能表征的损伤变量。饱水岩样在该阶段基于耗散能表征的损伤变量增加幅度明显，且其增大的起点先于基于声发射表征的损伤变量阶跃增大的起点。

综合上述分析可知，基于声发射能量累积数表征的损伤变量信息与耗散应变能信息对于干燥岩样与饱水岩样在循环加卸载条件下不同阶段的敏感程度是不同的，同样具有很强的互补性。综合分析基于声发射能量累积数表征的损伤变量与基于耗散能表征的损伤变量的变化趋势，可较好地描述干燥与饱水岩样在循环加卸载作用下的损伤破坏状态和特征，同时，对比分析基于声发射能量累积数表征的损伤变量与基于耗散能表征的损伤变量在岩样损伤破坏不同阶段的互补性，可更准确地预测岩样的破坏前兆信息。

5 干燥、饱水岩石损伤破坏前兆

本章彩图

岩石内部微裂纹扩展释放应变能的同时会产生声发射信号，每个声发射信号都包含了岩石内部结构变化的丰富信息。岩石在失稳破坏前有许多前兆特征，而伴随岩石破裂所产生的声发射及其相关参数在岩石失稳破裂前同样具有前兆特征。通过对岩石损伤破坏前兆信息的研究，可对岩石损伤破坏过程得到一些规律性认识。国内外许多学者对岩石损伤破坏前兆进行了大量的理论和试验研究。刘建坡等人利用损伤力学理论和地震临界点理论研究了岩石损伤破坏过程和岩石失稳破坏的前兆；张晖辉等人[61]将能量加速释放和加卸载响应比剧增作为岩石损伤破坏前兆信息；Lei 等人[126]详细分析了岩石试件灾变破坏前声发射的时空分布及 b 值等相关物理量的变化；苗胜军等人[127]进行了岩石单轴循环加卸载扰动声发射试验，结果表明加卸载响应比理论可定量分析岩石试件损伤劣化过程。大量研究结果表明，加卸载响应比峰值回落的现象同样出现在岩石试件宏观破裂发生之前[128]。

本章以第 4 章的试验结果为基础，基于加卸载响应比理论和能量加速释放理论，深入探讨了循环加卸载作用下干燥与饱水岩样失稳破坏的前兆规律，同时对干燥、饱水岩样的 Felicity 比值随循环周期增加的变化规律进行了讨论，上述讨论与分析为研究不同含水状态下岩石破裂失稳机理提供参考。

5.1 加卸载响应比特征分析

在地震学、损伤力学、非线性科学、断裂力学等学科的基础上，尹祥础等人[129]提出了加卸载响应比理论，其思路是把加载响应与卸载响应的比值定义为加卸载响应比，用以定量描述介质的损伤程度。加卸载响应比理论是一种用于研究非线性系统失稳前兆和失稳预报的理论，加卸载响应比 Y 是一个能定量反映非线性系统趋近失稳程度的参数，可将其定义为：

$$Y = \frac{X_+}{X_-} \tag{5.1}$$

式中，X_+ 和 X_- 分别为加载与卸载的响应。响应量的计算公式如下：

$$X = \lim_{\Delta P \to 0} \frac{\Delta R}{\Delta P} \tag{5.2}$$

式中，ΔP 和 ΔR 分别为载荷 P 和响应 R 对应的增量。当岩石类材料处于弹性阶段时，X_+和 X_-的值比较接近，加卸载响应比值 Y 约为 1；到了损伤破坏阶段，Y 值也会相应地增加；当岩石类材料临近破坏时，Y 值达到最大值。利用能量作为响应可将加卸载响应比 Y 的值定义为：

$$Y=\frac{\left(\sum_{i=1}^{N^+}E_i^m\right)_+}{\left(\sum_{i=1}^{N^-}E_i^m\right)_-} \tag{5.3}$$

式中，E 为释放的能量，$m=1$ 时，E^m 为能量；N^+为加载能量数目；N^-为卸载能量数目。试验中记录的声发射能量反映了试件内部微裂纹产生或扩展时所释放的弹性能，通过对声发射能量的分析，可以研究岩石等脆性材料弹性能释放的劣化规律。

为计算干燥、饱水岩样在循环加卸载过程中加卸载响应比随时间的变化规律，以 3-1（干燥岩样）和 3-5（饱水岩样）为例，绘制的干燥、饱水岩样循环加卸载过程中应力-时间-AE 能率关系曲线如图 5.1 所示。

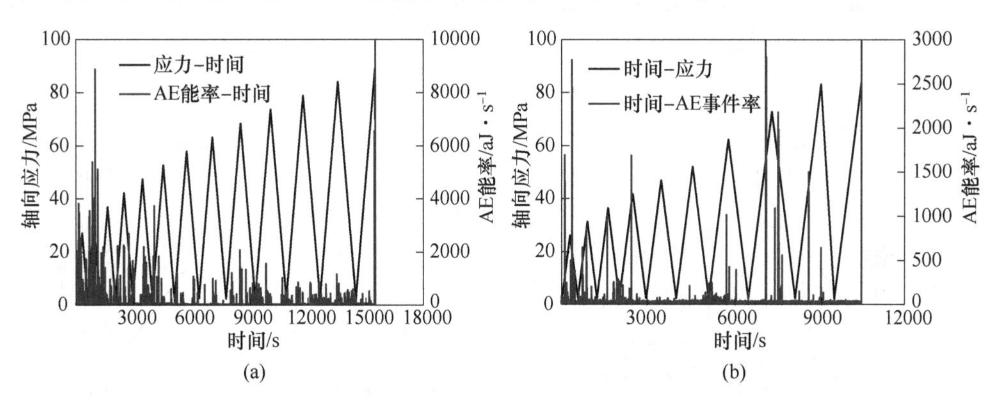

图 5.1 干燥、饱水岩样循环加卸载过程中应力-时间-AE 能率关系曲线

（a）3-1（干燥岩样）；（b）3-5（饱水岩样）

因图 5.1 中干燥、饱水岩样的应力-应变-AE 能率关系曲线过于密集，为进一步分析干燥、饱水岩样在加卸载过程中 AE 能量变化特征，将上述曲线进行局部化处理后如图 5.2 和图 5.3 所示。

干燥、饱水岩样在循环加卸载过程中均会产生损伤破坏，由于声发射与岩样损伤破坏之间具有密切的关系，因此岩样在循环加卸载过程中的声发射特征可以反映岩样在循环载荷作用下的损伤劣化过程。根据干燥、饱水岩样循环加卸载过程中能量随时间的变化规律，以声发射能量作为响应，得到干燥、饱水岩样的加卸载响应比 Y 随时间的变化情况如图 5.4 所示。

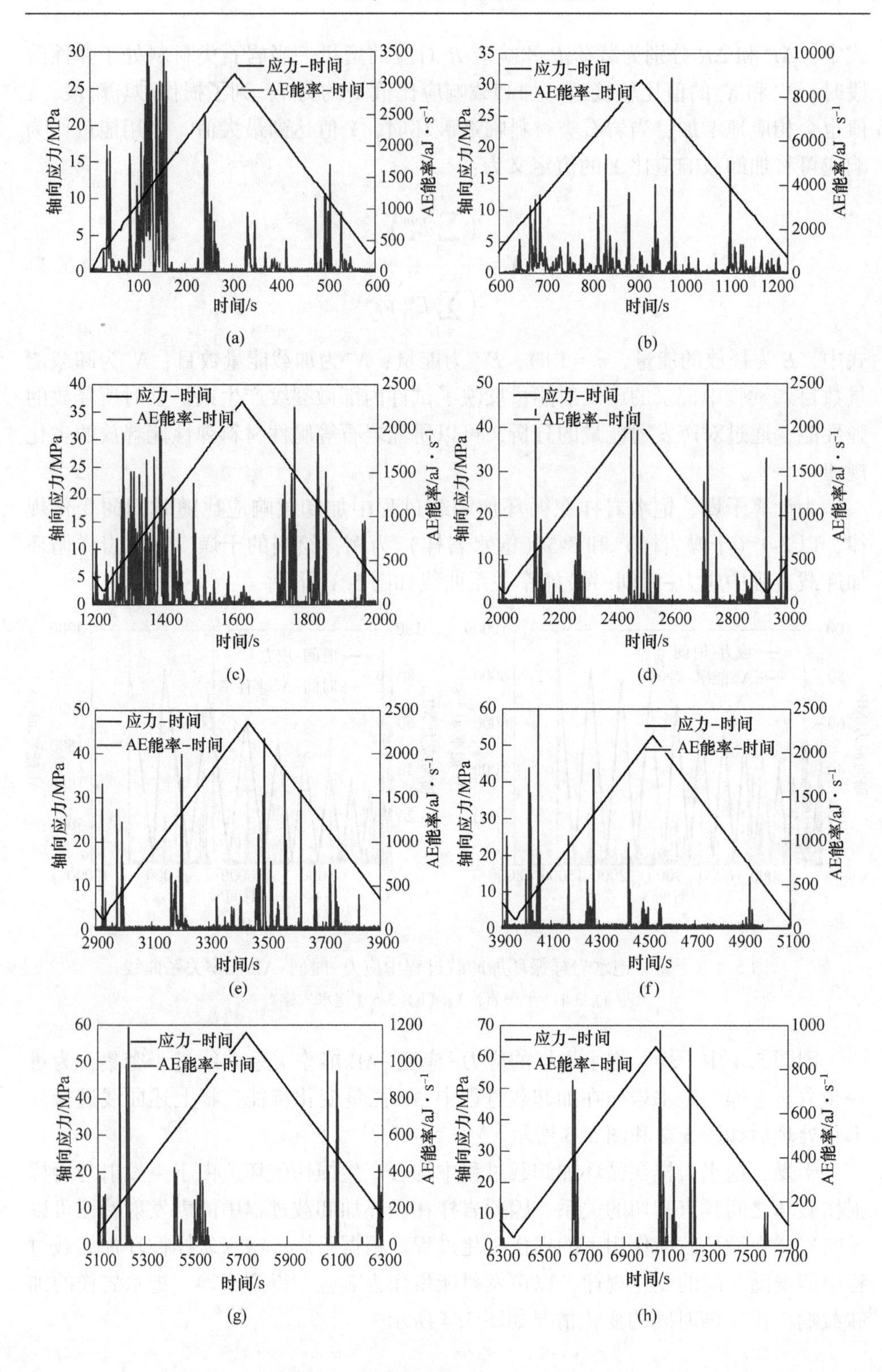

应力-时间
AE能率-时间
轴向应力/MPa
AE能率/aJ · s⁻¹
时间/s
(a)
(b)
(c)
(d)
(e)
(f)
(g)
(h)

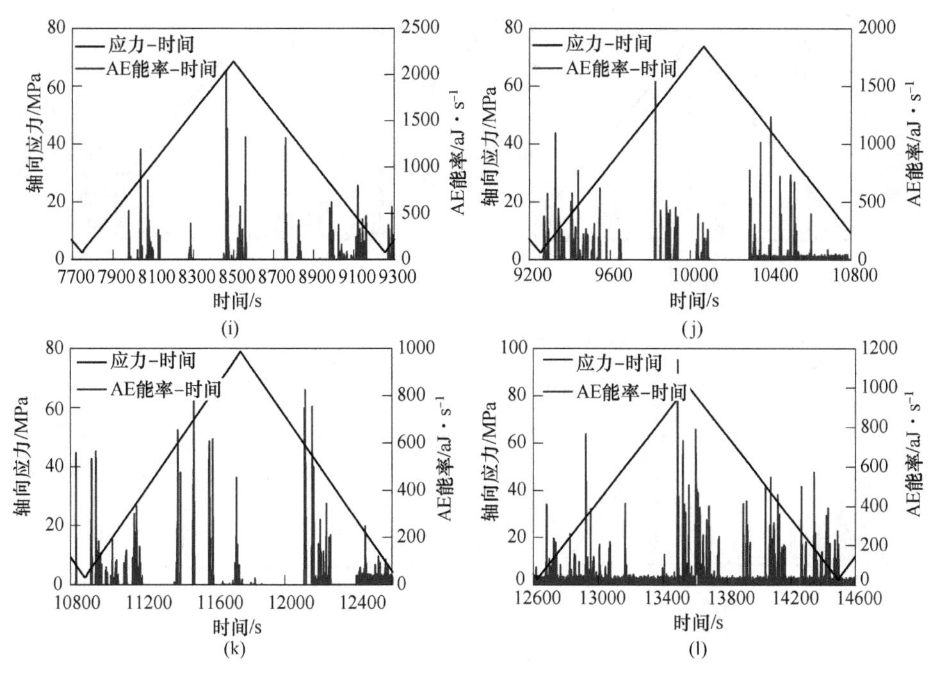

图 5.2 干燥岩样应力-时间-AE 能率局部化后曲线

(a) 第 1 循环周期；(b) 第 2 循环周期；(c) 第 3 循环周期；(d) 第 4 循环周期；(e) 第 5 循环周期；(f) 第 6 循环周期；(g) 第 7 循环周期；(h) 第 8 循环周期；(i) 第 9 循环周期；(j) 第 10 循环周期；(k) 第 11 循环周期；(l) 第 12 循环周期

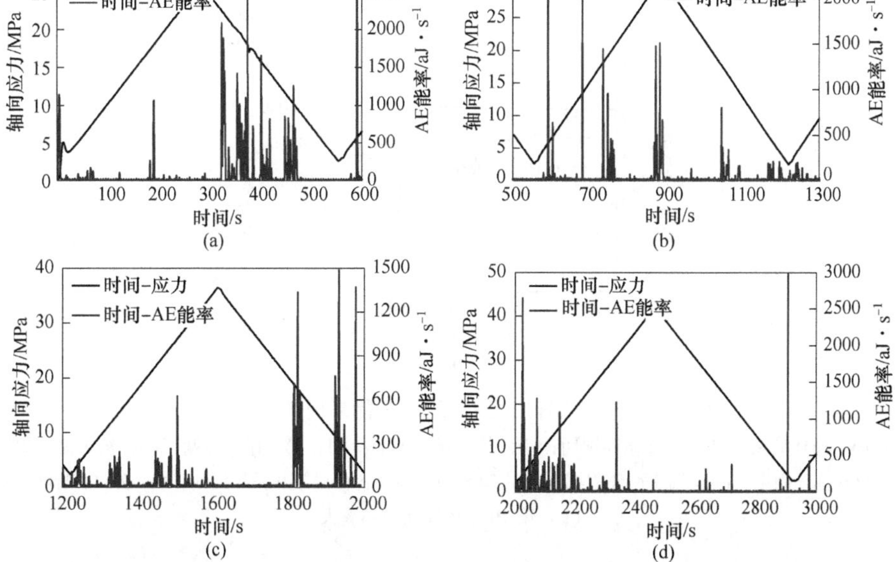

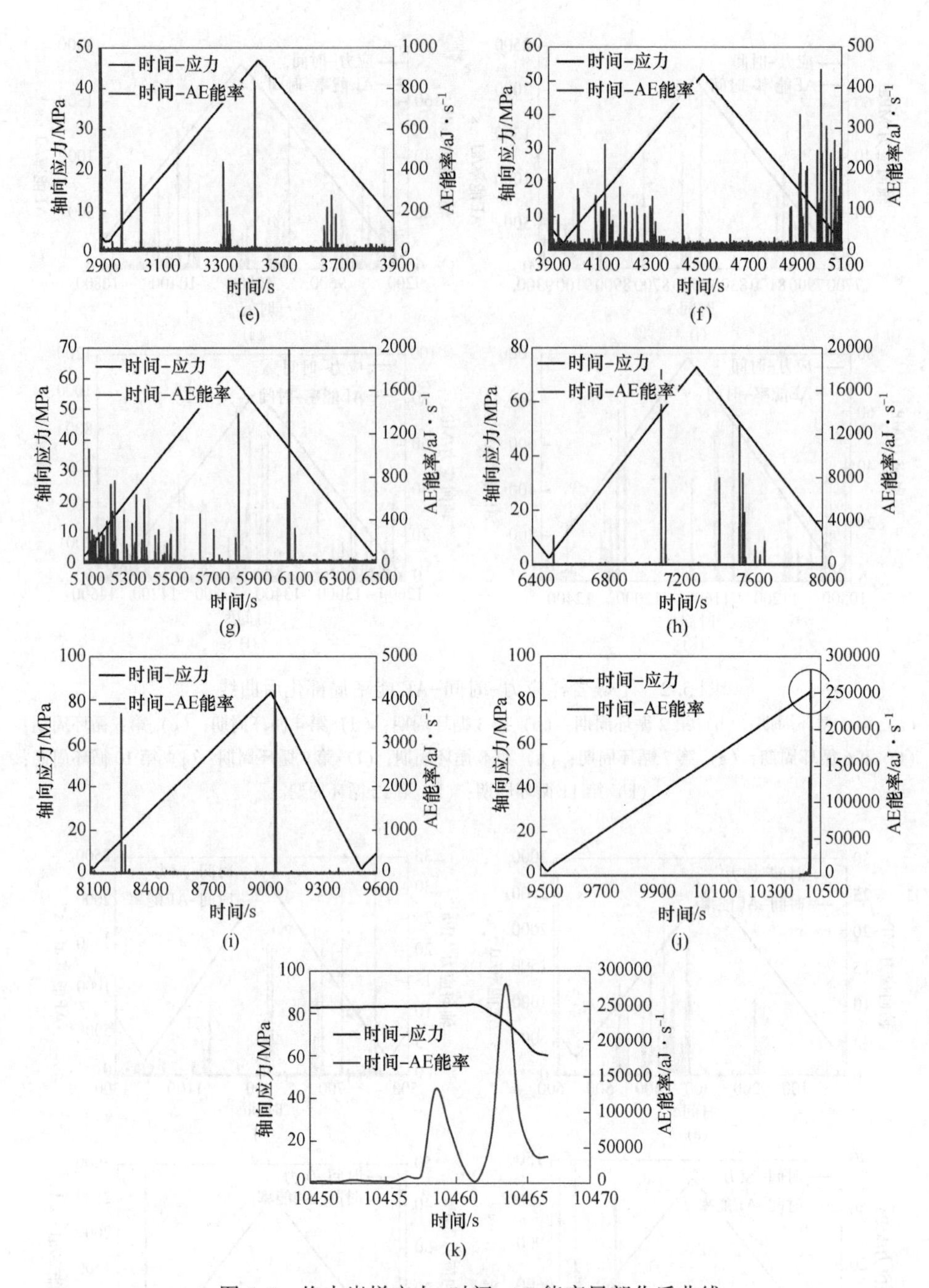

图 5.3　饱水岩样应力-时间-AE 能率局部化后曲线

(a) 第 1 循环周期；(b) 第 2 循环周期；(c) 第 3 循环周期；(d) 第 4 循环周期；(e) 第 5 循环周期；(f) 第 6 循环周期；(g) 第 7 循环周期；(h) 第 8 循环周期；(i) 第 9 循环周期；(j) 第 10 循环周期；(k) 第 10 循环周期局部放大

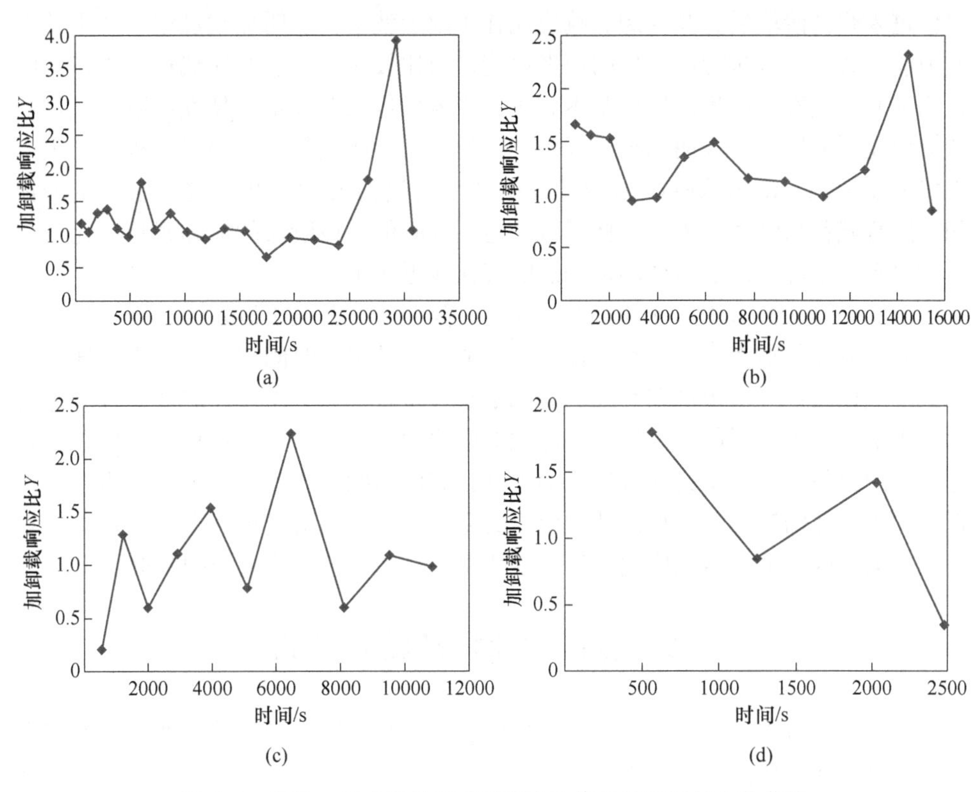

图 5.4 干燥、饱水岩样加卸载响应比值 Y 随时间的变化曲线
（a）干燥岩样 3-4；（b）干燥岩样 3-1；（c）饱水岩样 3-5；（d）饱水岩样 3-2

由图 5.4 可见，当应力水平较低时，干燥、饱水岩样的加卸载响应比均较小，也较稳定，说明岩样的损伤程度较小。当应力水平较高时，加卸载响应比急剧增大，表明岩样的损伤程度较大，系统趋于失稳。当应力水平达到岩样的极限载荷，且在岩样发生根本破坏之前，加卸载响应比又出现了不同程度的回落。干燥、饱水状态的岩样，其加卸载响应比在整个加卸载过程中的变化趋势又有所不同。

对于干燥岩样，在加载初期，其加卸载响应比略大于 1，表明加载过程中产生的声发射能量略大于卸载过程中产生的声发射能量；当岩样受载进入弹性阶段后，岩样加卸载响应比呈下降趋势，表明该阶段加载过程中产生的声发射能量数小于卸载过程中产生的声发射能量数，说明该阶段岩样在加卸载过程中均有损伤，且卸载过程中产生的损伤逐步增加；当应力水平达到岩样的极限载荷时，加卸载响应比达最大值，然后急剧下降，随之破裂发生。对于饱水岩样，在加载初期，加卸载响应比小于 1，表明加载过程中产生的声发射能量数小于卸载过程中产生的能量数，说明该阶段加载过程中产生的损伤小于卸载过程中产生的损伤；

岩样进入弹性阶段后，其加卸载响应比在1附近波动，表明加载过程中产生的声发射能量数与卸载过程中产生的声发射能量数比较接近，说明加载过程中产生的损伤与卸载过程中产生的损伤基本相等；当岩样进入非稳定破裂发展阶段，加卸载响应比明显增大，表明加载过程中产生的声发射能量数大于卸载过程中产生的声发射能量数，说明该阶段加载过程中产生的损伤要大于卸载过程中产生的损伤；随着载荷的继续增大，岩样承载力达到其峰值，该阶段的加卸载响应比较前一阶段有所下降，最后岩样的加卸载响应比接近于1。

对比干燥、饱水岩样加卸载响应比随时间变化的曲线可以发现，干燥岩样的加卸载响应比的最大值出现在岩样的峰值强度前的很短时间内，而饱水岩样的加卸载响应比的最大值出现在裂纹的非稳定扩展阶段，且干燥岩样的加卸载响应比的最大值为饱水岩样的1.8倍。加卸载响应比的劣化过程在一定程度上反映了岩样内部的损伤破坏程度或接近失稳的程度，其值急剧增大和回落可以作为岩石临近和发生破坏的标志，而加卸载响应值的急剧增大及回落又出现在岩石发生根本破坏之前，因此加卸载响应比的异常变化可以作为岩石即将失稳的判据。

5.2　能量加速释放特征分析

岩石类材料内部微裂纹的萌生、扩展、累积和贯通是导致其破坏发生的根本原因，且其在破坏之前将表现出明显的临界行为，这些临界行为可以看作岩石类材料发生灾变性破坏的前兆。能量加速释放（AER）反映了系统在临近灾变时，能量呈现明显幂律（power-law）的加速释放过程。应用声发射监测技术，在循环加卸载作用下，对干燥、饱水岩石试件内部声发射能量进行分析，可以研究干燥、饱水岩石试件内部弹性能释放的劣化规律。

在试验过程中，设t_k时刻记录的声发射事件的能量为：

$$E(t_k) = \sum_{t<k} E(t) \quad (k = 1,\ 2,\ \cdots,\ n,\ t_k \leqslant t_c) \tag{5.4}$$

式中，t_c为临界时刻；$E(t)$为t时刻声发射事件的能量。

按照（power-law）对能量释放过程进行拟合[130]：

$$\sum_{i=1}^{N(t)} E_i(t) = A + B(t_b - t)^z \tag{5.5}$$

式中，t_b为破裂时间；$N(t)$为t时刻的事件数；E_i为第i个事件的能量；A、B、z为拟合参数，按照最小方差的方法，可以得到最合适的A、B、z值。上述参数中，指数z能够直接反映能量加速释放的程度，它是一个小于1的数，其值越小说明能量加速释放的程度越明显。

干燥、饱水岩样的应力-时间-声发射能量累积数关系曲线如图5.5所示，其power-low能量加速释放曲线如图5.6所示。

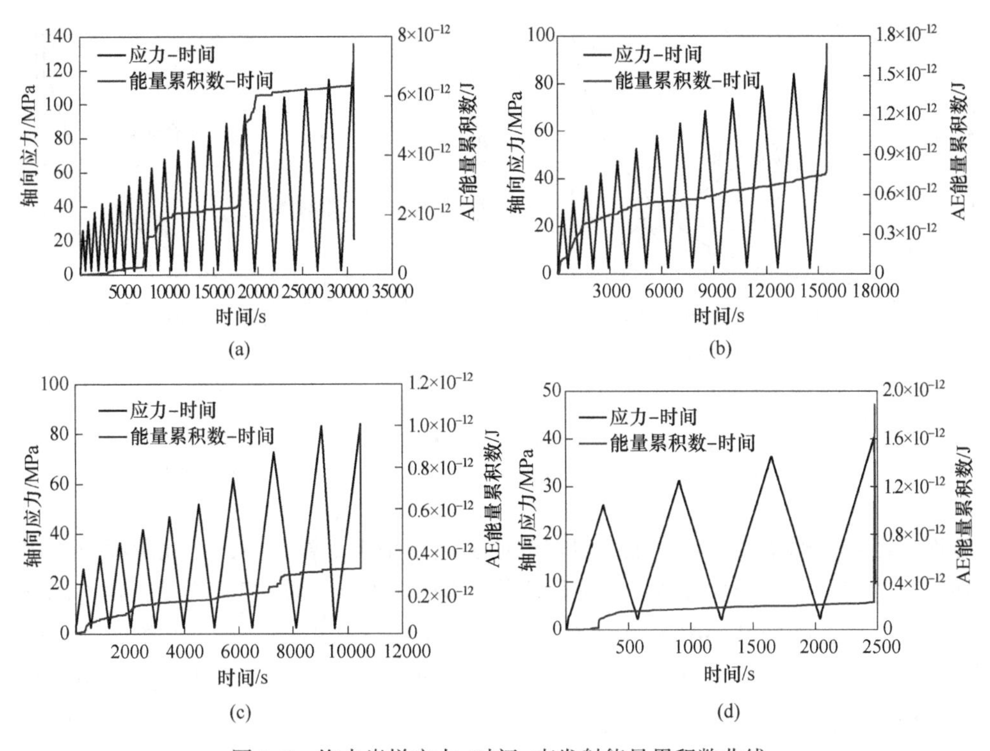

图 5.5 饱水岩样应力-时间-声发射能量累积数曲线

（a）干燥岩样 3-4；（b）干燥岩样 3-1；（c）饱水岩样 3-5；（d）饱水岩样 3-2

从图 5.5 和图 5.6 可以看出，加载初期，干燥与饱水岩样均处于压密阶段，该阶段干燥与饱水岩样的声发射能量累积数均较小，在此阶段，微小的载荷扰动不会导致岩样发生失稳破坏，只能造成岩样内部损伤的微小扩展，因此该阶段不会出现明显的能量加速释放现象；随着循环周期的增加及应力水平的逐级提高，岩样进入弹性变形阶段，该阶段干燥与饱水岩样的声发射能量累积数基本呈线性

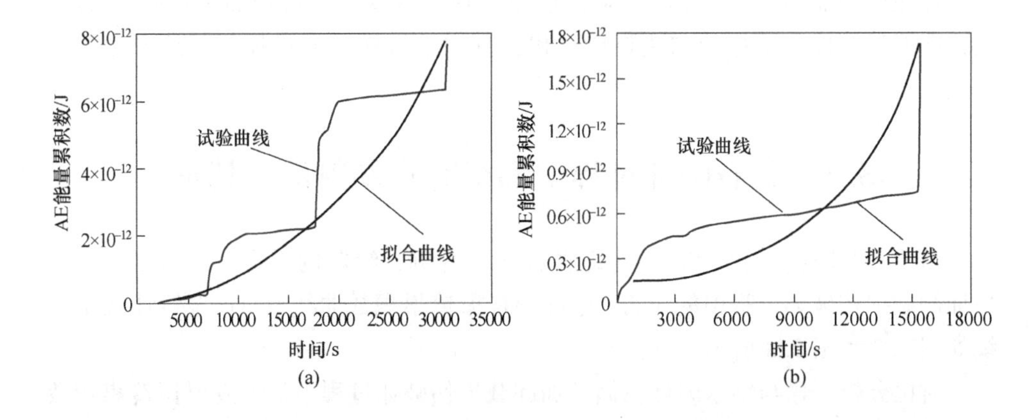

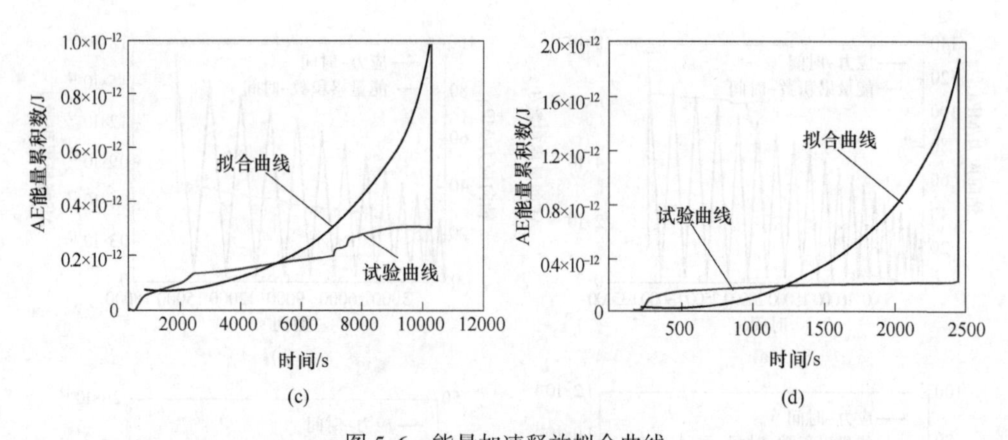

图 5.6 能量加速释放拟合曲线

（a）干燥岩样 3-4；（b）干燥岩样 3-1；（c）饱水岩样 3-5；（d）饱水岩样 3-2

增加，但增加速率较小，且饱水岩样的增加速率小于干燥岩样，在此阶段没有出现明显的能量加速释放过程，这表明干燥与饱水岩样在弹性变形阶段，其内部损伤发展较慢；随着循环次数的增加及应力水平的进一步提高，干燥与饱水岩样的声发射能量累积数呈加速增大趋势，即能量呈现出加速释放的态势，这表明岩石试件内部损伤逐渐增大，其内部结构的稳定性逐步降低，同时微裂纹扩展速度明显加快，岩石试件抵抗失稳破坏的能力不断下降；当载荷增加至接近试件峰值强度时，声发射能量累积数急剧增加，能量开始出现明显的加速释放，岩石内部损伤极度发展，微裂纹开始贯通，岩石抵抗失稳破坏的能力大大降低，任何微小的载荷扰动都会导致岩石失稳破坏的进一步发展，此时系统变得非常敏感。由干燥与饱水岩样能量加速释放拟合曲线可以看出，干燥岩样 3-4 和 3-1 在加载过程中声发射能量加速释放拟合参数 z 值分别为 0.37 和 0.36，饱水岩样 3-5 和 3-2 在加载过程中声发射能量加速释放拟合参数 z 分别为 0.22 和 0.16，这表明干燥与饱水岩样在循环加卸载过程中有明显的能量加速释放现象，符合 power-law 拟合方式，即能量表现为幂律的加速释放过程，且饱水岩样的能量加速释放现象更为明显。

5.3 岩石破坏过程中卸载时声发射活动特征

以 3-1（干燥岩样）和 3-5（饱水岩样）为例，绘制的干燥、饱水岩样在循环加卸载损伤破坏过程中的应力-时间-AE 振铃累积数曲线及 AE 振铃计数率曲线如图 5.7 和图 5.8 所示。

对比分析干燥与饱水岩样在循环加卸载损伤破坏过程中的声发射振铃累积数

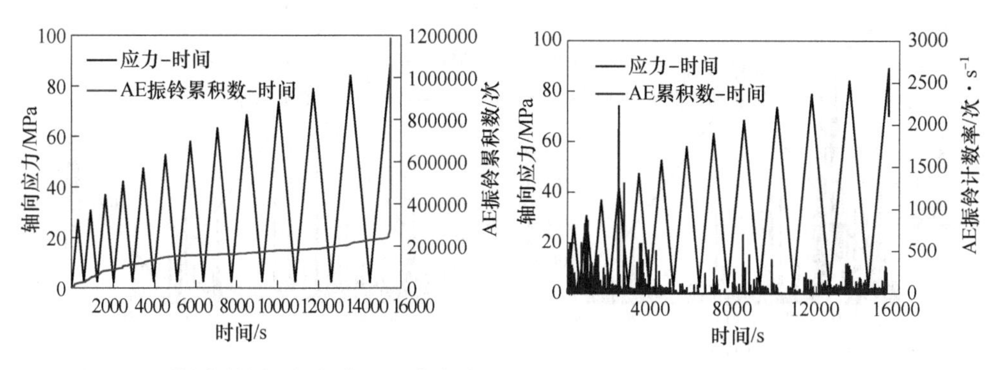

图 5.7　干燥岩样循环加卸载过程中应力-时间-AE 振铃累积数及 AE 振铃计数率曲线

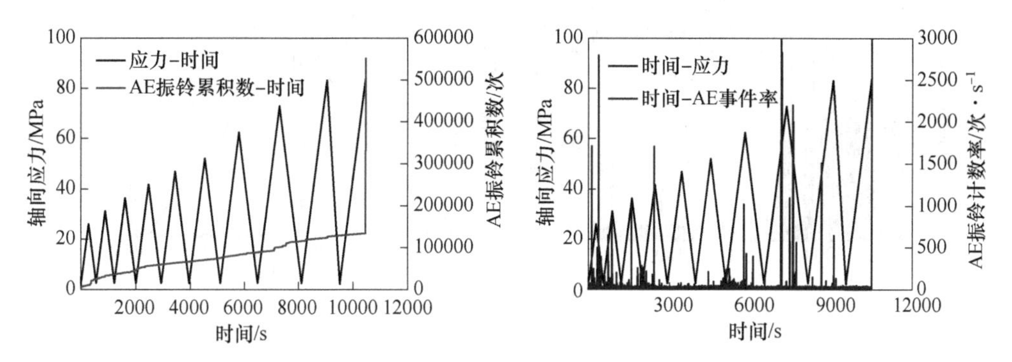

图 5.8　饱水岩样循环加卸载过程中应力-时间-AE 振铃累积数及 AE 振铃计数率曲线

曲线可以发现，干燥与饱水岩样在整个加载过程中声发射振铃累积数曲线的发展规律基本一致，在循环加卸载过程中没有明显的起伏变化，到了破坏阶段干燥与饱水岩样的声发射振铃累积数均呈阶跃性增加，但饱水岩样的声发射累积数仅为干燥岩样的 46.6%。另外，试验中还发现干燥岩样破坏时产生的声响较饱水岩样强烈，这说明干燥岩样破裂瞬间释放的能量多，运用岩石断裂机理可较好地解释上述现象，即岩石的宏观断裂与其内部微缺陷和微结构密切相关，岩石的微观断裂形式主要是穿晶断裂、沿晶断裂及两种断裂的耦合形式。晶体颗粒强度及晶体颗粒间黏结力由于水的作用而降低，因而使得岩石在破裂时所需能量减少。

因图 5.7、图 5.8 中干燥、饱水岩样的应力-应变-声发射振铃计数率曲线过于密集，为进一步分析干燥、饱水岩样在卸载过程中声发射活动特征，将上述曲线进行局部化处理后如图 5.9 和图 5.10 所示。

根据图 5.9 和图 5.10 干燥、饱水岩样的应力-时间-AE 计数率曲线，可得干燥、饱水岩样卸载过程中 AE 活动特性见表 5.1。

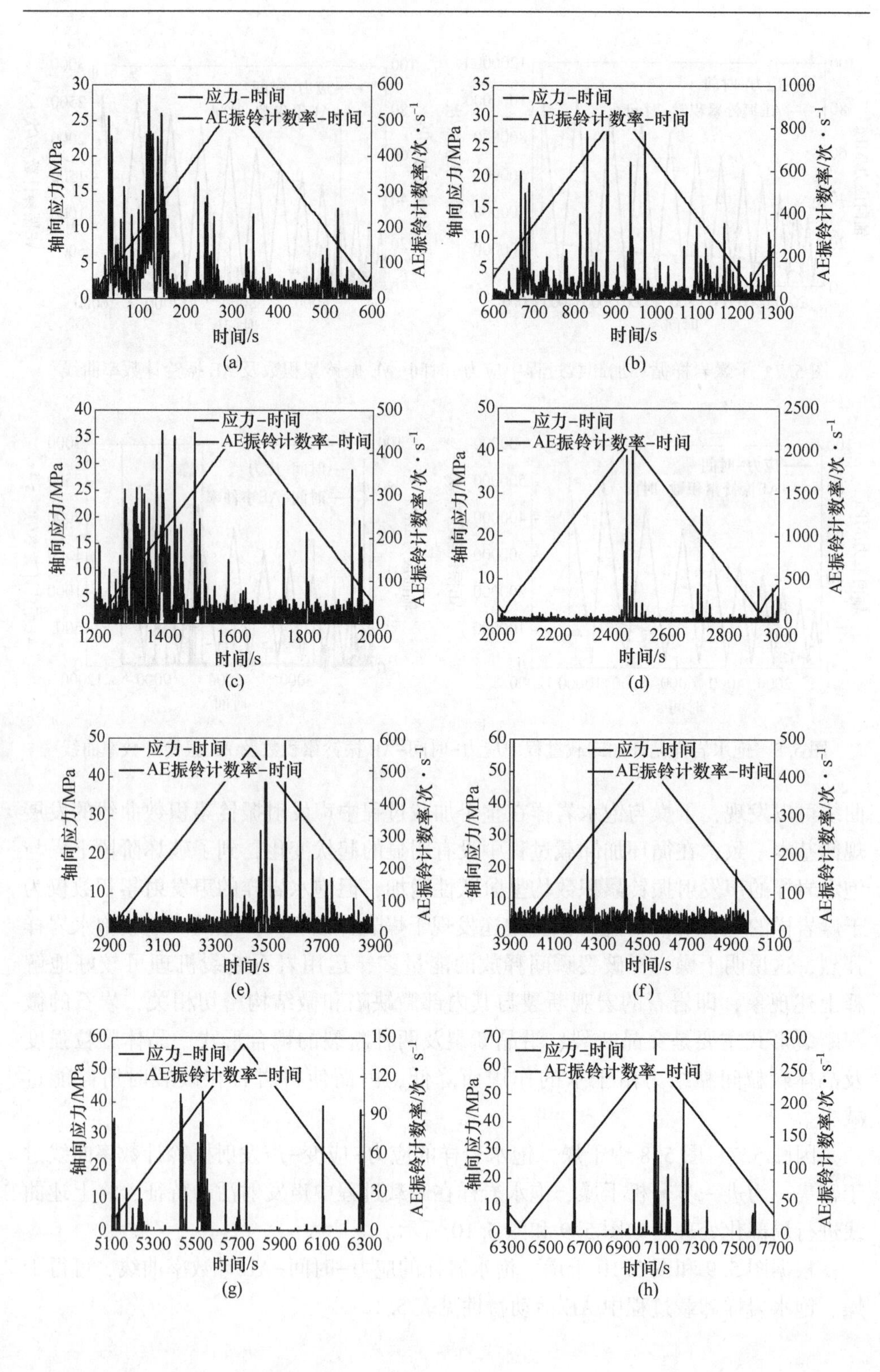
应力-时间
AE振铃计数率-时间
轴向应力/MPa
AE振铃计数率/次·s⁻¹
时间/s
(a)
(b)
(c)
(d)
(e)
(f)
(g)
(h)

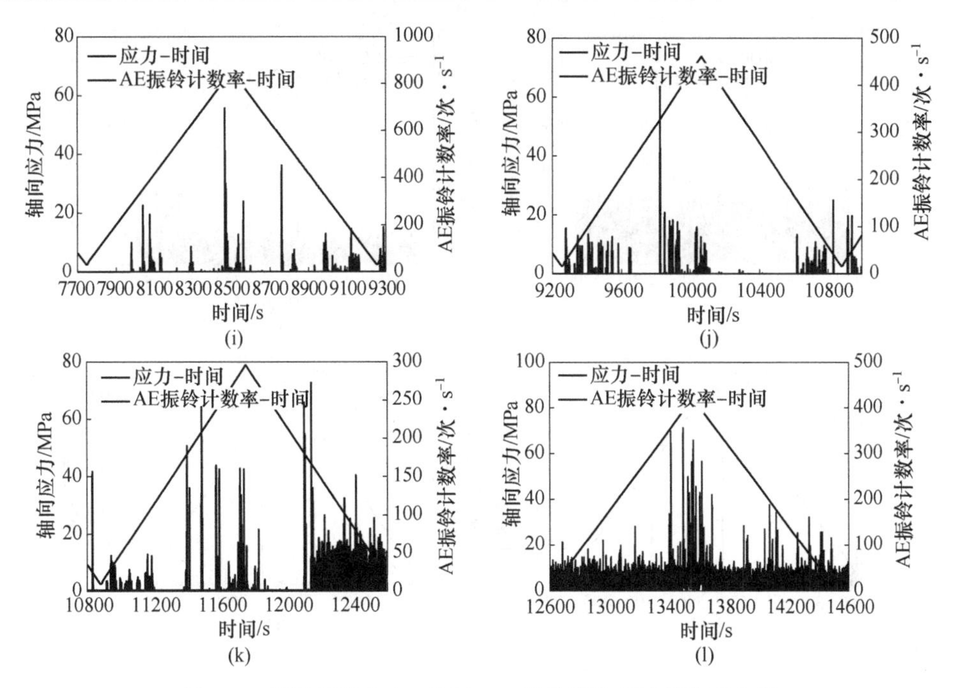

图 5.9 干燥岩样应力-时间-AE 振铃计数率局部化后曲线

(a) 第 1 循环周期；(b) 第 2 循环周期；(c) 第 3 循环周期；(d) 第 4 循环周期；(e) 第 5 循环周期；(f) 第 6 循环周期；(g) 第 7 循环周期；(h) 第 8 循环周期；(i) 第 9 循环周期；(j) 第 10 循环周期；(k) 第 11 循环周期；(l) 第 12 循环周期

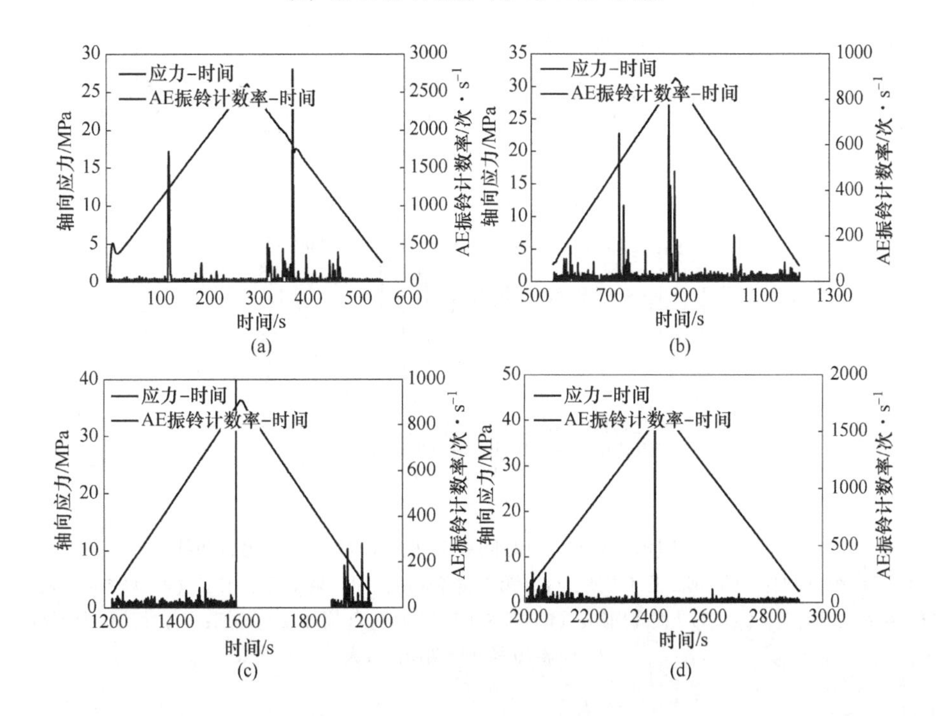

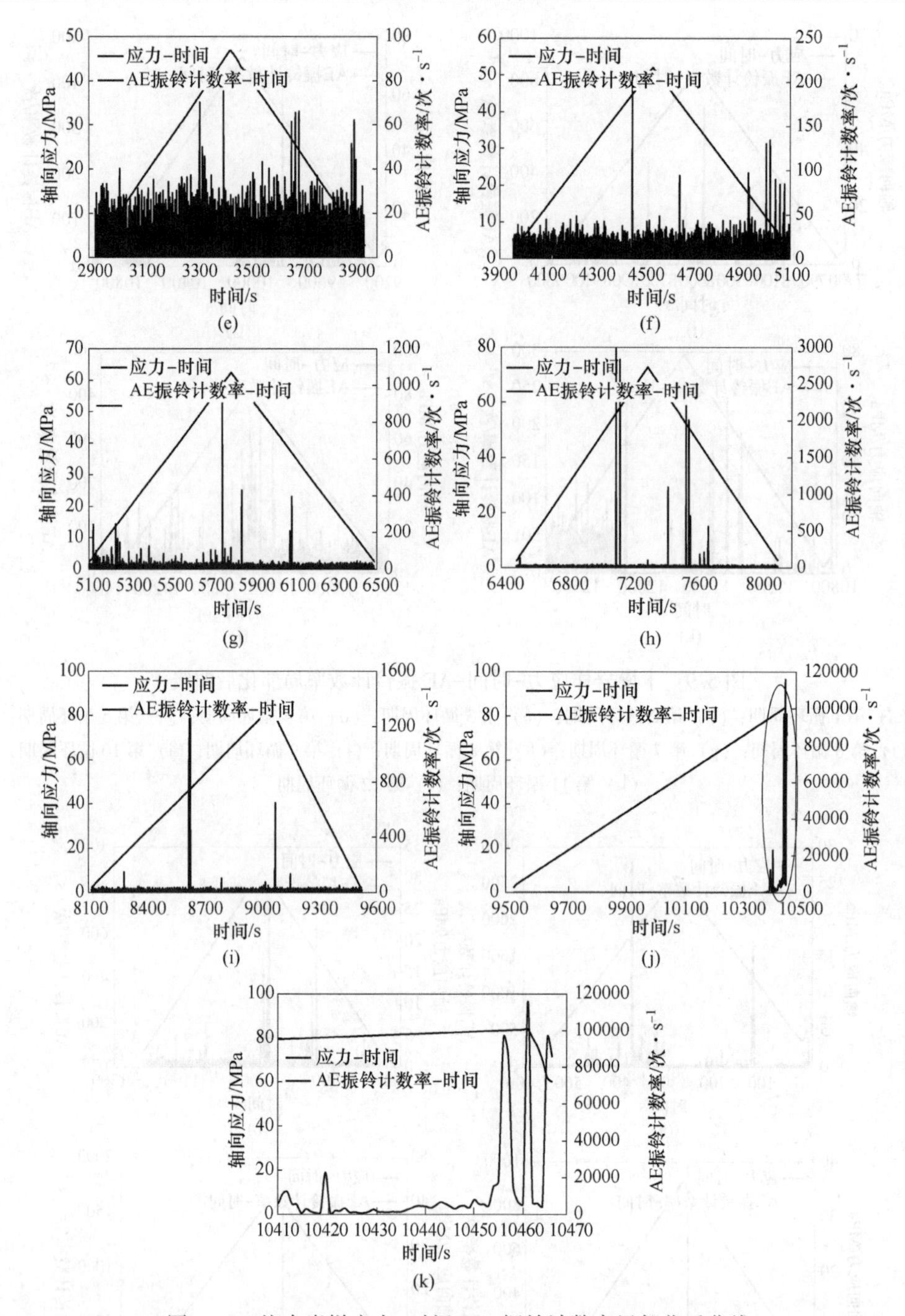

图 5.10　饱水岩样应力-时间-AE 振铃计数率局部化后曲线

(a) 第 1 循环周期；(b) 第 2 循环周期；(c) 第 3 循环周期；(d) 第 4 循环周期；(e) 第 5 循环周期；(f) 第 6 循环周期；(g) 第 7 循环周期；(h) 第 8 循环周期；(i) 第 9 循环周期；(j) 第 10 循环周期；(k) 第 10 循环周期局部放大

表 5.1 干燥、饱水岩石卸载时 AE 参数

循环次数	卸载结束时间/s		振铃累积数/次		振铃计数率均值/次·s^{-1}	
	干燥岩样	饱水岩样	干燥岩样	饱水岩样	干燥岩样	饱水岩样
1	591	556	5350	14450	9.05	25.98
2	1234	1221	13857	3652	21.5	5.5
3	2022	2006	6137	5626	7.79	7.17
4	2930	2925	11097	3663	12.23	3.99
5	3954	3955	12580	3078	12.29	2.99
6	5099	5100	5123	4623	4.47	4.04
7	6363	6490	1989	5578	1.57	4.01
8	7749	8115	3300	14230	2.38	8.76
9	9254	9526	5298	5169	3.52	3.66
10	10880	—	2543	—	1.56	—
11	12625	—	8869	—	5.08	—
12	14495	—	18118	—	9.69	—

通过图 5.9、图 5.10 和表 5.1 的试验数据可以发现，循环加卸载作用下干燥、饱水岩样在卸载过程中也有声发射信号产生，产生这种现象可能有两种原因，一是卸载过程中裂纹面反向滑动，裂纹闭合摩擦产生声发射信号，这一现象对干燥岩样在前 3 个循环周期和饱水岩样在前 2 个循环周期较为明显；二是岩样损伤后，其内部微裂纹已经很发育，岩样内局部可能出现类似塑性屈服的应力松弛，卸载过程中岩样在自组织调整过程中形成新的局部应力集中，产生新的微裂纹或促进原有裂纹扩展，从而产生声发射信号，这一现象对干燥与饱水岩样均较明显。

通过上述分析可知，卸载过程中产生的声发射信号主要来源于岩石的损伤过程，这说明干燥、饱水岩样在循环加卸载过程中的卸载过程也会造成岩石的损伤，且损伤有持续发展的趋势，这也说明岩样在损伤破坏过程中具有自组织特征。循环加卸载的卸载过程声发射信号也有一定的规律：在加卸载前期，卸载过程中干燥、饱水岩样产生的声发射信号较多，且总体而言干燥岩样声发射振铃计数率均值略多于饱水岩样；在循环加卸载中期，干燥、饱水岩样卸载过程中产生的声发射信号均较少且较稳定；循环加卸载后期，卸载时产生的声发射信号有增大趋势。

通过分析表 5.1 中干燥、饱水岩样卸载过程中声发射振铃累积数及振铃计数率均值可以看出，这些数值符合循环加卸载作用下岩样损伤破坏声发射规律：在加载初期，即岩样压密阶段或初始损伤阶段，在此阶段干燥、饱水岩样的声发射振铃计数均值均高于稳定阶段；进入损伤稳定发展阶段后，干燥、饱水岩声发射振铃计数率均值保持较长时间的稳定，在损伤加速发展阶段，干燥、饱水岩样声发射振铃计数率均值又出现了不同程度的增加。

5.4 Felicity 比效应分析

德国科学家 Kaiser 于 1950 年发现金属材料在循环载荷作用下，只有材料所受载荷超过前期所受载荷的最高载荷水平时，才会再有声发射信号产生，且该性质具有不可逆性，这一现象称为 Kaiser 效应。赵兴东等人[131]通过试验证明，在岩样线弹性循环加载阶段，花岗岩表现出明显的 Kaiser 效应，同时表明岩石具有一定的受载记忆能力；杨明纬等人[132]对岩石 Kaiser 效应点识别方法进行了试验研究，并建议在地应力测量中采用循环加载方式消除摩擦型 AE 的影响，预压应力水平超过预先估计的地应力，采用累积能量作为 Kaiser 效应点的识别参数。

材料循环加载时，循环载荷达到原来所加最大载荷前发生明显声发射的现象称为 Felicity 效应，也称为反 Kaiser 效应。循环加载时声发射起始载荷对原来所加最大载荷之比称为 Felicity 比，Felicity 比大于 1 表示 Kaiser 效应成立，而小于 1 则表示 Felicity 比效应成立。

根据干燥、饱水岩样循环加卸载损伤破坏过程中声发射试验结果，绘制的 Felicity 比与循环周期关系曲线如图 5.11 所示。根据 Felicity 比与循环周期关系曲线，分别对干燥与饱水岩样的 Felicity 比随循环周期的变化规律进行分析。

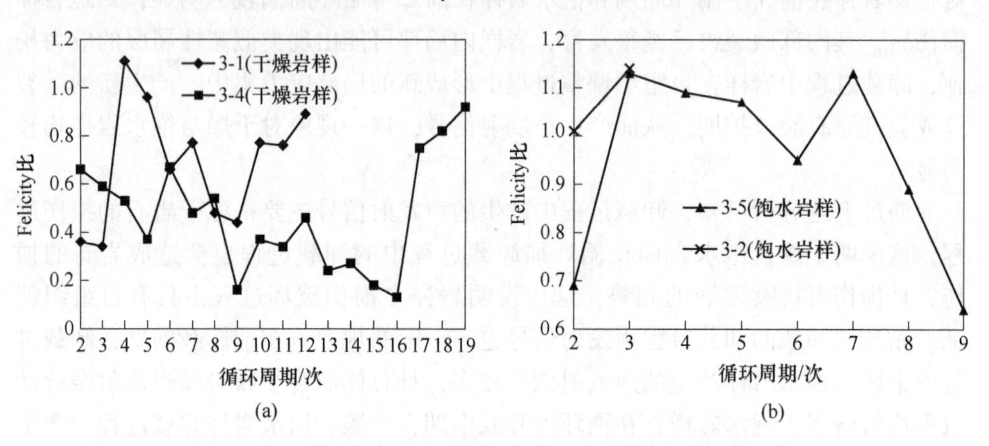

图 5.11 干燥、饱水岩样 Felicity 比与循环周期关系曲线

（a）干燥岩样；（b）饱水岩样

由图 5.11（a）可见，干燥岩样 3-1 在第 2 和第 3 循环周期的 Felicity 比值分别为 0.36 和 0.34，Felicity 比成立；第 4 循环周期 Felicity 比值为 1.11，Kaiser 效

应成立；第 5~9 循环周期的 Felicity 比值分别为 0.96、0.66、0.77、0.48、0.44，Felicity 效应成立，第 10~12 循环周期的 Felicity 比值分别为 0.77、0.76 和 0.89。干燥岩样 3-4 的 Felicity 比值在 2~16 循环周期均小于 1，表明 Felicity 效应成立，并且随着加载的进行，Felicity 比值有逐渐降低的趋势，第 17 循环周期 Felicity 比值由 0.13 快速增大到 0.75，第 18~19 循环周期 Felicity 比值分别为 0.82 和 0.92。通过对干燥岩样在循环加卸载过程中 Felicity 比值变化规律的描述可以发现，加载初期 Felicity 比值波动幅度较大，说明岩样记忆的稳定性不好，这表明在加载初期，岩样内部的裂纹处于调整压密阶段，声发射信号出现滞后现象；随加载的进行，岩样进入弹性变形阶段，在该阶段岩样内部裂纹发生聚合、贯通，导致岩石断裂面形成，Felicity 比值接近且小于 1，Felicity 比值波动幅度相对较小，说明 Kaiser 效应记忆的准确性和稳定性明显提高；加载进入弹性阶段后期和破坏阶段时，岩样内斜交或平行加载方向的裂纹扩展迅速，Felicity 比值出现明显增大现象后趋于稳定，在该阶段岩样 3-1 和 3-4 的 Felicity 比表现出相似的变化规律。

由图 5.11（b）可见，饱水岩样 3-2 在第 2 和第 3 循环周期的 Feliciy 比值分别为 1.01 和 1.14，Kaiser 效应成立，由以上两个循环可以看出，饱水岩样 3-2 对轴向应力具有较好的记忆性，且其记忆程度接近，因该岩样只进行了 3 个循环周期即破坏，所以对该岩样的 Felicity 效应不做具体分析。饱水岩样 3-5 在第 2 循环周期的 Felicity 比值为 0.69，Felicity 效应成立；第 3~7 循环周期的 Felicity 比值分别为 1.13、1.09、1.07、0.95 和 1.13；从第 7 循环周期开始，随载荷的增加，损伤加剧，第 7~8 循环周期的 Felicity 比值分别为 0.89 和 0.64，Felicity 比值均小于 1，Felicity 效应成立；纵观整个试件循环加卸载过程中 Felicity 比值变化特征可发现，Felicity 比有明显的阶段特征，这些阶段与循环加卸载作用下饱水岩样损伤破坏声发射规律基本一致，即在初始损伤阶段 Felicity 比小于 1，损伤稳定发展阶段 Felicity 比基本保持稳定，而在损伤加速发展阶段，Felicity 比近似呈直线下降。

Felicity 比作为一种定量参数，能较好地反映材料中原先所受损伤或结构缺陷的严重程度，已成为缺陷严重性的重要评定依据。一般情况下，Felicity 比小于 1，意味着损伤的增长，Felicity 比的变化趋势也能充分反映岩样损伤的劣化过程。对上述试验结果进行综合分析可知，在循环加卸载初期，即裂纹的压密阶段，干燥与饱水岩样 Felicity 比值均出现一定幅度的波动，这是由于该阶段岩样内部的裂纹处于调整压密阶段，声发射信号出现滞后现象，且干燥岩样 Felicity 比值小于饱水岩样；弹性变形阶段，干燥与饱水岩样的 Felicity 比值均呈下降趋势，且干燥岩样 Felicity 比的下降趋势较饱水岩样明显，同样该阶段干燥岩样的 Felicity 比值小于饱水岩样；塑性变形阶段干燥岩样的 Felicity 比值先呈快速增大随后转为较小增大趋势，而饱水岩样则呈快速减小趋势，这是因为在塑性阶段，干燥岩样内部的裂纹结构很不稳定，裂纹扩展不仅受载荷作用的影响，而且受裂纹分叉及裂纹合并的影响[132]。在高应力阶段，裂纹及裂纹结构不能达到稳定或平衡状态，从而使得 Felicity 效应成立。同时，在塑性变形阶段，干燥与饱水岩样不可逆变形增加，损伤加剧，岩样在循环加卸载过程中卸掉载荷后变形不能完全恢复，存在一定的残余变形，且饱水岩样的残余变形大于干燥岩样的对应值，所在新一轮的加卸载过程中，要达到上次变形的最大值所需要的载荷就小于上次循环的最大载荷，即岩样强度产生了弱化，且饱水岩样的弱化程度大于干燥岩样。

6 基于声发射监测的岩石动态损伤劣化过程

本章彩图

20 世纪 60 年代晚期，K. Mogi[133] 应用声发射定位技术，最早对花岗岩板在弯曲变形条件下的二维定位进行了研究，其后，C. H. Scholz[134] 采用 6 个声发射探头，应用最小二乘法获得了单轴压缩条件下声发射事件的空间位置，开创了多通道拟合声发射源定位算法。随着声发射装备的改进和多通道数据采集系统的应用，国内外许多学者针对声发射定位开展了广泛的研究。T. Hirate 等人[135] 对细晶花岗闪长岩蠕变的声发射研究表明，声发射源的空间分布具有分形特征；D. P. Janson 等人[136] 应用声发射监测技术，对岩石损伤破坏随时间劣化过程中的裂纹累积、成核及宏观扩展规律进行了研究；裴建良等人应用声发射及其定位技术，对单轴加载条件下大理岩岩样破裂过程中内部不同空间组合类型自然裂隙的空间动态劣化过程进行了研究，实现了对自然裂隙及其扩展过程的精确定位；左建平等人采用声发射监测系统对煤体、岩体和煤岩组合体损伤破坏过程中的力学行为和声发射行为进行了实时监测，获得了其声发射三维空间分布规律；艾婷等人[63] 通过分析煤岩在不同围压下声发射的时空劣化及能量释放规律，探讨了煤岩破裂过程中的损伤劣化特征；赵兴东等人[137] 对不同岩石的声发射活动特性进行了试验研究，并应用声发射定位技术，对声发射的定位机制进行了分析。上述研究成果为研究岩石破裂失稳机制奠定了基础。

岩石中的声发射是岩石内部微裂纹积聚的能量突然释放而产生的一种弹性波，具有预报材料和结构失稳的能力。前人采用声发射定位技术研究岩石损伤破坏机制多采用干燥或天然状态的岩石试件，而实际的岩体工程多处于含水或饱水状态。本章在上述研究成果的基础上，应用声发射及其定位技术研究了单轴加载条件下天然状态、干燥状态与饱水状态下闪长岩和灰岩岩样在损伤破坏过程中内部损伤的动态劣化过程，并结合能量计数实现了对裂纹扩展过程的精确定位。研究成果揭示了地下水作用下岩石失稳条件，有助于进一步认识岩体失稳破坏机制，为提高现场岩体失稳监测精度提供借鉴。

6.1 声发射三维时差定位原理

对于三维结构，声发射时差定位原理是建立一个三维坐标系，以 4 个传感器

$T_0 \sim T_3$ 中的 T_0 为基准，测量其他 3 个传感器与基准信号的时差。为简化计算，假设声发射信号在该三维空间的传播速度为恒定值，根据空间的几何关系可得声源到各个传感器的距离差，进而求得声源的相对空间坐标，如图 6.1 所示[138]。

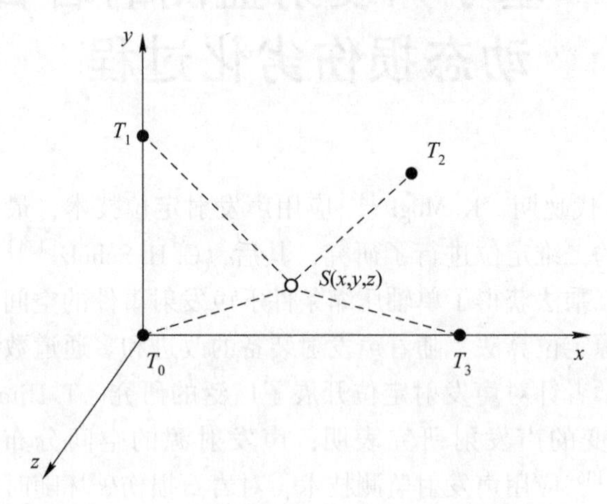

图 6.1　三维坐标系中传感器和声源的位置

当 z 轴坐标为 0 时，4 个传感器在同一平面上，其中 S 为声源的位置，假设 T_0、T_1、T_2、T_3、S 点的坐标分别为 $T_0(0, 0, 0)$、$T_1(x_1, y_1, z_1)$、$T_2(x_2, y_2, z_2)$、$T_3(x_3, y_3, z_3)$、$S(x, y, z)$，根据各点的相对位置关系可列出距离差：

$$d_{01} = |ST_1| - |ST_0| \tag{6.1}$$

$$d_{02} = |ST_2| - |ST_0| \tag{6.2}$$

$$d_{03} = |ST_3| - |ST_0| \tag{6.3}$$

根据各点在三维坐标系中的相对位置关系可得：

$$d_{01} = \sqrt{(x - x_1) + (y - y_1) + (z - z_1)} - \sqrt{x^2 + y^2 + z^2} \tag{6.4}$$

$$d_{02} = \sqrt{(x - x_2) + (y - y_2) + (z - z_2)} - \sqrt{x^2 + y^2 + z^2} \tag{6.5}$$

$$d_{03} = \sqrt{(x - x_3) + (y - y_3) + (z - z_3)} - \sqrt{x^2 + y^2 + z^2} \tag{6.6}$$

将式（6.4）~式（6.6）简化后可得：

$$x_1^2 + y_1^2 + z_1^2 - d_{01}^2 = 2(x_1 x + y_1 y + z_1 z + 2d_{01}\sqrt{x^2 + y^2 + z^2}) \tag{6.7}$$

$$x_1^2 + y_1^2 + z_1^2 - d_{02}^2 = 2(x_2 x + y_2 y + z_2 z + 2d_{02}\sqrt{x^2 + y^2 + z^2}) \tag{6.8}$$

$$x_1^2 + y_1^2 + z_1^2 - d_{03}^2 = 2(x_3 x + y_3 y + z_3 z + 2d_{03}\sqrt{x^2 + y^2 + z^2}) \tag{6.9}$$

令

$$x_1^2 + y_1^2 + z_1^2 - d_{01}^2 = 2d_1 \tag{6.10}$$

$$x_1^2 + y_1^2 + z_1^2 - d_{02}^2 = 2d_2 \tag{6.11}$$

$$x_1^2 + y_1^2 + z_1^2 - d_{03}^2 = 2d_3 \tag{6.12}$$

将式（6.7）~式（6.9）和式（6.10）~式（6.12）相比较后得到如下方程：

$$c_{12} = \frac{x_1 x + y_1 y + z_1 z - d_1}{x_2 x + y_2 y + z_2 z - d_2} \tag{6.13}$$

$$c_{13} = \frac{x_1 x + y_1 y + z_1 z - d_1}{x_3 x + y_3 y + z_3 z - d_3} \tag{6.14}$$

整理后可得：

$$(x_1 - c_{12}x_2)x + (y_1 - c_{12}y_2)y + (z_1 - c_{12}z_2)z - d_1 + c_{12}d_2 = 0 \tag{6.15}$$

$$(x_1 - c_{13}x_3)x + (y_1 - c_{13}y_3)y + (z_1 - c_{13}z_3)z - d_1 + c_{13}d_3 = 0 \tag{6.16}$$

将初始条件 $z_1 = z_2 = z_3 = 0$ 代入，可得：

$$x = \frac{(d_1 - c_{12}d_2)(y_1 - c_{13}y_3) - (d_1 - c_{13}d_3)(y_1 - c_{12}y_2)}{(x_1 - c_{12}x_2)(y_1 - c_{13}y_3) - (x_1 - c_{13}x_3)(y_1 - c_{12}y_2)} \tag{6.17}$$

$$y = \frac{(d_1 - c_{12}d_2)(x_1 - c_{13}x_3) - (d_1 - c_{13}d_3)(x_1 - c_{12}x_2)}{(y_1 - c_{12}y_2)(x_1 - c_{13}x_3) - (y_1 - c_{13}y_3)(x_1 - c_{12}x_2)} \tag{6.18}$$

$$z = \sqrt{\left[\frac{d_1 - (x_1 x + y_1 y)}{d_{01}}\right]^2 - (x^2 + y^2)} \tag{6.19}$$

由式（6.17）~式（6.19）可得到在 z 方向为相反数的两个解，可根据实际情况取其中的一个解作为正确解。从空间解析几何关系虽可获得推导，但实际工程中存在各种干扰，使得计算结果存在偏差，因此由式（6.17）~式（6.19）往往无法定位。要获得准确的定位结果，就需要布置更多的传感器，因此，可根据传感器的个数选择不同的定位算法和程序。

6.2 声发射定位算法

声发射事件定位是研究岩石微裂纹扩展的第一步，声发射定位同样是研究岩石损伤破坏微观机制的重要手段。常用的声发射定位方法有最小二乘法[139]、Geiger 定位算法[140]和单纯形定位算法[141]等。

6.2.1 最小二乘法

最小二乘法求解是基于多个传感器获得的到达时间所建立的固定方程组（式(6.20)），然后求解方程组的解来确定震源的位置坐标。

$$(x_i - x_0)^2 + (y_i - y_0)^2 + (z_i - z_0)^2 = v_P^2 (t_i - t_0)^2 \quad (i = 1, 2, \cdots, N) \tag{6.20}$$

式中，x_i、y_i、z_i 为第 i 个声发射传感器的位置坐标；x_0、y_0、z_0 为声发射的位置坐标；v_P 为 P 波波速；t_i 为第 i 个传感器接收到 P 波的时间；t_0 为声发射源发出信号的时间。

假设有 5 个传感器接收到有效信号，则式（6.20）可写成：

$$\begin{cases}(x_1 - x_0)^2 + (y_1 - y_0)^2 + (z_1 - z_0)^2 = v_{\mathrm{P}}^2(t_1 - t_0)^2 \\ (x_2 - x_0)^2 + (y_2 - y_0)^2 + (z_2 - z_0)^2 = v_{\mathrm{P}}^2(t_2 - t_0)^2 \\ (x_3 - x_0)^2 + (y_3 - y_0)^2 + (z_3 - z_0)^2 = v_{\mathrm{P}}^2(t_3 - t_0)^2 \\ (x_4 - x_0)^2 + (y_4 - y_0)^2 + (z_4 - z_0)^2 = v_{\mathrm{P}}^2(t_4 - t_0)^2 \\ (x_5 - x_0)^2 + (y_5 - y_0)^2 + (z_5 - z_0)^2 = v_{\mathrm{P}}^2(t_5 - t_0)^2 \end{cases} \tag{6.21}$$

将各项对第一项求解可得线性超越方程组：

$$a_j x + b_j y + c_j z + d_j t = e_j \quad (j = 1,\ 2,\ \cdots,\ N - 1) \tag{6.22}$$

式中，a_j、b_j、c_j、d_j、e_j 为求差后各项系数

令

$$\boldsymbol{A} = \begin{bmatrix} a_1 & b_1 & c_1 & d_1 \\ a_1 & b_1 & c_1 & d_1 \\ a_1 & b_1 & c_1 & d_1 \\ a_1 & b_1 & c_1 & d_1 \end{bmatrix},\ \boldsymbol{X} = \begin{bmatrix} x \\ y \\ z \\ t \end{bmatrix},\ \boldsymbol{B} = \begin{bmatrix} e_1 \\ e_2 \\ e_3 \\ e_4 \end{bmatrix}$$

则式（6.22）可改写成 $\boldsymbol{AX}=\boldsymbol{B}$，利用最小二乘法进行求解：

$$x^* = (\boldsymbol{A}^{\mathrm{T}}\boldsymbol{A})^{-1}\boldsymbol{A}^{\mathrm{T}}\boldsymbol{B} \tag{6.23}$$

由上述分析可知，当 5 个传感器接收到有效声发射信号时，能得到一个解（可能不是最优解），当 6 个传感器接收到有效信号时，方程通过排列组合，能得到 6 个解，对于 7 组以上方程有更多解，暂定 6 组方程计算 6 个解，7 组方程计算 7 个解，以此类推。对所有空间定位结果取其几何的中心值作为定位结果。

这种方法通过多个传感器获得的到达时间所建立的固定方程组，然后求解方程组的解来得到震源位置坐标，计算中只有简单的矩阵运算，计算工程比较简单，计算量不大。但该定位方法的解析解一般误差较大，定位结果与实际有一定差距。虽然此方法有一定的缺点，如把非线性方程线性化、计算需要的条件严格，但是如果能够合理地布置传感器位置和数量，精确地测得 P 波的到达时间，波速已知并且所测物体各向同性，最小二乘法能够快速准确地计算出震源位置坐标。

6.2.2　Geiger 定位算法

Geiger 定位算法是基于最小二乘法，对给定初始点的位置坐标 $\boldsymbol{\theta}$ 进行反复迭代，每一次迭代都获得一个修正向量 $\Delta\boldsymbol{\theta}$，把 $\Delta\boldsymbol{\theta}$ 迭代到上次迭代的结果上，得到一个新的试验点，然后判断该点是否满足要求，如果满足要求，则该点即为所求声发射位置，否则继续迭代，直到满足要求为止。

试验中将 8 个声发射探头按一定位置固定在试样上，通过测定不同位置各个

传感器拾取 P 波的相对时差，从而实现声发射试件的定位，即

$$(x_i - x_0)^2 + (y_i - y_0)^2 + (z_i - z_0)^2 = v_P^2(t_i - t_0)^2 \tag{6.24}$$

式中，x_i、y_i、z_i 为第 i 个接收到 P 波的传感器的坐标值；x_0、y_0、z_0 为试验点坐标值（初始值人为设定）；v_P 为 P 波波速；t_i 为第 i 个传感器接收到 P 波的时间；t_0 为声发射源发出信号的时间。

式（6.24）中有 4 个未知量，即 x_i、y_i、z_i 和 t_i，因此至少通过 4 个不共面的传感器确定声发射源的空间位置。

对于第 i 个传感器检测的 P 波到达时间 $t_{0,i}$，可用试验点坐标计算出的到达时间的一阶 Taylor 展开式表示：

$$t_{0,i} = t_{c,i} + \frac{\partial t_i}{\partial x}\Delta x + \frac{\partial t_i}{\partial y}\Delta y + \frac{\partial t_i}{\partial z}\Delta z + \frac{\partial t_i}{\partial t}\Delta t \tag{6.24a}$$

其中，

$$\frac{\partial t_i}{\partial x} = \frac{x_i - x}{v_P R},\ \frac{\partial t_i}{\partial y} = \frac{y_i - y}{v_P R},\ \frac{\partial t_i}{\partial z} = \frac{y_z - z}{v_P R},\ \frac{\partial t_i}{\partial t} = 1 \tag{6.24b}$$

$$R = \sqrt{(x_i - x_0)^2 + (y_i - y_0)^2 + (z_i - z_0)^2} \tag{6.24c}$$

式中，$t_{c,i}$ 为由试验点坐标算出的 P 波到达第 i 个传感器的时间。

对于 n 个传感器，就可以得到 n 个方程，写成矩阵的形式为：

$$\begin{bmatrix} \frac{\partial t_1}{\partial x} & \frac{\partial t_1}{\partial y} & \frac{\partial t_1}{\partial z} & 1 \\ \frac{\partial t_2}{\partial x} & \frac{\partial t_2}{\partial y} & \frac{\partial t_2}{\partial z} & 1 \\ \vdots & \vdots & \vdots & \vdots \\ \frac{\partial t_n}{\partial x} & \frac{\partial t_n}{\partial y} & \frac{\partial t_n}{\partial z} & 1 \end{bmatrix} \begin{bmatrix} \Delta x \\ \Delta y \\ \Delta z \\ \Delta t \end{bmatrix} = \begin{bmatrix} t_{o,1} - t_{c,1} \\ t_{o,2} - t_{c,2} \\ \vdots \\ t_{o,n} - t_{c,n} \end{bmatrix} \tag{6.25}$$

用 Gauss 消元法求解式（6.25）可得修正向量 $\Delta\boldsymbol{\theta} = [\Delta x,\ \Delta y,\ \Delta z,\ \Delta t]$。通过对每一个可能的声发射源坐标矩阵形式计算求出修正向量 $\Delta\boldsymbol{\theta}$ 后，以$(\boldsymbol{\theta} + \Delta\boldsymbol{\theta})$为新的试验点继续迭代，直到满足误差要求，该坐标可确认为声发射源的最终坐标。

Geiger 定位算法在实际地震定位工作中被广泛应用，被证明是一种可靠的经典地震定位方法，定位精度较高，并且该方法对事件的定位条件要求相对较为宽松，合理定位事件也较多。但其要求给定一个初始点通过迭代得到最终结果，而这个初始迭代点的给定对定位结果的影响较大。

6.2.3 单纯形定位算法

最早由 Spendley、Hext 和 Himsworth（1962）提出的单纯形算法是一种迭代

算法，其后 Nelder 和 Mead（1965）对该算法做了改进[142]。1985 年，Gendzwill 和 Prugger 首先将该方法应用于地震事件的定位。

单纯形是一种多胞形，求解 n 维方程需要建立具有 $n+1$ 个不在同一超平面上的顶点的单纯形。单纯形定位算法计算震源位置的基本原理如图 6.2 所示。

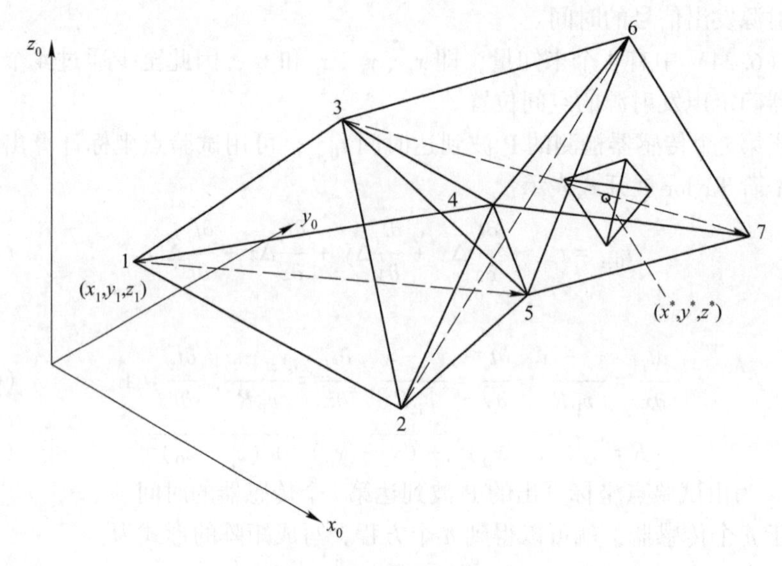

图 6.2　单纯形算法基本原理

单纯形法的具体算法如下：假设声发射源中心坐标是（x_0，y_0，z_0），其拟合函数 $\phi(x_0, y_0, z_0)$ 的最小值位于点（x^*，y^*，z^*），并且选择点（x_1，y_1，z_1）作为尝试声发射源中心（图 6.2 中的点 1）。自点（x_1，y_1，z_1）开始，算法构成一个三棱锥（1，2，3，4），（x_1，y_1，z_1）作为它的一个顶点。这样的三棱锥在三维空间称作“单纯形”（simplex），并且一般来说，单纯形是一个比定义的维数多一个顶点的图形。每一次对四个顶点估算，拟合函数趋向最高值的顶点，通过三棱锥的重心进行反射。如果反射点（图 6.2 中的点 5）的 $\phi(x_0, y_0, z_0)$ 比初始的顶点减小，则增加顶点 5 和删除顶点 1 而形成新的三棱锥。重复这个过程，直到反射不再产生低 ϕ 值的顶点。然后，单纯形能自己缩小，并且改变搜寻方向，或者按照最终标准“塌”向最小值。实际上，当单纯形的尺寸达到一预定最小值时，单纯形迭代停止。实质上单纯形法就是根据声发射到达传感器的时间差来反推出声发射源的具体位置，从而确定其破坏点。由点（x_1，y_1，z_1）开始，在 n 次连续地反射之后，单纯形点（4，5，6，7）开始“塌”向极小点（x^*，y^*，z^*）。

该算法根据声发射到达传感器的时间差来反推声发射源的具体位置，从而确定其破坏点，定位精度较高。但此算法的迭代过程比较烦琐，对事件的定位要求比较严格。

6.3　本书采用的声发射定位算法

岩样在损伤破坏过程中会产生大量的声发射信号，声发射信号能否到达传感器要看振幅电压是否能达到预设的阈值电压，因此，信号的测量到达时刻与实际到达时刻就会有时差。P 波在岩石介质中的传播速度为 3000~5000 m/s，如 P 波到时拾取产生 1 μs 的误差，那么产生的声发射源定位误差可达几毫米甚至几厘米。因此，采用自动检测方法读取波的初动时间，建立自回归模型模拟检测到的波，并根据建立的模型读取初动时间是减小 P 波时差行之有效的方法。

6.3.1　基于最小二乘法的声发射组合定位算法

利用最小二乘法提供初始迭代点，然后用 Geiger 算法迭代计算[143]。将最小二乘法和 Geiger 算法联合应用，省去了寻找最优步长因子的大量计算时间，提高算法的求解速度，缩短求解时间，因为最小二乘法的计算结果已经进入 Geiger 算法的收敛域范围内，此时转而利用 Geiger 算法进行计算，仅需几步迭代就能迅速收敛。

数学模型同式（6.1）~式（6.3），在未知波速时，进行三维定位的未知量共 5 个，即 x，y，z，t，v_{P}。因此，至少要有 5 个传感器接收到声发射信号时才可定位。当有 5 个以上的传感器接收到声发射信号时，就可建立一个超定方程组，用最小二乘法对超定方程组求解，得到声发射定位迭代算法初始迭代点，然后利用 Geiger 算法进行定位计算。

6.3.2　定位结果的误差分析

如前所述，声发射事件的定位过程是使到时时差达到最小。最简单的方法是使传感器实际检测到的波到达时间与计算的到达时间的时差最小。为了达到此目的，对于每次计算的定位结果（试验点），都可以得到一组波到达每一个传感器的时间（计算时间），将每个计算时间与实际的检测时间比较，就会得到一个误差值，以此判断计算的定位结果是否满足要求。比较常用的方法有如下两种：绝对值偏差估计（式（6.26））和最小二乘估计（式（6.27））。

$$E = \left(\frac{1}{N}\sum_{i=1}^{N} \| T_{oi} - T_{ci} \|\right) \tag{6.26}$$

$$E = \left[\frac{1}{N}\sum_{i=1}^{N} (T_{oi} - T_{ci})^2\right]^{\frac{1}{2}} \tag{6.27}$$

式中，N 为实际检测到的到达时间个数（小于等于传感器个数）；T_{oi} 为第 i 个传感器检测到的到达时间；T_{ci} 为由试验点计算出的到达第 i 个传感器时间。

以上两种误差方法的选择取决于事先给定的时差误差的最小值。第二种方法对于每个时差都要平方，任意一个较大的时差都对最后的计算结果有很大影响，因此该方法强调在计算过程中消除个体的较大误差；第一种方法则减轻了个体较大误差对最终结果的影响，使用范围更广。

6.3.3　声发射定位算法的试验验证

为检验定位算法的定位精度，计算不同含水状态下闪长岩和灰岩岩样声发射定位误差范围，分别对闪长岩和灰岩岩样在干燥状态、天然状态和饱水状态下进行断铅试验。将上、下相邻两声发射传感器连线的中点作为断铅试验点，在每一断铅点处分别进行 10 次断铅试验，采用断铅试验声发射信号的到时初动检测计算及定位计算，对比实际定位位置与断铅点位置，分析定位算法的误差范围及影响因素。声发射传感器位置示意图和位置坐标分别如图 6.3 和表 6.1 所示。

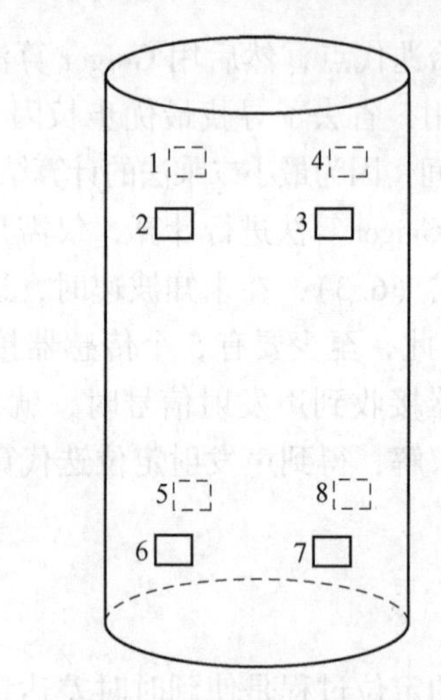

图 6.3　传感器位置示意图

表 6.1　声发射传感器位置坐标

传感器	坐标	传感器	坐标
1	(24，80，48)	5	(24，20，48)
2	(48，80，24)	6	(48，20，24)
3	(24，80，0)	7	(24，20，0)
4	(0，80，24)	8	(0，20，24)

根据干燥状态、天然状态和饱水状态闪长岩和灰岩试件的尺寸和纵波波速（见表 6.2），以闪长岩试件 S-1 和灰岩试件 1 为例，选取 1 号传感器和 5 号传感器连线的中点（坐标为（24，50，48））为断铅试验位置，对闪长岩试件 S-1 和灰岩试件 1 在干燥状态、天然状态和饱水状态下的断铅试验结果进行分析，闪长岩试件 S-1 和灰岩试件 1 的定位结果分别如图 6.4 和图 6.5 所示。

表 6.2 岩样尺寸及纵波波速

含水状态	岩性	试件编号	试件尺寸/mm×mm	纵波波速/m · s^{-1}
干燥岩样	闪长岩	S-4	48.04×100.08	4511
		S-5	48.06×100.08	4467
		S-6	48.00×99.98	4578
	灰岩	2	48.04×100.04	4131
		3	48.02×100.06	4197
		4	48.08×99.94	4165
天然岩样	闪长岩	S-7	48.08×99.92	4043
		S-8	48.06×99.96	4032
		S-9	48.04×99.96	4055
	灰岩	6	48.02×100.02	3478
		7	48.08×100.00	3612
		8	48.08×100.06	3544
饱水岩样	闪长岩	S-1	48.02×100.06	4898
		S-2	48.00×99.98	4809
		S-3	48.04×99.96	4962
	灰岩	1	48.06×100.12	4359
		5	48.04×100.04	4415
		23	48.02×100.02	4382

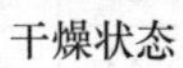
干燥状态

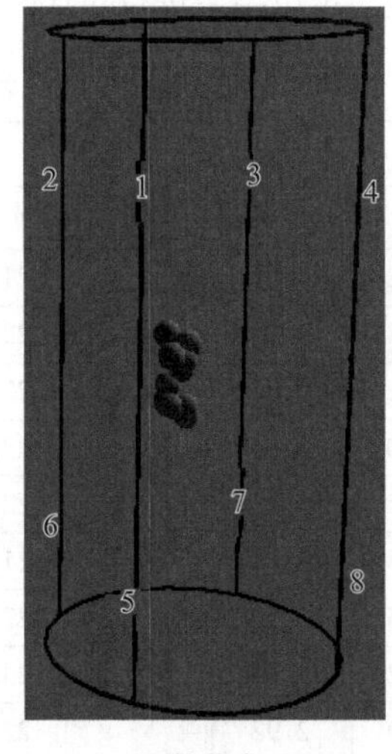

天然状态

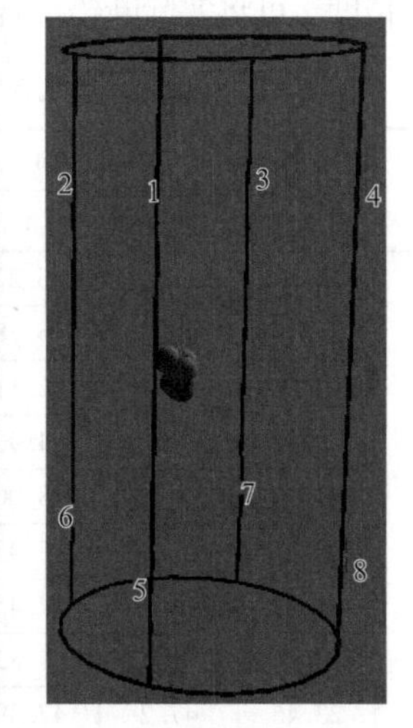

饱水状态

图 6.4 闪长岩断铅试验定位结果

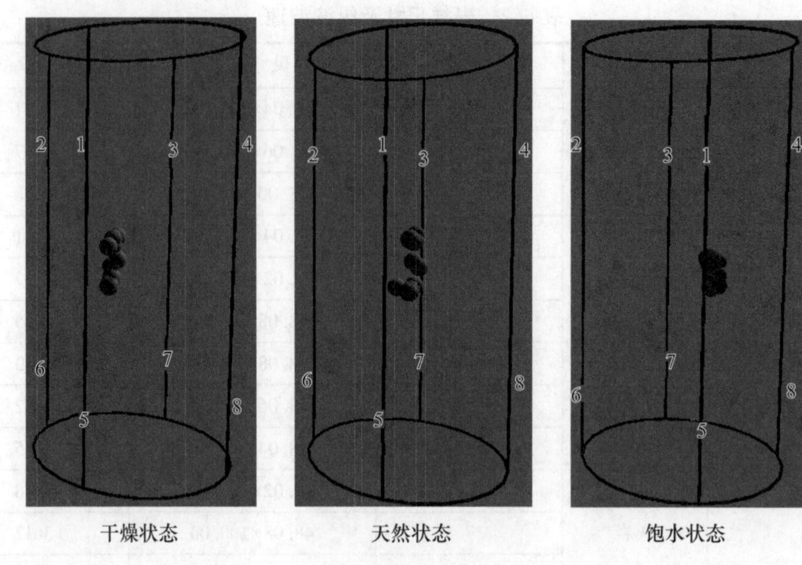

干燥状态　　天然状态　　饱水状态

图 6.5　灰岩断铅试验定位结果

由图 6.4 和图 6.5 可见，干燥状态、天然状态及饱水状态下，闪长岩和灰岩岩样断铅试验声发射定位结果的精度均较高，从断铅试验产生的声发射事件的聚集程度可以看出，同种岩样在饱水状态下的定位精度高于其在天然状态与干燥状态下的定位精度。对比图 6.4 和图 6.5 可以看出，相同含水状态下，闪长岩断铅试验的定位精度高于灰岩。

为对比分析闪长岩岩样和灰岩岩样在干燥状态、天然状态及饱水状态下断铅试验的定位精度，可将实际断铅位置与定位结果进行对比分析，对比分析结果见表 6.3。

表 6.3　断铅试验定位结果误差分析表

含水状态	闪长岩定位坐标/mm			定位误差/mm	含水状态	灰岩定位坐标/mm			定位误差/mm
	x	*y*	*z*			*x*	*y*	*z*	
干燥状态	22. 14	53. 11	46. 22	4. 04	干燥状态	21. 04	53. 41	45. 12	5. 36
	23. 15	47. 78	45. 78	3. 25		22. 45	49. 98	44. 98	3. 39
	24. 01	46. 92	46. 11	3. 61		22. 01	46. 92	47. 19	3. 76
	22. 31	49. 05	44. 90	3. 66		23. 55	50. 75	43. 98	4. 11
	21. 34	52. 16	48. 00	3. 43		22. 84	54. 01	47. 98	4. 17
	23. 85	48. 13	45. 43	3. 18		21. 89	49. 23	44. 33	4. 30
	21. 92	53. 07	47. 45	3. 75		22. 99	54. 22	46. 42	4. 62
	22. 24	51. 46	45. 82	3. 16		23. 74	52. 86	43. 81	5. 08
	23. 46	47. 2	47. 39	2. 92		22. 36	48. 24	46. 29	2. 95
	23. 08	46. 72	46. 78	3. 62		23. 22	45. 82	45. 87	4. 76

续表 6.3

含水状态	闪长岩定位坐标/mm			定位误差/mm	含水状态	灰岩定位坐标/mm			定位误差/mm
	x	y	z			x	y	z	
天然状态	24.04	52.11	44.22	4.33	天然状态	21.18	52.99	47.88	4.11
	21.92	46.78	45.18	4.76		22.11	45.48	47.33	4.94
	23.01	47.92	44.07	4.56		24.01	47.99	43.09	5.31
	21.02	53.05	47.9	4.27		19.23	49.51	46.78	4.95
	23.16	52.11	44.98	3.78		21.99	51.17	44.66	4.07
	22.74	45.13	46.12	5.37		22.32	50.82	44.17	4.26
	23.92	54.27	44.01	5.84		22.76	53.39	43.92	5.45
	20.94	50.46	43.81	5.21		23.77	52.79	42.74	5.96
	23.46	48.2	45.28	3.31		20.81	47.32	44.76	5.28
	22.08	47.72	47.78	2.99		23.42	44.9	43.97	6.53
饱水状态	24.05	52.11	48.00	2.11	饱水状态	23.15	53.01	47.09	3.26
	22.41	48.8	46.71	2.37		23.21	48.98	45.79	2.56
	23.52	48.32	46.51	2.30		22.76	46.32	46.11	4.32
	22.65	49.05	46.85	2.01		22.11	48.05	46.02	3.36
	22.56	51.16	46.53	2.36		23.64	50.64	47.13	1.14
	21.85	48.33	46.3	3.21		21.89	47.42	47.19	3.43
	21.42	50.7	47.42	2.74		23.29	51.72	46.72	2.26
	21.87	51.46	45.87	3.35		23.22	51.88	45.17	3.49
	23.16	47.59	46.55	2.94		22.14	49.89	45.55	3.08
	22.11	48.7	46.33	2.84		22.89	49.7	45.33	2.91

通过实际断铅位置与定位结果对比分析可以发现，干燥状态闪长岩试件断铅试验的定位误差为 2.92~4.04 mm，变化幅度为 38.36%，定位误差的平均值为 3.46 mm；天然状态闪长岩试件断铅试验的定位误差为 2.99~5.84 mm，变化幅度为 95.32%，定位误差的平均值为 4.44 mm；饱水状态闪长岩试件断铅试验的定位误差为 2.01~3.35 mm，变化幅度为 66.67%，定位误差的平均值为 2.44 mm。干燥状态灰岩试件断铅试验的定位误差为 2.95~5.36 mm，变化幅度为 81.69%，定位误差的平均值为 4.25 mm；天然状态灰岩试件的定位误差为 4.11~6.53 mm，变化幅度为 58.89%，定位误差的平均值为 5.09 mm；饱水状态灰岩试件的定位误差为 1.14~4.32 mm，变化幅度为 244.69%，定位误差的平均值为 2.98 mm。

6.4　声发射定位结果与裂纹扩展规律分析

研究声发射空间劣化规律首先需实现声发射定位事件的空间显示，本章在声发射事件定位结果的基础上，按照声发射事件发生的时间和能级大小进行三维显示，声发射能级的大小由圆球的尺寸区分，声发射能级越大，圆球的尺寸越大，反之亦然。

6.4.1　闪长岩声发射定位结果与裂纹扩展规律分析

6.4.1.1　*干燥状态闪长岩声发射定位结果与裂纹扩展规律分析*

岩石在损伤破坏过程中产生的声发射，主要与岩石裂纹的产生、扩展及断裂有关。干燥状态下典型闪长岩岩样的轴向应力-应变-声发射能率关系曲线及轴向应力-应变-声发射能量累积数关系曲线分别如图 6.6（a）、图 6.6（b）所示，不同应力水平时累积声发射事件在空间中的分布如图 6.6（c）所示。

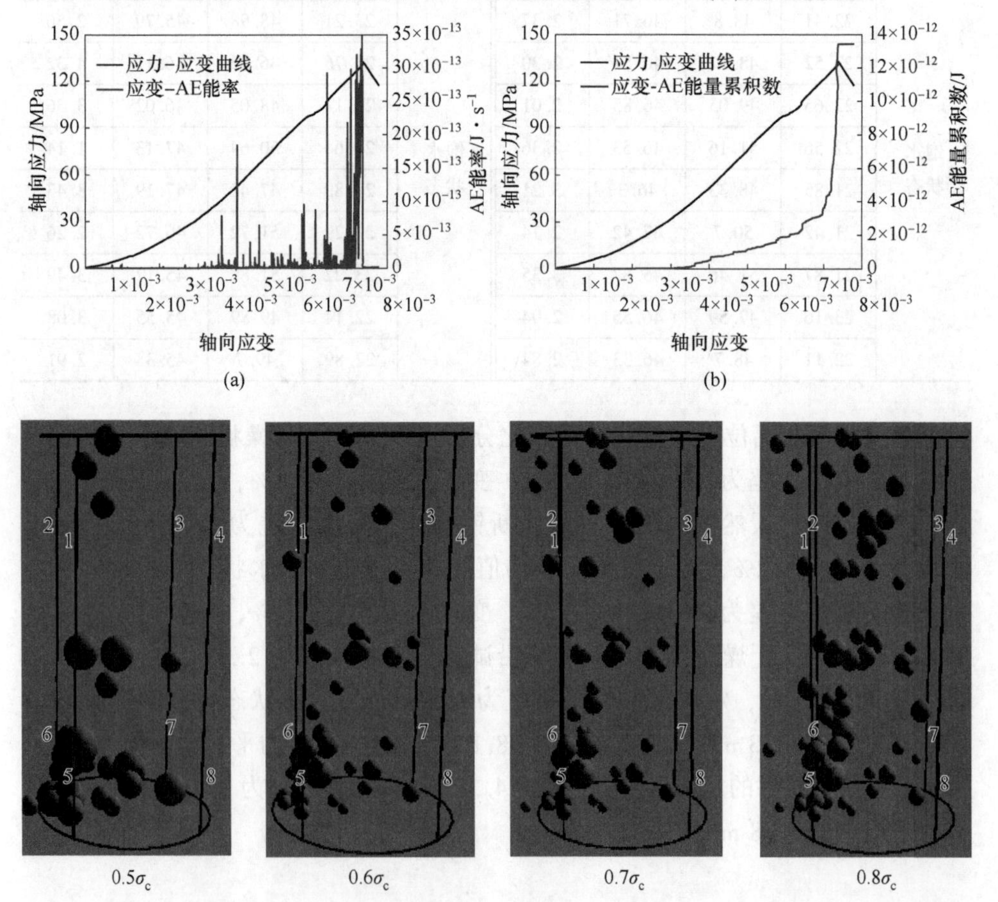

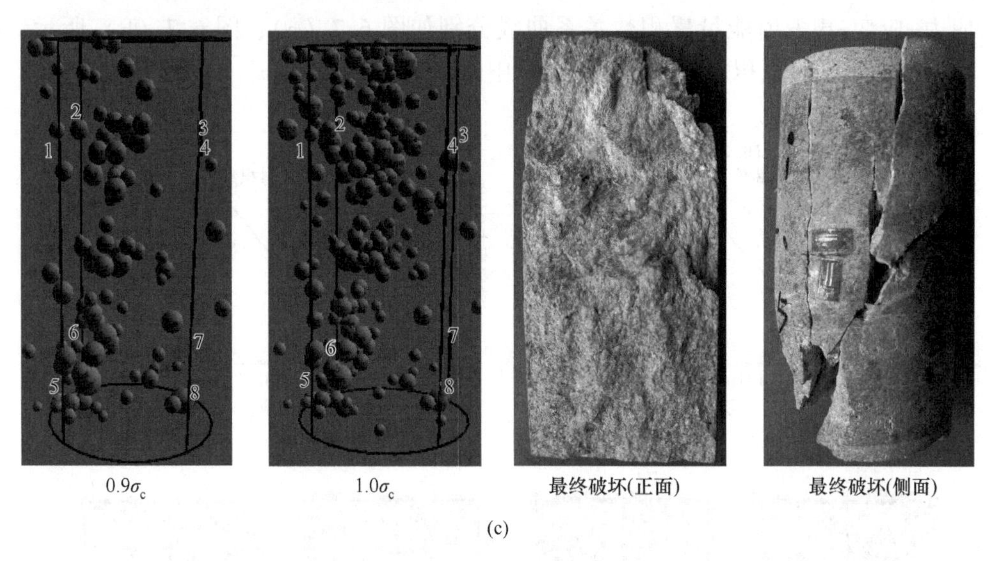

图 6.6 干燥状态下典型闪长岩岩样的 AE 测试结果

(a) 应力-应变-AE 能率曲线；(b) 应力-应变-AE 能量累积数曲线；(c) 不同应力水平声发射时空劣化规律

由图 6.6（a）、图 6.6（b）干燥状态下典型闪长岩的应力-应变-声发射能率曲线和应力-应变-声发射能量累积数曲线可以看出，干燥闪长岩岩样在峰值应力的 33%以下时，声发射能率较小且没有出现阶跃式变化，声发射能量累积数几乎没有增加，这表明在此过程中只产生了少量的声发射信号。随着应力的持续增大，声发射能量累积数逐渐增加，当应力达到峰值应力的 90%时，声发射能率呈连续的阶跃式变化，声发射能量累积数急剧增大。由图 6.6（c）可以看出，在峰值应力的 50%以下时，声发射事件较少且主要分布于岩样的端部，该阶段产生的声发射事件数约为事件总数的 12.5%；当应力达到峰值应力的 60%时，岩样处于弹性变形阶段，该阶段岩样内部产生的声发射数约为声发射总数的 8.5%；当应力达到峰值应力的 70%时，岩样仍处于弹性变形阶段，该阶段岩样内部产生的声发射数约为声发射总数的 5%；当应力达到峰值应力的 80%时，该阶段岩样内部产生的声发射数约为声发射总数的 11.5%，且产生的声发射事件开始在岩样内部群集；当应力达到峰值应力的 90%时，岩样处于微裂纹稳定扩展阶段，该阶段岩样内部产生的声发射数约为声发射总数的 12.5%，且新产生的声发射事件进一步在岩样内部聚集；随着载荷的持续增大，岩样进入裂纹非稳定扩展阶段，该阶段声发射事件数急剧增加，破坏裂纹贯通，岩样发生宏观破坏，此阶段声发射释放的能量较大，该阶段产生的声发射事件数约为整个单轴加载过程中声发射事件数总数的 50%，骤增的声发射事件主要集中于最终的破裂面附近。

6.4.1.2 天然状态闪长岩声发射定位结果与裂纹扩展规律分析

天然状态下典型闪长岩岩样的轴向应力-应变-声发射能率关系曲线及轴向

应力-应变-声发射能量累积数关系曲线分别如图 6.7（a）、图 6.7（b）所示，不同应力水平时累积声发射事件在空间中的分布如图 6.7（c）所示。

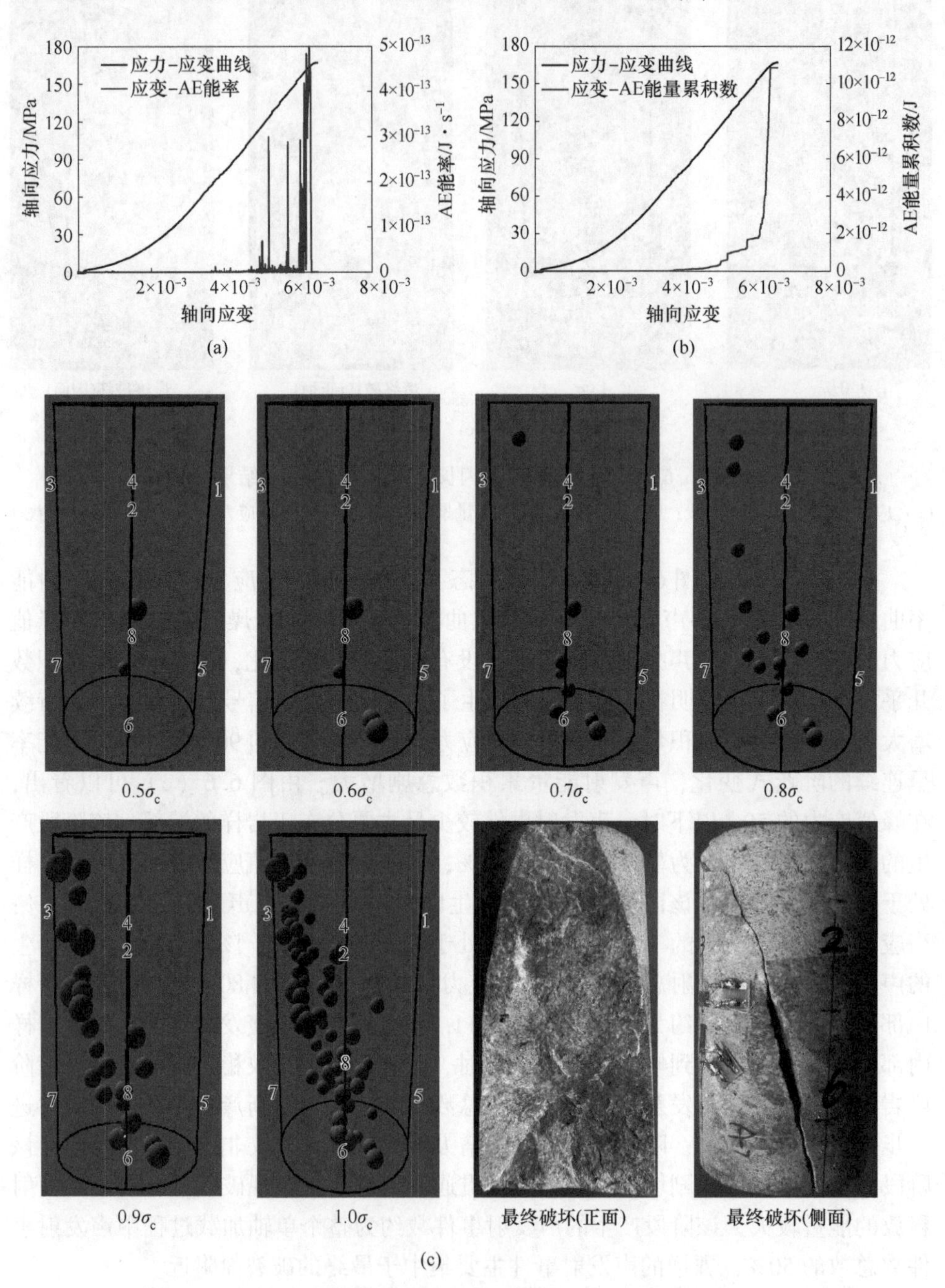

图 6.7　天然状态下典型闪长岩岩样的 AE 测试结果

（a）应力-应变-AE 能率曲线；（b）应力-应变-AE 能量累积数曲线；（c）不同应力水平声发射时空劣化规律

由图6.7（a）、图6.7（b）天然状态下典型闪长岩的应力-应变-声发射能率曲线和应力-应变-声发射能量累积数关系曲线可以看出，在峰值应力的43%以下时，岩样内部几乎没有声发射信号产生；当应力达到峰值应力的73%时，声发射能率出现阶跃式增大，声发射能量累积数逐渐增大，当应力达到峰值应力的95.6%时，声发射能率呈连续阶跃式变化，声发射能量累积数急剧增加。由图6.7（c）可以看出，当应力达到峰值应力的50%时，岩样内部几乎没有声发射事件产生，该阶段产生的声发射事件数约为声发射事件总数的2.7%；当应力达到峰值应力的60%时，岩样处于弹性变形阶段，岩样内部产生的声发射事件数很少，且空间分布状态较为分散，该阶段产生的声发射事件数约为声发射事件总数的2.7%；当应力达到峰值应力的70%时，岩样仍处于弹性变形阶段，岩样内部产生的声发射事件数目仍然较少，但从其发展趋势可以看出，该阶段声发射事件开始在岩样端部区域群集，表明在该区域应力集中现象趋于明显，因微裂纹的萌生和扩展产生的声发射事件开始增多，该阶段产生的声发射事件数约为声发射事件总数的5.4%；当应力达到峰值应力的80%时，声发射事件开始由岩样底部向顶部发展，且声发射事件数有加速增加的趋势，该阶段产生的声发射事件数约为声发射事件总数的9.5%；当应力达到峰值应力的90%时，岩样处于微裂纹稳定扩展阶段，该阶段剪切破坏声发射事件数有所增加，该阶段产生的声发射事件数约为声发射事件总数的10.8%，在岩样内形成贯通上下两个端面的声发射事件聚集带，该聚集带与岩样最终的破坏迹线较为吻合；随载荷的持续增大，岩样内部产生的微裂纹相互贯通，岩样最终发生单斜面剪切破坏，在此过程中，声发射事件数急剧增加，该阶段产生的声发射事件数约为整个单轴加载过程中声发射事件数总数的60.9%，且骤增的声发射事件主要集中于最终破裂面附近，最终岩样沿声发射事件聚集带发生单斜面剪切破坏。

6.4.1.3 饱水状态闪长岩声发射定位结果与裂纹扩展规律分析

饱水状态下典型闪长岩岩样的轴向应力-应变-声发射能率关系曲线及轴向应力-应变-声发射能量累积数关系曲线如图6.8（a）、图6.8（b）所示，不同应力水平时累积声发射事件在空间中的分布如图6.8（c）所示。

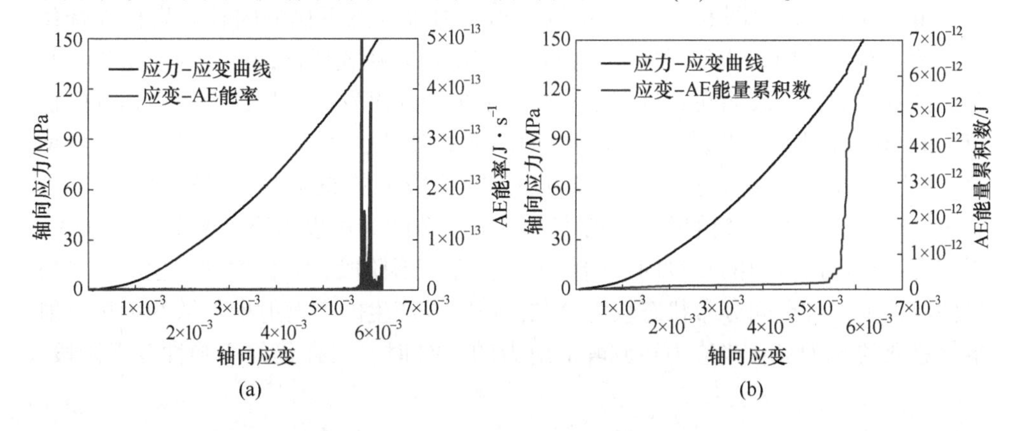

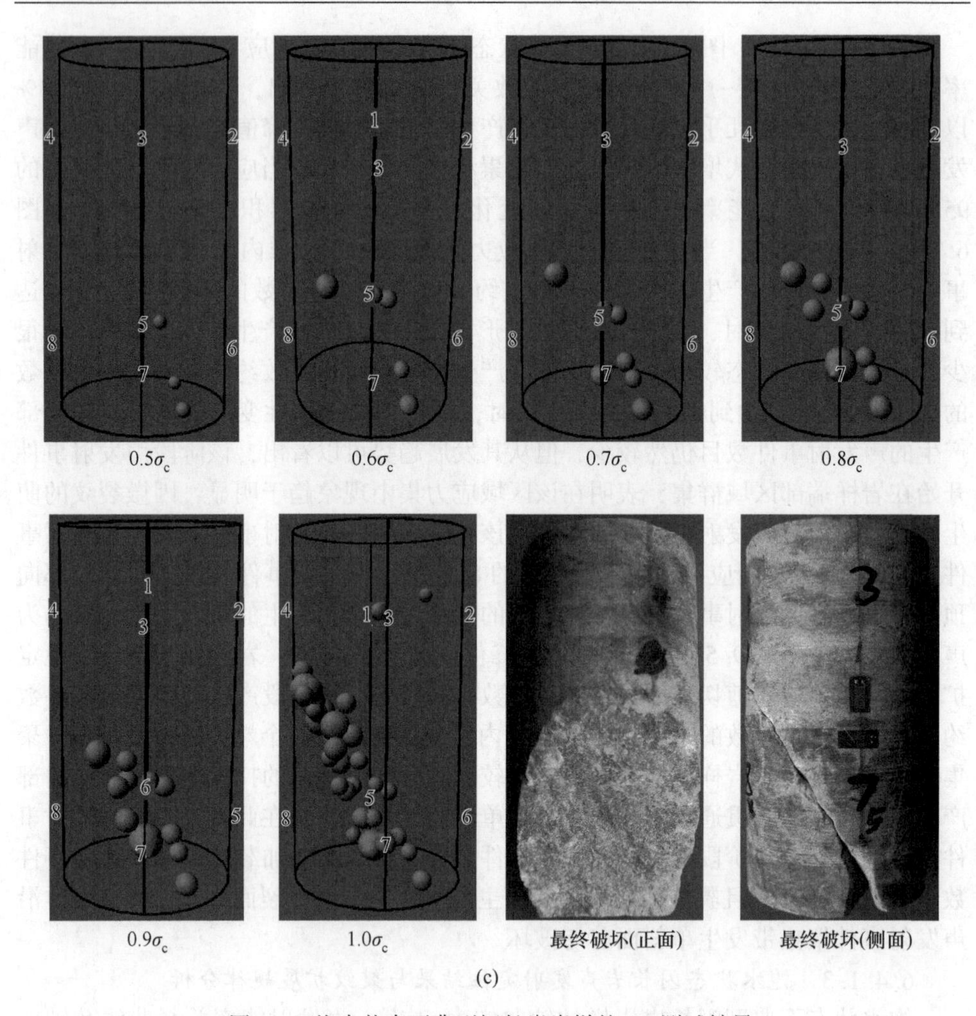

图 6.8　饱水状态下典型闪长岩岩样的 AE 测试结果

(a) 应力-应变-AE 能率曲线；(b) 应力-应变-AE 能量累积数曲线；(c) 不同应力水平时累积 AE 试件空间分布

由图 6.8（a）、图 6.8（b）可以看出，饱水状态下典型闪长岩岩样在峰值应力的 76%以下时，声发射能率较小且没有出现阶跃式变化，声发射能量累积数几乎没有增加，这表明在此过程中只产生了少量的声发射信号；当应力达到峰值应力的 90.4%时，声发射能率呈连续的阶跃式变化，声发射能量累积数急剧增大。由图 6.8（c）可以看出，当应力达到峰值应力的 50%时，岩样内部几乎没有声发射事件产生，该阶段产生的声发射事件数约为声发射事件总数的 8.57%；当应力达到峰值应力的 60%时，岩样处于弹性变形阶段，岩样内部产生的声发射事件数很少，且空间分布状态较为分散，该阶段产生的声发射事件数约为声发射事件总数的 5.71%；当应力达到峰值应力的 70%时，岩样仍处于弹性变形阶段，岩样内部产生的声发射事件数目仍然较少且较分散，该阶段产生的声发射事件数约为声发射事件总数的5.71%；当应力达到峰值应力的80%时，岩样依然处于弹性变形阶段，该阶段岩样内部产生的声发射数约为声发射总数的8.57%，声发射事件开始在岩样内部群集；当应力达到峰值应力的90%时，岩样处于裂纹稳定扩展阶段，该阶段岩样内部产生的声发射事件数约为声发射事件总数的8.57%，且新产生的声发射事件进一步在岩样内部聚集；随着载荷的持续增大，岩样进入裂纹非稳定扩展阶段，该阶段声发射事件数急剧增加，破坏裂纹贯通，岩样发生宏观破坏，此阶段声发射释放的能量较大，该阶段产生的声发射事件数约为整个单轴加载过程中声发射事件数总数的62.9%，且骤增的声发射事件主要集中于最终的破裂面附近。

对比分析干燥状态、天然状态与饱水状态的闪长岩岩样声发射测试结果可以发现：在岩石损伤破坏过程中，声发射随应力的变化表现出不同的特征，在初始加载直至裂纹形成之前，干燥状态、天然状态与饱水状态岩样的声发射活动均不明显，当岩样出现初始裂纹后，在相应的应力点声发射事件明显增多，特别在微裂纹非稳定扩展阶段，声发射活动变得异常活跃。但干燥状态、天然状态与饱水状态闪长岩岩样在单轴压缩损伤破坏过程中能率、能量累积数及不同应力水平声发射时空劣化规律有所不同，主要表现在：干燥状态、天然状态、饱水状态岩样在单轴压缩损伤破坏过程中声发射能率的最大值、能量累积数、声发射事件数依次减少；由声发射定位结果与实际破裂面的相互位置关系可知，饱水状态、干燥状态与天然状态岩样的声发射事件定位精度依次变差；干燥状态岩样的声发射事件主要出现在裂纹的非稳定扩展阶段，而天然状态与饱水状态岩样的声发射事件数主要集中于岩样临近破坏的极短时间内，且饱水状态岩样的集中程度高于天然状态岩样。

6.4.2 灰岩声发射定位结果与裂纹扩展规律分析

6.4.2.1 干燥灰岩声发射定位结果与裂纹扩展规律分析

干燥状态下典型灰岩岩样的轴向应力-应变-声发射能率关系曲线及轴向应力-应变-声发射能量累积数关系曲线分别如图6.9（a）、图6.9（b）所示，不同应力水平时累积声发射事件在空间中的分布如图6.9（c）所示。

由图6.9（a）、图6.9（b）可以看出，干燥状态下典型灰岩岩样在峰值应力的35.8%以下时，声发射能率没有出现阶跃式变化，声发射能量累积数几乎没有增加，这表明在此过程中岩样内部几乎没有声发射信号产生；随着应力的持续增大，声发射能量累积数逐渐增加，在岩样临近破坏时，声发射能率出现阶跃式变化，同时声发射能量累积数急剧增大。由图6.9（c）可以看出，在峰值应力的50%以下时，声发射事件较少且主要分布于岩样的端部，该阶段产生的声发射

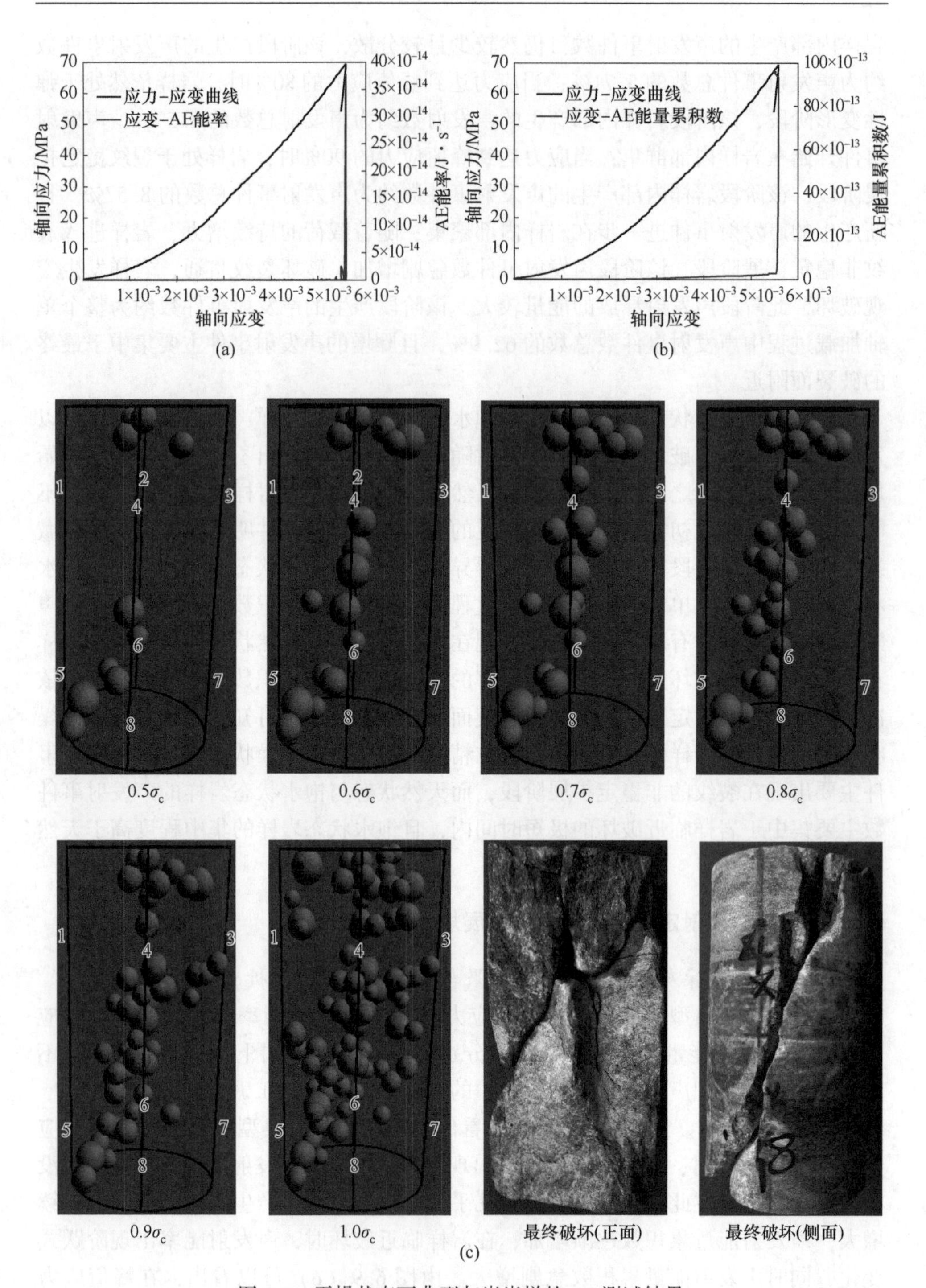

图 6.9　干燥状态下典型灰岩岩样的 AE 测试结果

(a) 应力-应变-AE 能率曲线；(b) 应力-应变-AE 能量累积数曲线；(c) 不同应力水平时累积 AE 试件空间分布

事件数约为事件总数的11.4%；当应力达到峰值应力的60%时，岩样处于弹性变形阶段，该阶段岩样内部新增的声发射事件开始由岩样的端部向岩样的中间部位聚集，该阶段产生的声发射数约为声发射总数的8.3%；当应力达到峰值应力的70%时，岩样仍处于弹性变形阶段，该阶段岩样内部产生的声发射数约为声发射总数的9.4%，新产生的声发射事件有从岩样端部向内部发展的趋势，这表明岩样底部和顶部产生的裂纹开始不断向中间扩展；当应力达到峰值应力的80%时，岩样仍处于弹性变形阶段，该阶段岩样内部产生的声发射数约为声发射总数的10.4%，且产生的声发射事件进一步在岩样中部群集，这表明岩样底部和顶部产生的裂纹进一步向中间扩展；当应力达到峰值应力的90%时，岩样处于裂纹稳定扩展阶段，该阶段岩样内部产生的声发射数约为声发射总数的17.7%，且新产生的声发射事件进一步在岩样内部聚集；随着载荷的持续增大，岩样进入裂纹非稳定扩展阶段，该阶段声发射事件数急剧增加，破坏裂纹贯通，岩样发生宏观破坏，此阶段声发射释放的能量较大，该阶段产生的声发射事件数约为整个单轴加载过程中声发射事件数总数的42.7%，骤增的声发射事件主要集中在岩样临近破坏的很短时间内，且新增的声发射事件主要集中于岩样最终的破裂面附近。

6.4.2.2 天然灰岩声发射定位结果与裂纹扩展规律分析

天然状态下典型灰岩岩样的轴向应力-应变-声发射能率关系曲线及轴向应力-应变-声发射能量累积数关系曲线分别如图6.10（a）、图6.10（b）所示，不同应力水平时累积声发射事件在空间中的分布如图6.10（c）所示。

由图6.10（a）、图6.10（b）可以看出，天然状态下典型灰岩岩样在峰值应力的54.5%以下时，岩样内部几乎没有声发射信号产生。此后，随应力的持续增大，声发射能率出现小幅的阶跃式变化，但声发射能量累积数几乎没有增加，在岩样宏观破坏前的极短时间内，声发射能率呈阶跃式增大，同时声发射能量累积数急剧增加。由图6.10（c）可以看出，当应力小于峰值应力的50%时，岩样内部产生的声发射事件数很少且分布较为分散，该阶段产生的声发射事件数约为总事件数的2.94%，这表明在该阶段岩样内部几乎没有初始裂纹产生；当应力达

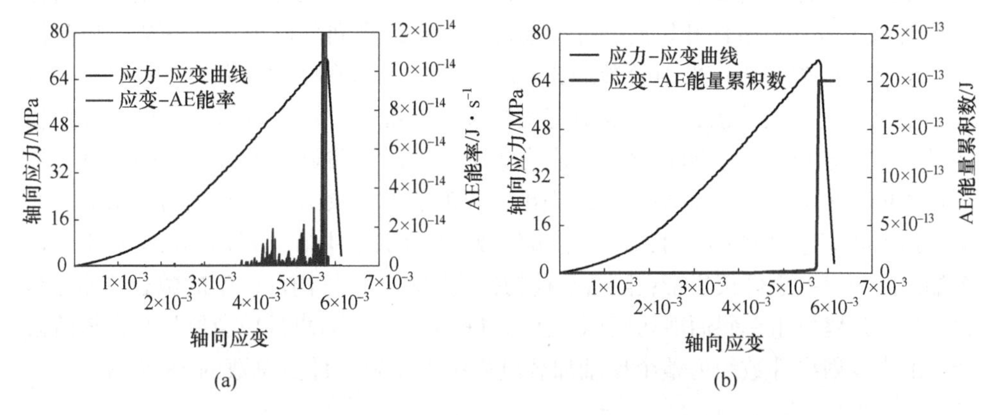

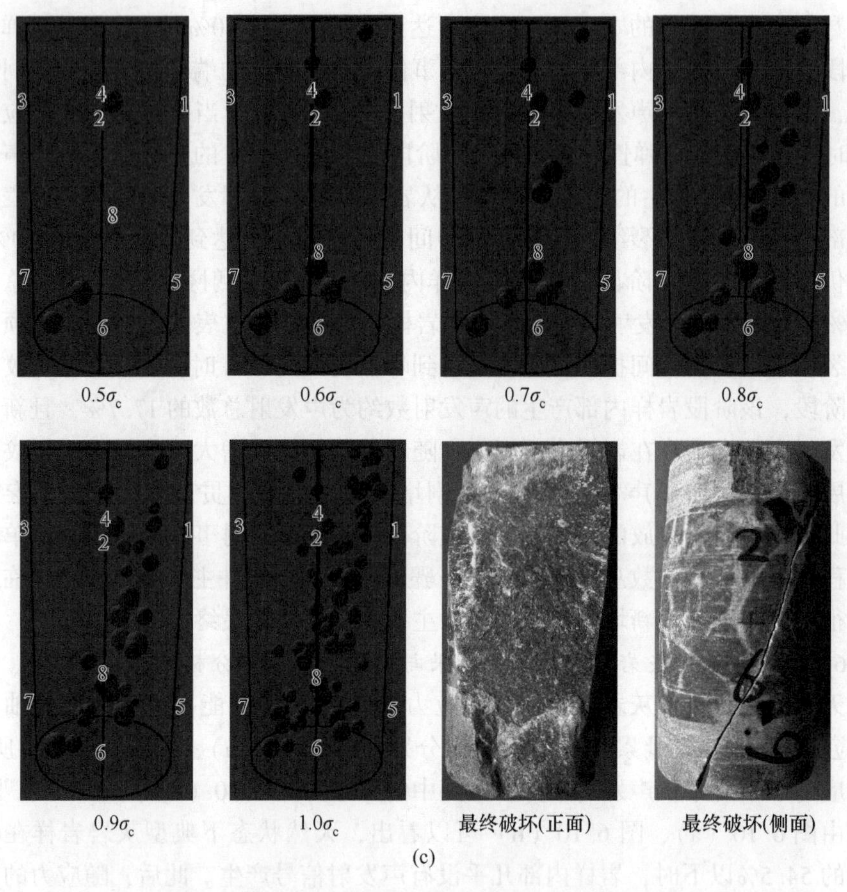

图 6.10 天然状态下典型灰岩岩样的 AE 测试结果

(a) 应力-应变-AE 能率曲线；(b) 应力-应变-AE 能量累积数曲线；(c) 不同应力水平时累积 AE 试件空间分布

到峰值应力的 60%时，岩样处于弹性变形阶段，该阶段岩样内部新增的声发射事件仍较少且分布较为分散，该阶段产生的声发射事件数约为声发射总事件数的 8.82%；当应力达到峰值应力的 70%时，岩样仍处于弹性变形阶段，该阶段岩样内部新增的声发射事件开始由岩样的端部向岩样的中间部位聚集的趋势，该阶段产生的声发射数约为声发射总数的 5.88%；当应力达到峰值应力的 80%时，岩样处于裂纹稳定扩展阶段，从声发射定位结果可以看出，岩样内部裂纹逐渐开始稳定扩展，逐渐成核，表明在该区域应力集中现象趋于明显，因微裂纹的萌生、扩展产生的声发射事件开始增多，表现出明显的裂纹扩展方向及空间劣化形态；当应力达到峰值应力的 90%时，声发射事件数大幅增加，并在岩样内形成贯通上下两个端面的声发射事件聚集带；随着载荷的持续增大，岩样内部产生的微裂纹相互贯通，岩样最终发生单斜面剪切破坏，在此过程中，声发射事件数急剧增加，该阶段产生的声发射事件数约为整个单轴加载过程中声发射事件数总数的 58.82%。

6.4.2.3 饱水灰岩声发射定位结果与裂纹扩展规律分析

饱水状态下典型灰岩岩样的轴向应力-应变-声发射能率关系曲线及轴向应力-应变-声发射能量累积数关系曲线如图 6.11（a）、图 6.11（b）所示，不同应力水平时累积声发射事件在空间中的分布如图 6.11（c）所示。

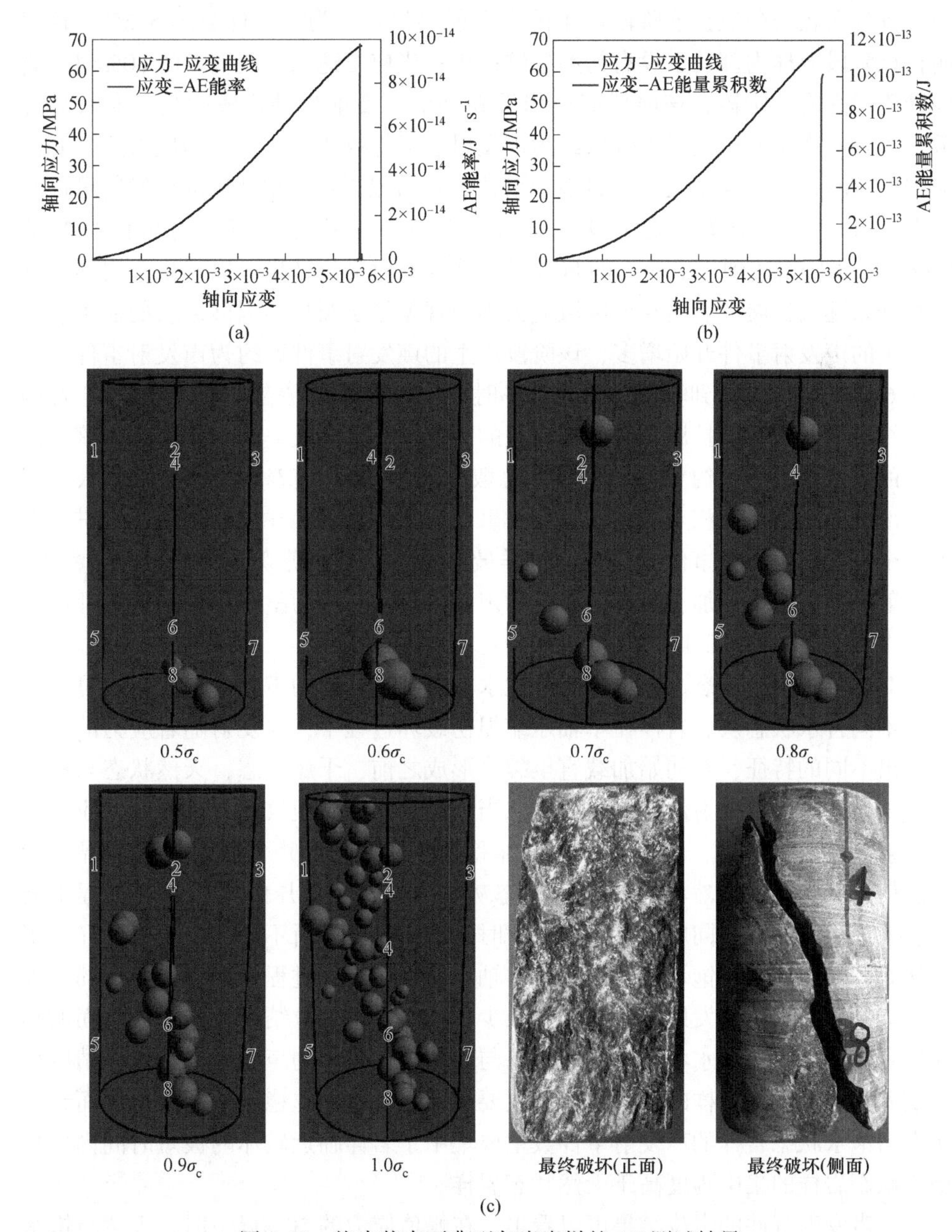

图 6.11 饱水状态下典型灰岩岩样的 AE 测试结果

（a）应力-应变-AE 能率曲线；（b）应力-应变-AE 能量累积数曲线；（c）不同应力水平时累积 AE 试件空间分布

由图6.11（a）、图6.11（b）可以看出，岩样在宏观破坏前声发射能率没有出现阶跃性变化，声发射能量累积数几乎没有增大；在岩样宏观破坏前的极短时间内，声发射能率呈阶跃式增大，同时声发射能量累积数急剧增加。由图6.11（c）可以看出，当应力达到峰值应力的50%时，岩样内部产生的声发射事件数很少且分布较为分散，该阶段产生的声发射事件数约为总事件数的5.6%，这表明在该阶段岩样内部几乎没有初始裂纹产生；当应力达到峰值应力的60%时，岩样处于弹性变形阶段，该阶段岩样内部新增的声发射事件仍较少且分布较为分散，该阶段产生的声发射事件数约为声发射总事件数的3.77%；当应力达到峰值应力的70%时，岩样仍处于弹性变形阶段，该阶段岩样内部新增的声发射事件开始在岩样的端部聚集，该阶段产生的声发射事件数约为声发射事件总数的5.66%；当应力达到峰值应力的80%时，从声发射定位结果可以看出，岩样内部裂纹开始逐渐扩展，表明在该区域应力集中现象趋于明显，因微裂纹的萌生、扩展产生的声发射事件开始增多，该阶段产生的声发射事件数约为声发射事件总数的5.66%；当应力达到峰值应力的90%时，从声发射定位结果可以看出，岩样内部裂纹逐渐开始稳定扩展，表现出明显的裂纹扩展方向及空间劣化形态，该阶段产生的声发射事件数约为声发射事件总数的13.20%；随着载荷的持续增大，岩样内部产生的微裂纹相互贯通，声发射事件数大幅增加，并在岩样内形成贯通上下两个端面的声发射事件聚集带，岩样最终发生单斜面剪切破坏，在此过程中，声发射事件数急剧增加，该阶段产生的声发射事件数约为整个单轴加载过程中声发射事件数总数的66.03%。

对比分析干燥状态、天然状态与饱水状态灰岩岩样的声发射测试结果可以发现，不同含水状态灰岩岩样在单轴压缩损伤破坏过程中，声发射随着应力的变化表现出不同的特征，在初始加载直至裂纹形成之前，干燥状态、天然状态与饱水状态灰岩岩样的声发射活动均不明显，当岩样出现初始裂纹后，在相应的应力点声发射事件明显增多，特别在微裂纹非稳定扩展阶段，声发射活动变得异常活跃。但干燥状态、天然状态与饱水状态灰岩岩样在单轴压缩损伤破坏过程中能率、能量累积数及不同应力水平声发射时空劣化规律有所不同，主要表现在：干燥状态、天然状态、饱水状态岩样在单轴压缩损伤破坏过程中声发射能率的最大值、能量累积数、声发射事件数依次减少；由声发射定位结果与实际破裂面的相互位置关系可知，饱水状态、干燥状态与天然状态岩样的声发射事件定位精度依次变差；干燥状态岩样的声发射事件主要出现在裂纹的非稳定扩展阶段，而天然状态与饱水状态岩样的声发射事件数主要集中于岩样临近破坏的极短时间内，且饱水状态岩样的集中程度高于天然状态岩样。

由声发射事件的定位结果可以看出，在峰值应力的50%以下时，天然与饱水灰岩岩样内部有零星的声发射事件产生，且声发射事件的能量很小。当应力达到峰值应力的60%~70%时，天然状态灰岩岩样内部产生的声发射事件数有所增多，但新增的声发射事件在岩样内部分布较为分散，而饱水灰岩岩样在此过程中声发射事件数几乎没有增加。当应力达到峰值应力的80%~90%时，天然与饱水灰岩岩样均处于裂纹稳定扩展阶段，声发射事件数不断增多，但天然灰岩岩样在此过程中声发射事件数增加幅度大于饱水岩样，从声发射定位结果可以看出，岩样内部裂纹开始稳定扩展，且声发射事件逐渐向裂隙面周围聚集，且饱水灰岩岩样声发射事件的聚集程度没有天然岩样聚集程度明显。随着载荷的持续增大，天然及饱水灰岩岩样均进入裂纹非稳定扩展阶段，该阶段天然与饱水灰岩岩样的声发射事件数均急剧增多，且声发射事件的能量也不断增大，岩样内部破坏裂纹相互贯通，最终岩样沿声发射事件聚集面发生单斜面剪切破坏。由声发射定位结果与破裂面的实际位置关系可知，饱水灰岩岩样的定位精度同样高于天然状态灰岩岩样。

综合上述分析可知，岩石损伤破坏过程实质是岩石内部微裂纹萌生、扩展直至导致岩石宏观破坏的过程，声发射事件主要由岩石内部微裂纹萌生、扩展产生的。声发射三维定位结果直观地反映了岩样裂纹的初始位置、扩展方位、裂纹的劣化过程及裂纹扩展的曲面形态，为深入研究干燥状态、天然状态及饱水状态下岩石损伤破坏过程中裂纹扩展及空间形态奠定了基础。

7 工程应用

本章彩图

河北钢铁集团矿业公司中关铁矿为矿井涌水量大（12 万~16 万 m^3/d）、水文地质条件十分复杂的大水矿山，为保护地下水资源，合理开发矿产资源，采用全封闭的注浆堵水帷幕堵截地下水是一种行之有效的技术措施，而帷幕一旦形成后，将在帷幕内外产生较大的水力梯度，加之帷幕区域内一直进行开采活动，地下水及开采扰动势必会对帷幕区域的围岩产生损伤弱化作用，而这种损伤弱化作用将对帷幕的稳定性产生不利影响。本章在浸水条件下岩石损伤破坏机理试验研究的基础上，采用 ShapeMetriX3D 摄影测量系统，对矿山岩体表面大量结构面进行测量，得到结构面详细信息，基于广义 Hoek-Brown（HB）强度准则，结合现场获取的岩体结构面几何参数信息，根据实验室获得的干燥、天然、饱水及不同浸水时间的饱水岩石的物理力学参数，对岩体强度参数进行估算，获得不同含水状态及不同浸水时间条件下饱水岩体静态强度参数值。根据上述确定的岩体物理力学参数，对中关铁矿堵水帷幕在地下水和开采扰动共同作用下的稳定性进行分析，根据分析结果，提出相应的疏干排水措施。

7.1 工程概况

中关铁矿位于河北省沙河市白塔镇中关村附近，东北距邢台市 30 km，东距沙河市 21 km，东南距邯郸市 53 km。中关铁矿属于接触交代矽卡岩型铁矿床，埋藏于地表 300 m 以下，矿体走向长约 2000 m，宽为 300~1000 m，倾角一般在 10°~15°。批准的地质报告中提交的矿石资源/储量为 9489. 21 万 t。矿权范围内批准的矿石资源/储量为 8755. 8 万 t。南区帷幕内可采资源/储量为 7866. 02 万 t，其中一期开采范围为-350 m 中段以上，可采矿石资源/储量为 6987 万 t，TFe 平均品位为 46. 01%，可供 260 万 t/a 矿山服务 21 年。矿床直接赋存于奥陶系灰岩之下，涌水量大，水文地质条件十分复杂，需采用注浆帷幕堵水方可开采。据工程试验，注浆帷幕可封堵地下涌水量的 80%，堵水后矿山具备开采条件。中关铁矿采矿设计规模为 260 万 t/a，选矿设计规模为 300 万 t/a。

7.2 工程地质水文地质条件

7.2.1 矿区地质条件

矿区地层自老至新有：下古生界奥陶系、上古生界石炭系、二迭系及新生界第四系。奥陶系出露于矿区的西部、北部丘陵及山麓地区，上古生界在区内仅有零星的出露，掩埋于第四系之下。区内第四系颇为发育，分布于矿区各地。

矿区位于太行山隆起东翼，区内构造多为北东及北北东向展布。在矿区的东、西、北三面出露有闪长岩体，推测三岩体在深部是相连的。另在矿区的东南部分布有上二叠统地层，石灰岩埋藏深达千米，区内石灰岩基本通过东北、西北、西南三个“口子”和区域石灰岩相连，构成一半封闭的水文地质地块。该区褶皱不发育，规模小而平缓，断层十分发育，地层平缓呈单斜。

区内主要有燕山期闪长岩类岩浆岩分布。闪长岩类按其岩性分为闪长岩、角闪二长岩、黑云母角闪闪长岩、闪长玢岩等。中关矿区外围出露有三大岩体，即矿山岩体、綦村岩体、新城岩体（属紫山岩体），矿区位于其中部。在矿区中部，闪长岩体深埋于地下。

7.2.2 矿区含水层

7.2.2.1 奥陶系中统石灰岩含水层

矿区奥陶系中统石灰岩为矿床的直接顶板，是主要含水层，分布于整个矿区，其下伏闪长岩、矿层为相对隔水底板，上覆第四系及石炭、二叠系均为相对隔水层。石灰岩卧于闪长岩上，仅通过西北、西南、东北三个“口子”和区域石灰岩相连。矿区石灰岩含水层的水力性质为潜水。

矿区石灰岩产状因受构造影响，局部有所变化，总趋势是走向北北东或北东，倾向南东，倾角为10°~20°。石灰岩的埋藏条件，大体是西部和北部较浅，中部和东部深，西部和北部边缘较薄，中部厚度较大。矿区石灰岩含水层的水力性质目前为潜水。历年地下水最高与最低水位差值为80~100 m。闪长岩类侵入于奥陶系中统石灰岩中，常将灰岩在垂向上分为多层（主要为上、下两层），平面上分割成多块，因此它对区域岩溶裂隙水的运动起着控制作用。

奥陶系中统石灰岩为一统一含水岩体，其裂隙岩溶发育程度及其富水性，主要受岩性、构造、岩浆岩、水动力场、水化学、充填物质和充填程度等控制。由于上述诸因素在不同地段作用强度不同，故其含水性极不均一。就本区而言，存在着明显水平分区和垂向分带的现象。

根据帷幕注浆钻孔资料，中关铁矿矿床地带石灰岩含水层的富水性，呈北强南弱的特征；北区段裂隙岩溶发育，连通性好，岩芯破碎，产生北强南弱的原因，与构造和地形条件有关。

中关铁矿石灰岩含水层分布广，厚度大，裂隙岩溶发育极不均一，在垂向也是不均一的。依据矿床地段 96 个地质勘探孔的水文地质资料，矿床地段灰岩含水层在垂向上大致分为三个带。

上部弱带：顶界面平均标高为 134.93 m，底界面平均标高 54.71 m，平均厚度 80.22 m，灰岩多为第三组的第三段及第二段的上部（$O_2^{3\text{-}3}$~$O_2^{3\text{-}2}$）厚层状灰岩及部分白云质灰岩夹角砾状灰岩，裂隙岩溶发育，但多被灰色及红色黏土充填或半充填，透水性较弱。该带有 15 个钻孔见溶洞 17 处，溶洞高度一般在 1~3 m，最大高度达 10 m，多被黏土充填。大部分钻孔施工至该带返水，可视为弱带。

中部强含水带：顶界面平均标高为 54.71 m，底界面平均标高为-115.45 m，平均厚度为 170.15 m，岩性多为第三组（$O_2^{3\text{-}2}$、$O_2^{3\text{-}1}$）和第二组（$O_2^{2\text{-}3}$、$O_2^{2\text{-}2}$）上部的厚层状花斑灰岩、纯灰岩及角砾状灰岩。在构造破坏及地下水的溶蚀作用下，裂隙岩溶颇发育（即使是弱含水的角砾状灰岩也是相对较强），透水性较强，据 7 个钻孔统计，平均裂隙溶洞率为 0.7%；16 个钻孔见较大溶洞 19 处，溶洞高度一般在 0.50~2.13 m，最大高度达 9.32 m，多为空洞，钻孔施工至该带均漏水，据分段注水资料，该带钻孔单位耗水量普遍显著增加。

下部弱带：顶界面平均标高为-115.45 m，底界面平均标高为-245.39 m（即灰岩底板标高），平均厚度为 101.85 m。岩性多为第二组下部（$O_2^{2\text{-}2}$~$O_1^{2\text{-}1}$）和第一组（$O_2^{1\text{-}2}$）的结晶灰岩、大理岩、泥质灰岩和角砾状灰岩等。因受岩浆岩的化学蚀变作用，裂隙岩溶多为次生矿物方解石、绿泥石、矽卡岩等充填或半充填，岩芯较为完整，裂隙岩溶发育较差，透水性弱。全区 96 个地质孔仅两个孔在底部见溶洞，高度为 0.70~1.78 m；钻孔单位耗水量一般较小。下部弱带虽透水性较差，但因岩浆岩作用复杂，在化学蚀变作用不强的地段，由于受岩浆岩入侵机械应力和冷却收缩作用，接触带附近灰岩裂隙增多，且石灰岩底板又为相对隔水的岩体，有时具有一定的富水性。

7.2.2.2　奥陶系中统石灰岩地下水补给、径流、排泄条件

区域地下水自西部、西南部流入中关矿区，至矿区中部汇合，因受綦村岩体阻隔，其中一股地下水沿綦村岩体西侧“廊道”向北流出矿区。另一股经东北“口子”流出矿区，分别向邢台泉群运动。中关矿区为径流带的枢纽，目前西南和西部的来水都经中关矿区向东汇集于凤凰山降落漏斗区。

7.3　采矿技术条件

矿区地表为低缓的山丘及耕地，地形平缓，比高一般不大。矿体产于 300 m 以下的中奥陶统灰岩与似斑状辉石闪长岩体接触带上及其附近，矿体上覆岩层厚 300~700 m，包括第四系松散沉积物、石炭系含煤碎屑沉积岩、中奥陶统碳酸盐沉积岩。

中奥陶系石灰岩地层中岩溶裂隙较为发育，其岩溶发育程度以-100 m标高分界，上部为强岩溶发育带，下部岩溶发育程度较弱。据36个钻孔所见的48个溶洞，下部只见到6个，溶洞最大可达13.16 m。但由于构造的作用，-100 m以下溶隙仍很发育。这将对矿床开采带来不安全的因素。矿山在开采时应随时注意观察，发现溶洞时及时处理，以保证生产安全。

矿区矿体分布较为集中，矿体中矿石多属致密坚硬的块状矿石或条带状矿石，仅在局部块段内出现粉状氧化矿石或蜂窝状溶蚀矿石，矿体稳固程度较好。厚大矿体中所出现的结晶灰岩、大理岩、矽卡岩包体或夹石，一般均具有程度不同的矿化，其稳固程度稍次于矿石。

矿体顶板岩石主要为结晶灰岩或大理岩，局部为矽卡岩、角砾状灰岩、构造角砾岩。底板岩石除Ⅰ-2矿体主要为蚀变闪长岩及矽卡岩外，其余均为结晶灰岩或大理岩。其中除构造角砾岩、矽卡岩所构成的矿体顶底板稳固程度较差外，其他围岩一般稳固性较好。

7.4 岩体力学参数计算

7.4.1 基于ShapeMetriX3D岩体结构面统计信息

7.4.1.1 ShapeMetriX3D系统简介

ShapeMetriX3D系统是奥地利3GSM公司生产的一套3G软件和测量产品，是一个全新的、代表目前高水平的岩体几何参数三维不接触测量系统。使用该设备进行岩体结构面测量解决了使用精测线法现场节理、裂隙信息获取低效、费力、耗时、不安全，甚至难以接近实体和不能满足现代快速施工要求的弊端，真正做到现场岩体开挖揭露的节理、裂隙的即时定格、精确定位。使得现场的数据可靠性和精度满足进一步分析的要求。该系统主要由一个可以进行高分辨率立体摄像的照相机、进行三维图像生成的模型重建软件和对三维图像进行交互式空间可视化分析的分析软件包组成。

工作原理：首先确定研究区域，然后使用已校准好的成像设备在需要进行岩体结构面统计的岩体面前选两个位置进行成像处理，当确定从两个成像照射的岩体照片成像效果良好后，将照片导入ShapeMetriX3D的软件系统中，然后基于三点成像原理通过软件自带的三维几何图形合成系统进行三维合成，之后通过标杆或者控制点所确定的距离及罗盘量出的倾向，使三维图像的方位和尺寸、距离真实化，最终实现岩体面的真实三维模型重构。岩体三维模型重构实现后，使用计算机进行交互式操作从而实现结构面分组及结构面个体的识别、定位、拟合、追踪，以及几何形态信息参数（产状、迹长、间距、断距等）的获取，对大量纷繁复杂的结构面进行几何参数统计及各种几何信息的数理统计等工作。

三维模型的合成是该系统中的核心内容。在选择成像设备放置位置时，镜头离所测岩体面的距离 H 及两次成像位置之间的距离 D 之间的比值需满足 $D=H/8\text{-}H/5$，如果选择成像位置点不合理，岩体三维重构模型将无法合成。图 7.1 为 ShapeMetriX3D 系统的成像原理示意图，图 7.2 为节理分布及产状统计示意图。

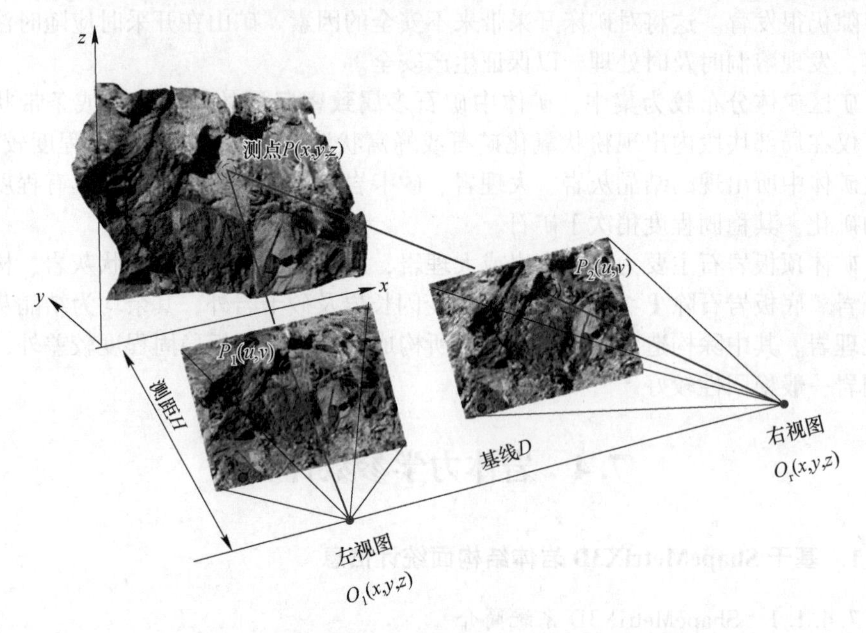

图 7.1　立体图像合成原理

图 7.2　节理分布及产状统计示意图

图 7.3 为通过计算机交互式操作进行的岩体结构面统计示意图，根据图 7.3 所进行的岩体结构面统计可以绘制出赤平极射投影图、间距图。其中间距图中给出结构面的迹长和断距的均值、标准差及节理的密度等几何形态信息参数。

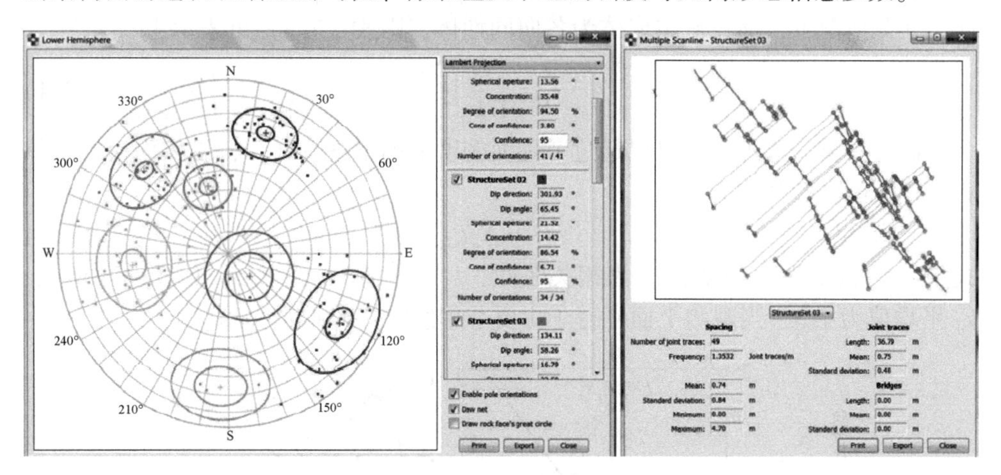

图 7.3　结构面赤平投影图及结构面信息示意图

7.4.1.2　*岩体结构面密度参数*

结构面的密度是用来反映结构面的发育密集程度，对岩体的稳定性有重要作用。在经验法计算岩体强度参数时，它也是重要的参数之一。目前，结构面的密度一般分为三种，第一种是线密度，即单位长度内结构面的条数，也称为结构面的频次，常用的是它的倒数，即结构面的平均间距；第二种为面密度，即单位面积内的结构面条数；第三种为体密度，即三维体积岩体内含有的结构面的条数，也称作体积节理数，它是国际岩石力学委员会 ISRM（International Society for Rock Mechanics）推荐用来定量评价岩体节理化程度和单位岩体块度的一个指标。

一般来说，体积节理数 J_V 可用下面的公式表示：

$$J_V = \frac{N_1}{L_1} + \frac{N_2}{L_2} + \cdots + \frac{N_n}{L_n} \tag{7.1}$$

或者

$$J_V = \frac{1}{S_1} + \frac{1}{S_2} + \cdots + \frac{1}{S_n} \tag{7.2}$$

式中，N 为沿某一测线的节理数；L 为测线的长度，m；S 为某一组节理的间距，m；n 为节理组数。

对于发育多组节理的岩体，节理间距的确定是相当困难的。因此，H. Sonmez 和 R. Ulusay 在假定岩体各向同性体的基础上，提出了一个更为实用的公式，即在 1 m^3 体积的岩体中有：

$$J_V = \frac{N_x}{L_x}\frac{N_y}{L_y}\frac{N_z}{L_z} \tag{7.3}$$

式中，N_x，N_y，N_z 分别为沿相互垂直方向测线上的节理数；L_x，L_y，L_z 分别为沿相互垂直方向测线的长度。

然而在现场调查中，沿 3 个相互垂直方向测线上测量节理是很困难的。因此，在此情况下，通过假定岩体为各向同性体，则式（7.3）可表示为

$$J_V = \left(\frac{N}{L}\right)^3 \tag{7.4}$$

此外，体积节理数还可以通过节理面密度的测量进行计算，岩体面密度与体积节理数的经验公式为

$$J_V = N_a k_a \tag{7.5}$$

式中，N_a 为节理面密度；k_a 为相关系数，k_a 一般取 1.0~2.5，如图 7.4 所示，k_a 平均值为 1.5，当观测平面平行于主要节理组时，k_a 取最高值。

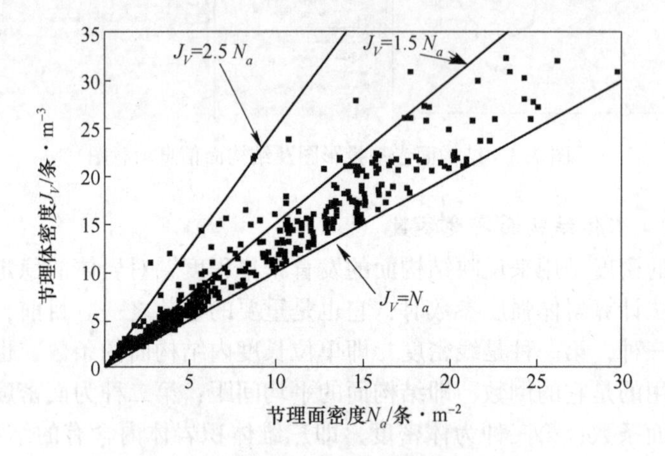

图 7.4　节理的面密度与体密度的关系

7.4.1.3　中关铁矿岩体结构面数字测量

在中关铁矿-260 m 中段掘进巷道选取有代表性的区段进行数字测量，共选取测点 10 个，具体位置同岩石物理力学试验与声发射试验取样点对应。岩体结构面测试内容包括：结构面的组合关系、成因类型，结构面产状、延展性、形态、性质、间距、接触性质、充填物特性、数量统计等，为节理化岩体强度的确定提供依据。

根据结构面测试结果，选取有代表性的测点进行分析，其中 1 号测点、4 号测点和 10 号测点分别对应矿体、灰岩和闪长岩。

A　1 号测点数据处理结果

现场获取测点 1 处左视图、右视图如图 7.5 所示，将左右两视图导入 ShapeMetriX3D 软件分析系统，圈定出重点测量区域，系统根据像素点匹配、图像变形偏差纠正等一系列技术，对三维模型进行合成及方位、距离的真实化，得到矿体表面的三维视图如图 7.6 所示。

图 7.5 测点 1 的左、右视图

图 7.6 合成三维图

在合成的三维图上，根据主要节理裂隙的分布情况及 3GSM 分组的原则对其进行分组，不同颜色代表不同的组，该测点结构面分为三组，优势结构面产状分别为：7.89°∠74.31°，95.87°∠85.92°，321.79°∠71.37°，分别如图 7.7 中的红、绿、蓝面所示。

图 7.7 模型中节理分布情况

系统根据结构面的空间展布及分组情况，绘制出赤平极射投影图（见图7.8)。根据赤平投影图，可以确定每组结构面的整体分布情况，包含所有结构面的倾向、倾角分布信息。

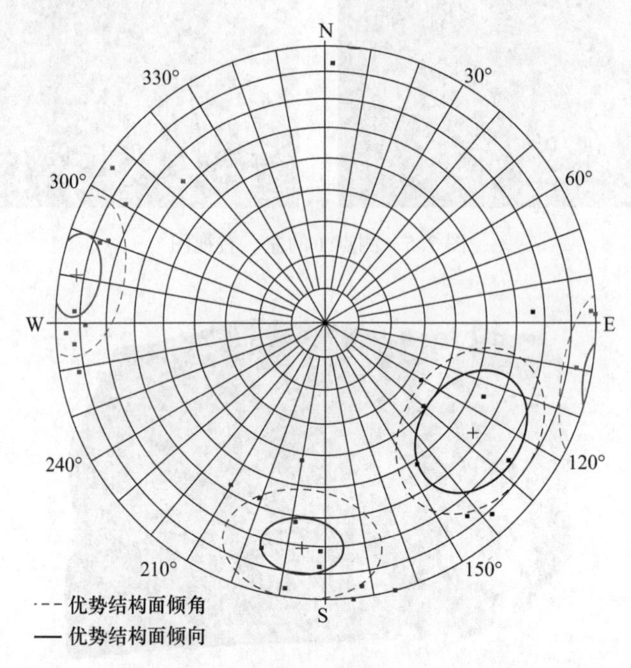

图7.8　赤平极射投影图

结构面密度是指单位尺度范围内结构面的数目，它反映了结构面发育的密集程度及岩体的完整性，是岩体质量评价的基本内容之一。据结构面的空间展布，对其进行数理统计，计算结构面的面密度，并根据经验公式得出结构面的体密度$\lambda_V=5.85$条/m^3。

将实测迹长、倾向及倾角整理出的数据，绘制等密度直方图，并对它们分别进行概率分布拟合，处理结果见表7.1。

表7.1　结构面几何参数特征值及分布率

组别	倾向/(°)		倾角/(°)		迹长/m		间距/m		断距/m	
	均值	标准差	均值	标准差	均值	标准差	均值	标准差	均值	标准差
1	7.89	8.29	74.31	14.06	0.78	0.20	0.32	0.31	0.32	0.11
2	95.87	17.00	85.92	6.28	0.87	0.25	0.52	0.49	0.41	0.34
3	321.79	26.51	71.37	14.76	1.06	0.33	0.74	0.52	—	—

B　4号测点数据处理结果

现场获取4号测点处左、右视图如图7.9所示，采用测点1的处理方式，得到岩体表面的三维视图如图 7. 10 所示。

图 7. 9 测点 4 的左、右视图

图 7. 10 合成三维图

通过分析可得优势结构面产状为 130. 53°∠66. 07°、237. 86°∠57. 84°，分别如图 7. 11 中的红、绿面所示。

根据结构面的空间展布及分组情况，绘制出赤平极射投影图如图 7. 12 所示。

根据经验公式得出灰岩结构面的体密度 $\lambda_V=2.64$ 条/m^3。将实测迹长、倾向及倾角整理出的数据，绘制等密度直方图，并对它们分别进行概率分布拟合，处理结果见表 7. 2。

表 7. 2 结构面几何参数特征值及分布率

组别	倾向/(°)		倾角/(°)		迹长/m		间距/m		断距/m	
	均值	标准差	均值	标准差	均值	标准差	均值	标准差	均值	标准差
1	130. 53	16. 19	66. 07	11. 37	0. 89	0. 47	0. 87	0. 79	0. 69	0. 41
2	237. 86	26. 27	57. 84	13. 52	0. 69	0. 26	0. 78	0. 62	0. 41	0. 18

图 7.11　模型中节理分布情况

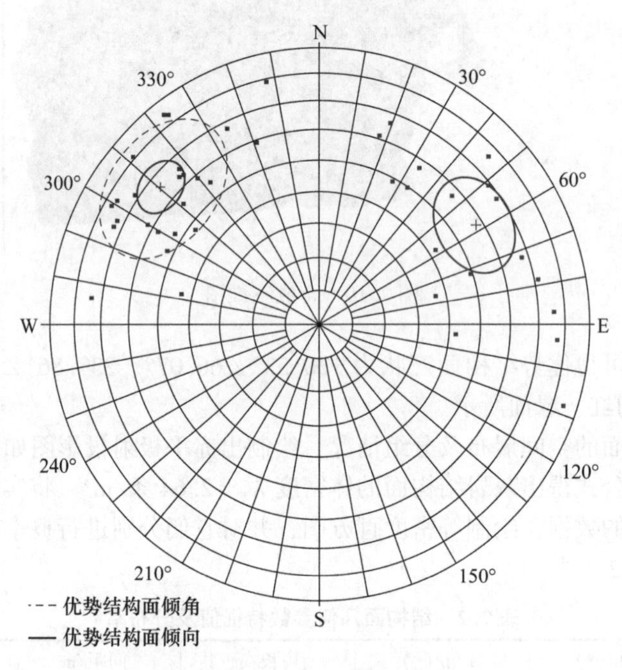

图 7.12　赤平极射投影图

C　10 号测点数据处理结果

现场获取 10 号测点处左、右视图如图 7.13 所示，采用测点 1 的处理方式，得到岩体表面的三维视图如图 7. 14 所示。

图 7. 13 测点 10 的左、右视图

图 7. 14 合成三维图

通过分析可得闪长岩优势结构面产状分别为 43. 60° ∠84. 15°、289. 57° ∠58. 12°、102. 15° ∠79. 58°，分别如图 7. 15 中的红、绿、蓝面所示。

图 7. 15 模型中节理分布情况

根据结构面的空间展布及分组情况，绘制出赤平极射投影图如图 7. 16 所示。

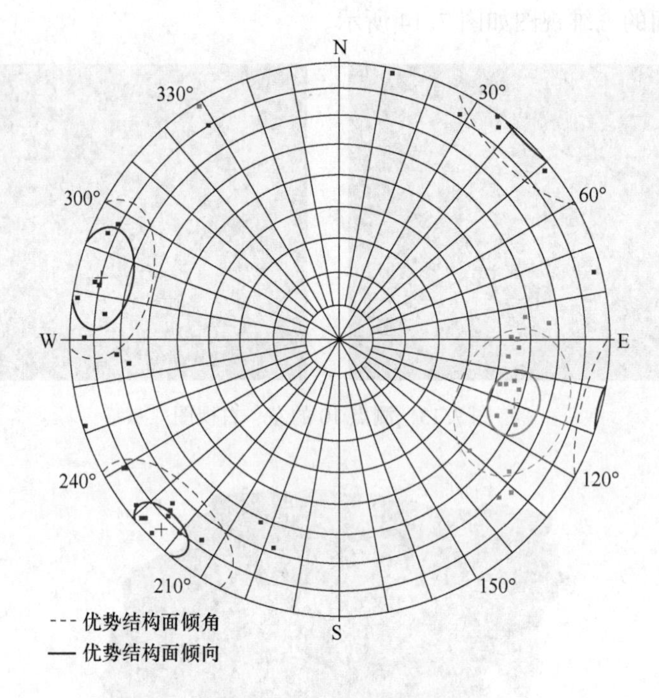

图 7.16　赤平极射投影图

根据经验公式得出闪长岩结构面的体密度 $\lambda_V = 2.48$ 条/m^3。将实测迹长、倾向及倾角整理出的数据，绘制等密度直方图，并对它们分别进行概率分布拟合，处理结果见表 7.3。

表 7.3　结构面几何参数特征值及分布率

组别	倾向/(°)		倾角/(°)		迹长/m		间距/m		断距/m	
	均值	标准差	均值	标准差	均值	标准差	均值	标准差	均值	标准差
1	43.60	12.99	84.15	7.09	1.04	0.49	0.48	0.45	0.47	0.35
2	289.57	15.91	58.12	6.36	1.34	0.66	0.66	0.61	0.43	0.16
3	102.15	9.55	79.58	5.67	1.29	0.35	0.54	0.36	0.74	0.39

7.4.1.4　数据处理结果汇总

通过对岩体结构面的分析，获取了结构面的产状、倾向、倾角、结构面条数、线密度、体密度等参数信息，将 1 号、4 号、10 号三个测点实测结构面信息进行统计分析汇总，汇总的岩体结构面数据见表 7.4。这些信息的获取为岩体质量分级和强度参数分析提供了基本的数据依据。

表 7.4 岩体结构面信息调查汇总表

取样点号	岩性	产状		结构面条数	线密度/条·m^{-1}	体密度/条·m^{-3}
		倾向/(°)	倾角/(°)			
1	矿体	7.89	74.31	14	3.1367	5.85
		95.87	85.92	14	1.8207	
		321.79	71.37	4	1.8189	
4	灰岩	130.53	66.07	24	1.1525	2.64
		237.88	57.847	17	1.2812	
10	闪长岩	43.60	84.15	21	2.0878	2.48
		289.57	58.12	18	1.5263	
		102.15	79.58	9	1.8579	

7.4.2 基于 Hoek-Brown 强度准则的节理岩体力学参数

7.4.2.1 Hoek-Brown 强度准则

1980 年，E. Hoek 和 E. T. Brown 通过对 Bougainville 矿山岩石的大量测试及室内试验，基于 Griffith 脆性断裂理论，进行曲线拟合后得出了 Hoek-Brown 准则。该准则认为岩体的破坏是由于存在裂缝的岩块的变形和转动引起的，与完整岩石的屈服没有太大关系。该准则的数学表达式为

$$\sigma_1 = \sigma_3 + \sqrt{m\sigma_3\sigma_{ci} + s\sigma_{ci}^2} \tag{7.6}$$

式中，σ_1 和 σ_3 为岩体破坏时的最大、最小主应力，MPa；σ_{ci} 为完整岩块的单轴抗压强度，MPa；m，s 为与岩体特性有关的材料常数。m 反映岩石的软硬程度，其取值范围为 0.0000001~25，对严重扰动岩体取 0.0000001，对完整的坚硬岩体取 25；s 反映岩体破碎程度，其取值范围为 0~1，对破碎岩体取 0，完整岩体取 1。

初始的 Hoek-Brown 准则是针对完整的、凝聚力高的岩体提出的，20 世纪 90 年代在工程中得到广泛应用。而实际研究表明，采用原始的 Hoek-Brown 准则，会过高估计岩体的抗拉强度。因此，此后的几十年 Hoek 等人对其进行了多次修正，引入了新的参数 α 和地质强度指标 GSI（Geological Strength Index），其中 α 为与岩石完整性相关的参数，而 GSI 与岩体结构特性、表面风化程度和表面粗糙性等特性有关。修正后的 Hoek-Brown 准则表达式为：

$$\sigma_1 = \sigma_3 + \sigma_{ci}\left(\frac{m_b}{\sigma_{ci}}\sigma_3 + s\right)^{\alpha} \tag{7.7}$$

式中，m_b 的计算公式如下：

$$m_b = m_i \exp\left(\frac{\mathrm{GSI} - 100}{28 - 14D}\right) \tag{7.8}$$

而常数 s 和 α 可分别由式（7.9）和式（7.10）获取：

$$s=\exp\left(\frac{\mathrm{GSI}-100}{9-3D}\right) \tag{7.9}$$

$$\alpha=\frac{1}{2}+\frac{1}{6}\left(\mathrm{e}^{-\mathrm{GSI}/15}-\mathrm{e}^{-20/15}\right) \tag{7.10}$$

式中，m_i 为组成岩体完整岩块的 Hoek-Brown 常数，取值见表 7.5；D 为岩体扰动参数，主要考虑爆破破坏和应力松弛对节理岩体的扰动程度，它从非扰动的 $D=0$ 变化到扰动性很强的岩体的 $D=1$。岩体工程中的建议取值可参考表 7.6。

表 7.5　Hoek-Brown 常量 m_i 的参考值

岩石类型	岩石性状	岩石化学特征	结构			
			粗糙的	中等的	精细的	非常精细的
沉积岩	碎屑状		砾岩 22	砾岩 19	粉砂岩 9	泥岩 4
	非碎	有机的		煤 8~21		
		碳化的	角砾岩 20	石灰岩 8~10		
	屑状	化学的		石膏 16	硬石膏 13	
变质岩	非层状		大理岩 9	角页岩 19	石英岩 24	
	轻微层状		惩麻岩 30	闪石 25~31	糜棱岩 6	
	层状		片麻岩 33	片岩 4~8	千枚岩 10	板岩 9
火成岩	亮色的	花岗岩 33			流纹岩 16	黑曜岩 19
		花岗闪长岩 30			石英安山岩 17	
	暗色的	辉长岩 27		辉绿岩 19	玄武岩 17	
	火成碎屑状	砾岩 20		角砾岩 18	凝灰岩 15	

表 7.6　岩体扰动参数的建议值

节理岩体的描述	D 的建议值
小规模爆破导致岩体引起中等程度破坏	$D=0.7$
应力释放引起某种岩体扰动	$D=1.0$
由于大型生产爆破或者移去上覆岩体而导致的大型矿山边坡扰动严重	$D=1.0$
软岩地区用撬挖或者机械方式开挖，因此边坡的破坏程度很低	$D=0.7$

7.4.2.2　GSI 的量化

1995 年，Hoek 等人建立了地质强度指标（GSI）来评估不同地质条件下的岩体强度，它突破了 RMR 法中 RMR 值在质量极差的破碎岩体结构中无法提供准确值的局限性，因而是一种更加实用的方法。学者在不断地研究中给出了一个 GSI 的参考值取值表，但仅仅给出了每个岩体类别的 GSI 值的一个范围值，而对结构面表面特征的描述缺乏可测量的典型参数，这样就引起 GSI 取值的随意性。为此，H. Sonmez 和 R. Ulusay 提出了 GSI 的量化取值方法。在 H. Sonmez 和

R. Ulusay 的 GSI 量化体系中，主要考虑 2 个因素，即基于体积节理数的岩体结构等级 SR 和结构面表面特征等级 SCR，具体取值见表 7.7。

其中 SCR 的取值是参考 RMR 系统中结构面的评分标准，主要考虑结构面的粗糙度 R_r、风化程度 R_w 及充填物状况 R_f（取值见表 7.8），取值公式如下：

$$SCR = R_r + R_w + R_f \tag{7.11}$$

表 7.7 量化的 GSI 图表

岩体结构	结构面特征				
	很好：十分粗糙，新鲜，未风化（14.4<SCR<18）	好：粗糙，微风化，表面有铁锈（10.8<SCR<14.4）	一般：光滑，弱风化，有蚀变现象（7.2<SCR<10.8）	差：有镜面擦痕，强风化，有密实的膜覆盖或者有棱角状碎屑充填（3.6<SCR<7.2）	很差：有镜面擦痕，强风化，有软黏土膜或者黏土充填的结构面（0<SCR<3.6）
完整或者块状结构：完整岩体或者野外大体积范围内分布有极少的间距大的结构面（80<SR<100）	90	80		N/A	N/A
块状结构：很好的镶嵌状未扰动岩体，有三组相互正交的节理面切割，岩体呈立方体块状（60<SR<80）		70 60			
镶嵌结构：结构体相互咬合，由四组或者更多组的节理形成多面棱角状岩块，部分扰动（40<SR<60）			50 40		
破碎结构：由多组不连续面相互切割，形成棱角状岩块，且经历了褶曲活动，层面或者片理面连续（20<SR<40）				30	20

续表 7.7

岩体结构	结构面特征				
	很好：十分粗糙，新鲜，未风化（14.4<SCR<18）	好：粗糙，微风化，表面有铁锈（10.8<SCR<14.4）	一般：光滑，弱风化，有蚀变现象（7.2<SCR<10.8）	差：有镜面擦痕，强风化，有密实的膜覆盖或者有棱角状碎屑充填（3.6<SCR<7.2）	很差：有镜面擦痕，强风化，有软黏土膜或者黏土充填的结构面（0<SCR<3.6）
散体结构：块体间结合程度差，岩体极度破碎，呈混合状，有棱角状和浑圆状岩块组成（0<SR<20）					10

表 7.8　结构面特征评分标准

粗糙度	R_r 评分值	风化程度	R_w 评分值	充填物状况	R_f 评分值
很粗糙	6	未风化	6	无	6
粗糙	5	微风化	5	硬质充填厚度<5 mm	4
较粗糙	3	弱风化	3	硬质充填厚度>5 mm	2
光滑	1	强风化	1	软弱充填厚度<5 mm	2
镜面擦痕	0	全风化	0	软弱充填厚度>5 mm	0

而岩体结构等级 SR 值是利用体积节理数 J_V，通过半对数表（见图 7.17）取值。SR 的值介于 0~100，根据表 7.7 将 SR 划分为 5 种结构类型边界。

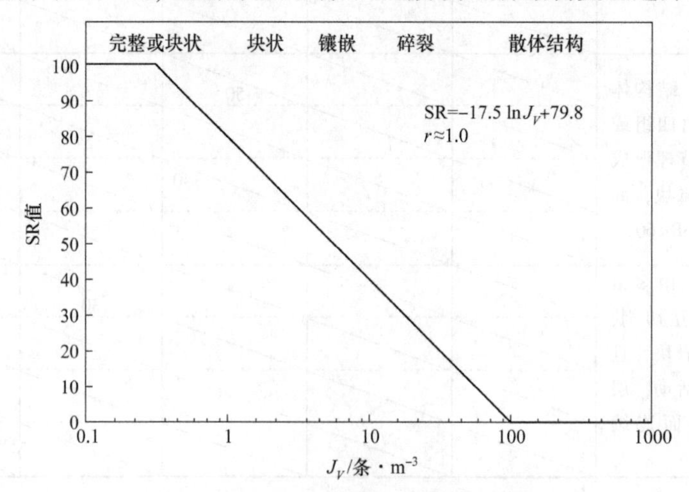

图 7.17　岩体结构等级 SR 取值分布图

7.4.2.3 基于 Hoek-Brown 强度准则的节理岩体强度估算方法

强度准则的首要目标是估算岩体的强度，将式（7.6）中 $\sigma_3=0$ 即可得到岩体单轴抗压强度的表达式：

$$\sigma_{cm}=\sigma_{ci}s^{\alpha} \tag{7.12}$$

而关于岩体的抗拉强度公式的表达，Hoek（1988）在文章中提出对于脆性岩石材料，单轴抗拉强度等于双轴抗拉强度，因此可由式（7.6）中假定 $\sigma_1=\sigma_3=\sigma_t$ 求得岩体的抗拉强度为：

$$\sigma_t=-\frac{s\sigma_{ci}}{m_b} \tag{7.13}$$

变形模量是描述岩体变形特性的重要参数，可通过现场荷载试验确定，但由于周期长、费用高，大量应用较为困难。1988 年，Hoek 等人在研究 Hoek-Brown 准则时也对岩体的变形模量进行了求解，首先建立了单轴抗压强度小于 100 MPa 时的岩体变形模量公式：

$$E_m=\sqrt{\frac{\sigma_{ci}}{100}}10^{(\mathrm{GSI}-10)/40} \tag{7.14}$$

2002 年，Hoek 对其进行了改进，引入扰动系数 D，获得岩体变形模量公式：

$$\begin{cases}E_m=\left(1-\dfrac{D}{2}\right)\sqrt{\dfrac{\sigma_{ci}}{100}}10^{(\mathrm{GSI}-10)/40} & (\sigma_{ci}\leqslant 100\ \mathrm{MPa})\\ E_m=\left(1-\dfrac{D}{2}\right)10^{(\mathrm{GSI}-10)/40} & (\sigma_{ci}>100\ \mathrm{MPa})\end{cases} \tag{7.15}$$

2006 年，岩体变形模量再次被修正，公式如下：

$$E_{rm}(\mathrm{MPa})=E_i\left(0.02+\frac{1-D/2}{1+e^{(60+15D-\mathrm{GSI})/11}}\right) \tag{7.16}$$

式中，E_m、E_{rm} 为岩体变形模量，但是单位不同，两者单位分别是 GPa 和 MPa；E_i 为完整岩石的弹性模量，MPa。

由于大多数岩土力学计算软件仍然使用 Mohr-Coulomb（MC）破坏准则，但是由于岩体在高应力作用下常表现出非线性的破坏特征，这就导致了数值分析受到限制。为了适应传统分析方法的需要，有必要将 Hoek-Brown 准则参数转化为 Morh-Coulomb 强度准则参数 c、φ。目前，使用 Hoek-Brown 准则求解 c、φ 的方法有两种：

方法一：由摩尔-库仑强度准则，设 φ 为岩体的内摩擦角，c 为内聚力，则有

$$\sin\varphi=\frac{\sigma_1-\sigma_3}{\sigma_1+\sigma_3+2c\cot\varphi} \tag{7.17}$$

$$即\ \sigma_1 = \frac{1+\sin\varphi}{1-\sin\varphi}\sigma_3 + \frac{2c\cos\varphi}{1-\sin\varphi} \tag{7.18}$$

当估计节理化岩体强度与力学参数时，我们由已确定的该岩体所遵循的 Hoek-Brown 方程（式（7.6）），当 $0 < \sigma_3 < \frac{\sigma_{ci}}{4}$，用直线近似地拟合该岩体所遵循的 Hoek-Brown 准则，这可用回归分析得到该岩体所遵循的 Hoek-Brown 准则的直线表示形式：

$$\sigma_1 = k\sigma_3 + b \tag{7.19}$$

由式（7.18）和式（7.19）相对比，可得

$$k = \frac{1+\sin\varphi}{1-\sin\varphi};\ b = \frac{2c\cos\varphi}{1-\sin\varphi} \tag{7.20}$$

由式（7.20）可反求出该岩体的内聚力 c、内摩擦角 φ。

方法二：Hoek-Brown 准则 2002 版给出 c、φ 公式如下：

$$\varphi = \sin^{-1}\left[\frac{6\alpha m_b(s+m_b\sigma_{3n})^{\alpha-1}}{2(1+\alpha)(2+\alpha)+6\alpha m_b(s+m_b\sigma_{3n})^{\alpha-1}}\right] \tag{7.21}$$

$$c = \frac{\sigma_{ci}[(1+2\alpha)s+(1-\alpha)m_b\sigma_{3n}](s+m_b\sigma_{3n})^{\alpha-1}}{(1+\alpha)(2+\alpha)\sqrt{1+\frac{6\alpha m_b(s+m_b\sigma_{3n})^{\alpha-1}}{(1+\alpha)(2+\alpha)}}} \tag{7.22}$$

式中，$\sigma_{3n} = \frac{\sigma_{3\max}}{\sigma_{ci}}$，而 $\sigma_{3\max}$ 项为 HB 准则与 MC 准则关系限制应力的上限值，在边坡工程中，计算公式定义为：

$$\sigma_{3\max} = 0.72\left(\frac{\sigma'_{cm}}{\rho g H}\right)^{-0.91} \tag{7.23}$$

式中，ρ 为岩体的密度，kg/m^3；g 为重力加速度，取 $9.8\ m/s^2$；H 为边坡的高度，m；σ'_{cm} 为岩体的整体强度。当 $\sigma_t < \sigma_3 < 0.25\sigma_{ci}$ 时，则：

$$\sigma'_{cm} = \frac{\sigma_{ci}[m_b+4s-\alpha(m_b-8s)](s+m_b/4)^{\alpha-1}}{2(1+\alpha)(2+\alpha)} \tag{7.24}$$

7.4.2.4　岩体质量分级

由岩体结构面参数可计算岩体完整性系数，计算式如下：

$$\begin{cases} K_v = 1.0 - 0.083J_V & (J_V \leqslant 3) \\ K_v = 0.75 - 0.029(J_V - 3) & (3 \leqslant J_V \leqslant 10) \\ K_v = 0.55 - 0.02(J_V - 10) & (10 \leqslant J_V \leqslant 20) \\ K_v = 0.35 - 0.013(J_V - 20) & (20 \leqslant J_V \leqslant 35) \\ K_v = 0.15 - 0.0075(J_V - 35) & (J_V > 35) \end{cases} \tag{7.25}$$

式中，J_V 为岩体体积节理数，指单位体积内所含节理（结构面）条数，可以用下式计算：

$$J_V = N_1/L_1 + N_2/L_2 + \cdots + N_n/L_n \tag{7.26}$$

式中，L_1，L_2，…，L_n 为垂直于结构面的测结长度；N_1，N_2，…，N_n 为同组结构面的数目。

$$BQ = 90 + 3R_c + 250K_v \tag{7.27}$$

根据岩体结构特征和基本质量指标，参考表7.9分级标准，并结合岩体GSI分级指标，可对中关铁矿的矿体、灰岩和闪长岩岩体的稳定性进行分级评价。

表7.9 岩体基本质量分级标准表

基本质量级别	岩体基本质量的定性特征	岩体的基本质量指标BQ
Ⅰ	岩石极坚硬，岩体完整	>550
Ⅱ	岩石极坚硬~坚硬，岩体较完整； 岩石较坚硬，岩体完整	550~450
Ⅲ	岩石极坚硬~坚硬，岩体较破碎； 岩石较坚硬或软硬互层，岩体较完整； 岩石为较软岩，岩体完整	450~350
Ⅳ	岩石极坚硬~坚硬，岩体破碎； 岩石较坚硬，岩体较破碎~破碎； 岩石较软或软硬互层软岩为主，岩体较完整~较破碎； 岩石为软岩，岩体完整~较完整	350~250
Ⅴ	较软岩，岩体破碎； 软岩，岩体较破碎或破碎； 全部极软岩及全部极破碎岩	<250

7.4.2.6 中关铁矿岩体强度参数计算及岩体质量分级

对中关铁矿矿体、闪长岩和灰岩进行了不同含水状态及不同浸水时间条件下的岩体强度参数计算，其中矿体主要计算天然与饱水状态下岩体的强度，闪长岩和灰岩分别计算天然状态、饱水状态、浸水1 d、浸水7 d、浸水14 d、浸水30 d、浸水60 d和浸水90 d条件下岩体的强度，并对计算出的岩体进行岩体质量分级及相应评价。

具体计算时，根据各测点矿体、灰岩及闪长岩的单轴抗压强度试验结果和直剪试验结果，结合统计出的结构面信息，依据Hoek-Brown强度准则及广义修正Hoek-Brown强度准则，对矿体及岩体进行岩体强度参数分析及岩体质量分级，计算时选用的基本参数见表7.10，所得中关铁矿矿体、灰岩及闪长岩岩体强度及分级情况见表7.11。计算出的岩体强度为堵水帷幕稳定性分析提供数据依据。

表 7.10　岩体质量计算参数汇总表

岩性	浸水时间	岩石单轴抗压强度/MPa	m_i	D	GSI	节理体密度 J_V /条 · m^{-3}
矿体	饱水	100.4	9	0.7	70	5.85
灰岩	饱水	71.16	10	0.7	60	2.64
	浸水 1 d	68.91	10	0.7	60	2.64
	浸水 7 d	67.36	10	0.7	60	2.64
	浸水 14 d	64.9	10	0.7	60	2.64
	浸水 30 d	58.55	10	0.7	60	2.64
	浸水 60 d	45.02	10	0.7	60	2.64
	浸水 90 d	43.7	10	0.7	60	2.64
闪长岩	饱水	148.38	30	0.7	50	2.48
	浸水 1 d	141.9	30	0.7	50	2.48
	浸水 7 d	135.6	30	0.7	50	2.48
	浸水 14 d	131	30	0.7	50	2.48
	浸水 30 d	101.88	30	0.7	50	2.48
	浸水 60 d	92.37	30	0.7	50	2.48
	浸水 90 d	90.2	30	0.7	50	2.48

表 7.11　中关铁矿岩体强度及质量分级表

岩性	浸水时间	岩体抗压强度 σ_c /MPa	弹性模量 E/GPa	凝聚力 c/MPa	摩擦角 φ/(°)	BQ 值	岩体质量等级
矿体	天然状态	21.92	23.46	3.571	44.93	491.55	Ⅱ
	饱水状态	19.338	20.55	3.128	39.35	446.43	Ⅲ
灰岩	天然状态	10.648	10.12	1.497	39.10	405.48	Ⅲ
	饱水状态	10.256	9.75	1.442	37.66	398.96	Ⅲ
	浸水 1 d	9.931	9.59	1.42	37.41	393.56	Ⅲ
	浸水 7 d	9.708	9.49	1.405	37.24	389.84	Ⅲ
	浸水 14 d	9.353	9.31	1.381	36.95	383.936	Ⅲ
	浸水 30 d	8.438	8.84	1.318	36.15	368.696	Ⅲ
	浸水 60 d	6.488	7.76	1.171	34.11	336.224	Ⅳ
	浸水 90 d	6.298	7.64	1.156	33.88	333.056	Ⅳ

续表 7.11

岩性	浸水时间	岩体抗压强度 σ_c /MPa	弹性模量 E/GPa	凝聚力 c/MPa	摩擦角 φ/(°)	BQ 值	岩体质量等级
闪长岩	天然状态	30.353	7.31	2.839	50.84	568.253	Ⅰ
	饱水状态	26.985	6.5	2.524	45.20	534.733	Ⅱ
	浸水 1 d	25.807	6.5	2.484	44.86	520.736	Ⅱ
	浸水 7 d	24.661	6.5	2.444	44.51	507.128	Ⅱ
	浸水 14 d	24.37	6.5	2.433	44.41	497.192	Ⅱ
	浸水 30 d	18.528	6.5	2.207	42.27	434.293	Ⅲ
	浸水 60 d	16.799	6.25	2.132	41.49	413.751	Ⅲ
	浸水 90 d	16.404	6.14	2.114	41.31	409.064	Ⅲ

由表 7.11 可见，矿体的抗压强度由天然状态的 21.92 MPa 下降到饱水状态的 19.338 MPa，下降幅度为 13.35%；弹性模量由天然状态的 23.46 GPa 下降到饱水状态的 20.55 GPa，下降幅度为 14.16%；岩体基本质量指标 BQ 值由天然状态的 491.55 下降到饱水状态的 446.43，矿体基本质量级别由Ⅱ降为Ⅲ级。灰岩的抗压强度由天然状态的 10.648 MPa 下降到饱水状态的 10.256 MPa，下降幅度为 3.82%；弹性模量由天然状态的 10.12 GPa 下降到饱水状态的 9.75 GPa，下降幅度为 3.79%；岩体基本质量指标 BQ 值由天然状态的 405.48 下降到饱水状态的 398.96，岩体的基本质量级别为Ⅲ级；当浸水时间由 1 d 增加到 30 d 时，灰岩的抗压强度由 9.931 MPa 下降到 8.438 MPa，弹性模量由 9.59 GPa 下降到 8.84 GPa，岩体基本质量指标 BQ 值由 393.56 下降到 368.696，相应的岩体基本质量级别均为Ⅲ级；当浸水时间由 30 d 增加到 90 d 时，灰岩的抗压强度由 8.438 MPa 下降到 6.298 MPa，弹性模量由 8.84 GPa 下降到 7.64 GPa，岩体基本质量指标 BQ 值由 368.696 下降到 333.056，相应的岩体基本质量级别由Ⅲ级下降到Ⅳ级。闪长岩抗压强度由天然状态的 30.353 MPa 下降到饱水状态的 26.985 MPa，下降幅度为 12.48%；弹性模量由天然状态的 7.31 GPa 下降到饱水状态的 6.5 GPa，下降幅度为 12.46%；岩体基本质量指标 BQ 值由天然状态的 568.253 降到饱水状态的 534.733，岩体的基本质量级别由Ⅰ级下降到Ⅱ级；当浸水时间由 1 d 增加到 30 d 时，闪长岩的抗压强度由 25.807 MPa 下降到18.528 MPa，岩体基本质量指标 BQ 值由 520.736 下降到 434.293，相应的岩体基本质量级别由Ⅱ级下降到Ⅲ级；当浸水时间由 30 d 增加到 90 d 时，闪长岩的抗压强度由 18.5287 MPa 下降到 16.404 MPa，岩体基本质量指标 BQ 值由 434.293 下降到 409.064，相应的岩体基本质量级别仍为Ⅲ级。综合上述分析可知，含水状态及浸水时间不仅对岩体的强度及变形参数产生影响，对岩体的基本质量级别同样产生重要影响。

7.5　堵水帷幕稳定性初步研究

7.5.1　帷幕工程概况

帷幕线位置的确定由三个主要因素决定：一是矿区水文地质条件及矿体赋存条件；二是最大限度地利用矿产资源；三是结合采矿工程布置情况。帷幕线位置南起 1~2 线，北至-6~7 线，南北长 1090 m。原则上按充填采矿法错动线与+100 m 线交线外推 20 m 确定帷幕位置。

确定东西两侧的帷幕位置时考虑了矿权范围、煤矿采区、村庄等因素的影响，其最大宽度为 850 m，平面上形成环形全封闭的帷幕，帷幕线全长 3397 m。帷幕顶部标高为 100 m，底部以隔断含水岩层为原则，一般延深至闪长岩以下 10 m。尽可能多圈矿体，施工前先探明采区东南侧煤矿采空区的准确位置，根据采空区的具体情况核定帷幕位置，确定施工方法。帷幕底界标高为-568~-96 m，平均为-292.15 m。注浆钻孔间距为 12 m，平均深度为 523.92 m，最小孔深为 321 m，最大孔深为 810 m，孔深大于 600 m 的约占 30.8%。根据矿区水文地质条件，用数值法计算矿坑涌水量，当帷幕厚度为 10 m 时，堵水率要达到 80%，堵水帷幕三维数字化模型如图 7.18 所示。华北有色工程勘察院用均衡法计算注浆帷幕的平均渗透系数 $K=0.061$ m/d。

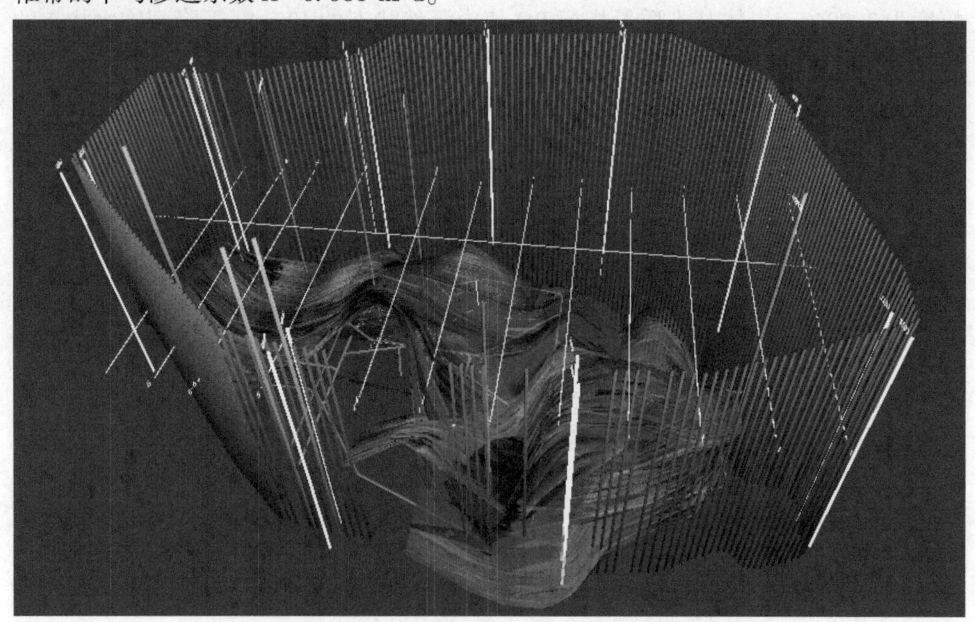

图 7.18　堵水帷幕三维数字化模型示意图

7.5.2 模型建立

7.5.2.1 三维模型建立

根据矿区的钻孔数据和其他相关的水文地质、工程地质资料，建立矿区的三维地质力学模型。该矿矿体形态极不规则，起伏比较大，矿层厚度一般为 38 m，最大厚度达 193.06 m，埋深为 300~500 m。矿体走向为北东 10°~14°，倾向南东，倾角为 5°~15°，局部为 30°~40°。矿区地层岩性自上而下为：第四系黏土砾石层、石炭—二叠系砂页岩、中奥陶系石灰岩、大理岩、燕山期闪长岩。其中奥陶系中统灰岩为矿床的直接顶板，其裂隙岩溶发育，富水性强，为矿区主要含水层，灰岩以下的燕山期闪长岩为矿床隔水层。上覆第四系及石炭、二叠系均为相对隔水层。石炭系、二叠系及新生界第四系分层较薄，对渗流应力耦合计算的影响较小，为了简化模型，将它们整合到灰岩中，最终，依据勘探线剖面图，将模型自上而下分为灰岩、矿体和闪长岩。由于计算机计算性能及软件划分有限元网格要求的限制，需将地质模型简化成能用于计算的力学模型，简化后模型的边界尺寸长 2500 m、宽 2000 m、高 850 m，y 轴正方向所指为正北方向。模型共划分了 41782 个四面体单元，最终得到的三维地质模型、简化后的三维地质模型和力学计算模型分别如图 7.19~图 7.21 所示。

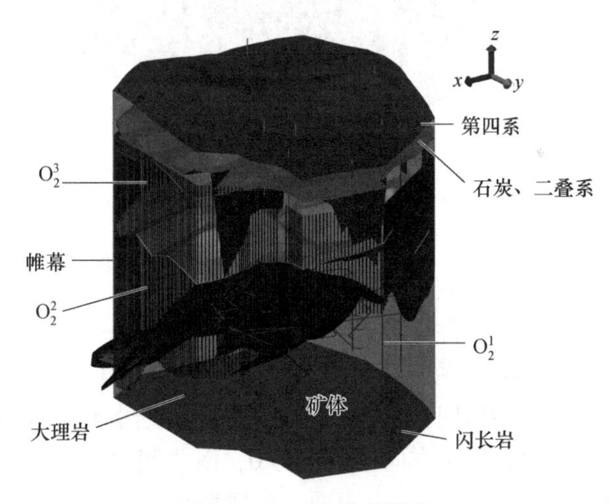

图 7.19 三维地质模型

7.5.2.2 模型边界条件设置

为了能够模拟疏干排水和开采扰动对堵水帷幕稳定性的影响，将计算模型分三种工况：工况 1，模型中考虑帷幕防水情况，在地下水自然流动情况下，分析帷幕内外应力分布；工况 2，在第一种工况的基础上，帷幕内疏干排水，分析降水引起的应力重分布；工况 3，在第二种工况的基础上开挖矿体，分析疏干排水

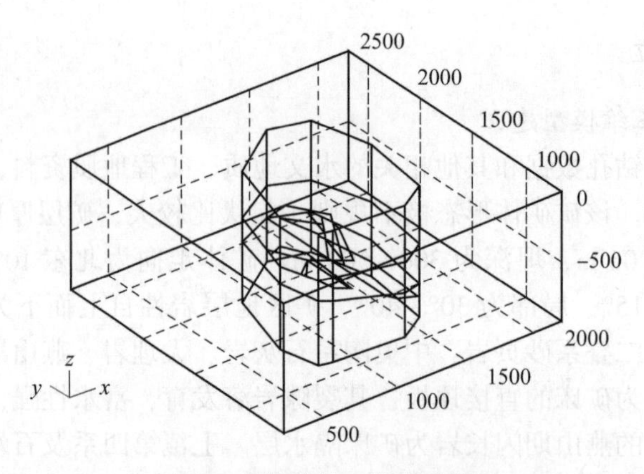

图 7.20　简化的三维地质模型

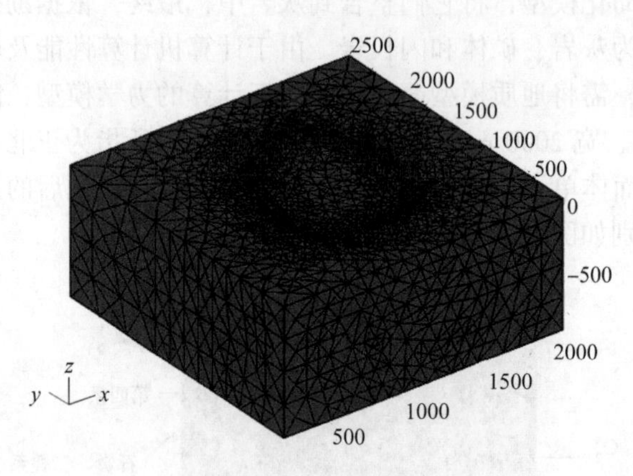

图 7.21　三维力学模型

与矿体开采耦合作用引起的应力重分布情况。

渗流场作用下的边界条件设定为：西侧边界为定水头-80 m，东侧边界为定水头-100 m；南、北侧边界为零通量；模型的顶面为大气表面，相对压力为零，底面距采空区较远，岩性为闪长岩，将该面假定为不透水面。重力场作用下的边界条件为：东西侧边界预定 x 方向的位移为 0，南北侧边界预定 y 方向的位移为 0，模型顶面为地表面，可设为自由表面，底面埋深较深且距采空区较远，可设为固定面。

7.5.2.3　*岩体物理力学参数*

帷幕施工完成后，假设疏干排水和开采扰动没有对帷幕外围岩产生影响，同时假设地下水不会对帷幕体的强度产生弱化作用，则可通过室内岩石物理力学试验，结合现场岩体宏观调查分析确定帷幕外围岩及帷幕体的物理力学参数，计算模型中帷幕及帷幕外岩体采用的岩体物理力学参数，见表 7.12。

表 7.12　岩体物理力学参数

岩性	密度/g·cm^{-3}	抗压强度/MPa	弹性模量/GPa	泊松比
灰岩	2.629	10.65	10.12	0.27
矿体	3.574	21.90	23.46	0.19
帷幕	2.500	20.00	50.00	0.24
闪长岩	2.648	30.35	7.31	0.24

帷幕完成后，将在帷幕区域内进行开采活动，开采活动势必会对帷幕区域内的围岩产生损伤弱化作用，同时，帷幕内受开采扰动的围岩在地下水长期浸泡下，加剧了帷幕内受开采扰动围岩的弱化作用，而这种损伤弱化作用将会对帷幕的稳定性产生不利影响。通过室内不同浸水时间的饱水岩石的物理力学试验，结合现场岩体宏观调查分析结果，确定了浸水时间分别为 1 d、7 d、14 d、30 d、60 d 和 90 d 的帷幕内岩体的物理力学参数，计算模型中帷幕内岩体采用的岩体物理力学参数，见表 7.13。

表 7.13　帷幕内岩体物理力学参数

岩性	浸水时间	密度/g·cm^{-3}	抗压强度/MPa	弹性模量/GPa	泊松比
矿体	天然状态	3.574	21.92	23.46	0.19
	饱水状态	3.590	19.338	20.55	0.21
灰岩	天然状态	2.629	10.648	10.12	0.27
	饱水状态	2.629	10.256	9.75	0.27
	浸水 1 d	2.631	9.931	9.59	0.28
	浸水 7 d	2.630	9.708	9.49	0.28
	浸水 14 d	2.630	9.353	9.31	0.28
	浸水 30 d	2.630	8.438	8.84	0.28
	浸水 60 d	2.630	6.488	7.76	0.29
	浸水 90 d	2.630	6.298	7.64	0.29
闪长岩	天然状态	2.648	30.353	7.31	0.24
	饱水状态	2.658	26.985	6.5	0.25
	浸水 1 d	2.656	25.807	6.5	0.26
	浸水 7 d	2.656	24.661	6.5	0.27
	浸水 14 d	2.656	24.37	6.5	0.28
	浸水 30 d	2.656	18.528	6.5	0.30
	浸水 60 d	2.656	16.799	6.25	0.31
	浸水 90 d	2.656	16.404	6.14	0.31

7.5.3 模拟结果及分析

7.5.3.1 初始应力场分析

在三维力学模型的基础上，根据上述确定的岩体物理力学参数，采用 COMSOL Multiphysics 多物理场分析软件对初始应力场进行计算。计算后的应力场分布如图 7.22 所示。

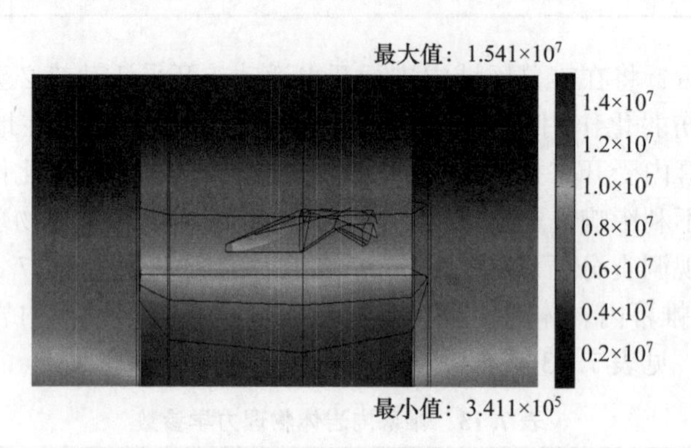

图 7.22　初始条件下 Von Mises 应力分布图

从图 7.22 的 Von Mises 应力分布图可以看出，帷幕内外的应力基本呈层状分布，并且随着帷幕体垂直深度的增加应力呈逐渐递增趋势。随着深度的增加，在帷幕体与围岩接触区域应力集中现象趋于明显，在−170 m 和−230 m 两个水平截面之间，帷幕内外两侧的压力差比较大，这个位置对应灰岩，由于灰岩的透水性高于周围岩体，使其对水压分布的影响也较为明显。在帷幕的终端处，帷幕与其内侧接触的围岩处出现了高应力集中区，帷幕内外的应力差值约为 5 MPa，产生这种现象的原因可以从地质情况得到解释，此处灰岩与闪长岩分为上下两层，由于灰岩为强透水层而闪长岩为隔水层，同时由于注浆帷幕体的刚度与其接触的围岩刚度的差异较大，所以在该处形成了高应力集中区。

7.5.3.2 疏干排水后帷幕稳定性分析

当进行矿体开采前，需对帷幕内围岩进行疏干排水。当帷幕内水位下降到−170 m 和−230 m 水平时，帷幕内外产生 0.9~1.3 MPa 的水压差，从而在帷幕体上产生附加作用力。根据矿体与帷幕的相对位置关系，选取典型的观察线剖面进行分析，选取的观察线位置如图 7.23 所示。

其中Ⅰ线和Ⅱ线的剖切面均为矿体与帷幕相对较近的位置。疏干排水后Ⅰ线剖面和Ⅱ线剖面的应力场和应力曲线分布如图 7.24 和图 7.25 所示。

从图 7.24 和图 7.25 的 Von Mises 应力分布图及应力分布曲线可以看出，降水后在帷幕上产生明显的应力集中现象。从图 7.24 可以看出，当帷幕内水位下降到−170 m 和−230 m 时，在Ⅰ线剖面的帷幕内外分别形成 2.8 MPa 和 3.0 MPa

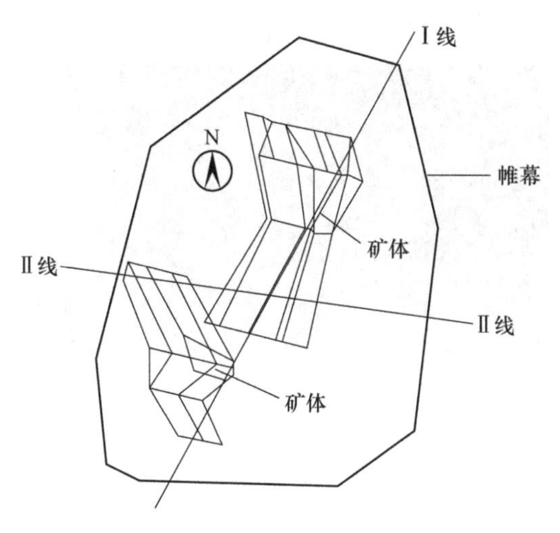

图 7.23 剖切线位置图

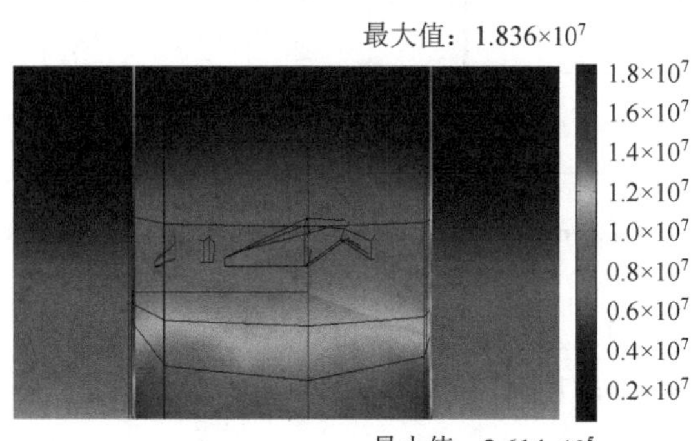

(a)

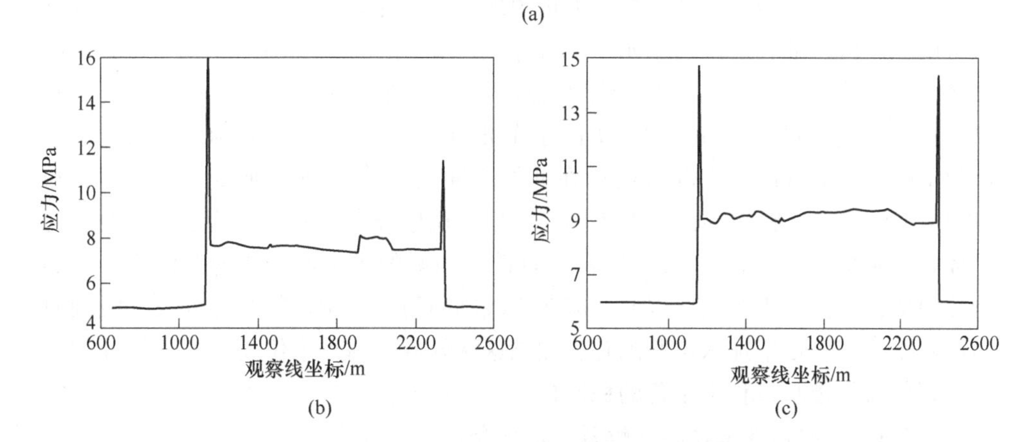

(b) (c)

图 7.24 水压影响下Ⅰ线 Von Mises 应力分布

(a) Ⅰ线 Von Mises 应力分布图；(b) −170 m 中段 Von Mises 应力曲线；(c) −230 m 中段 Von Mises 应力曲线

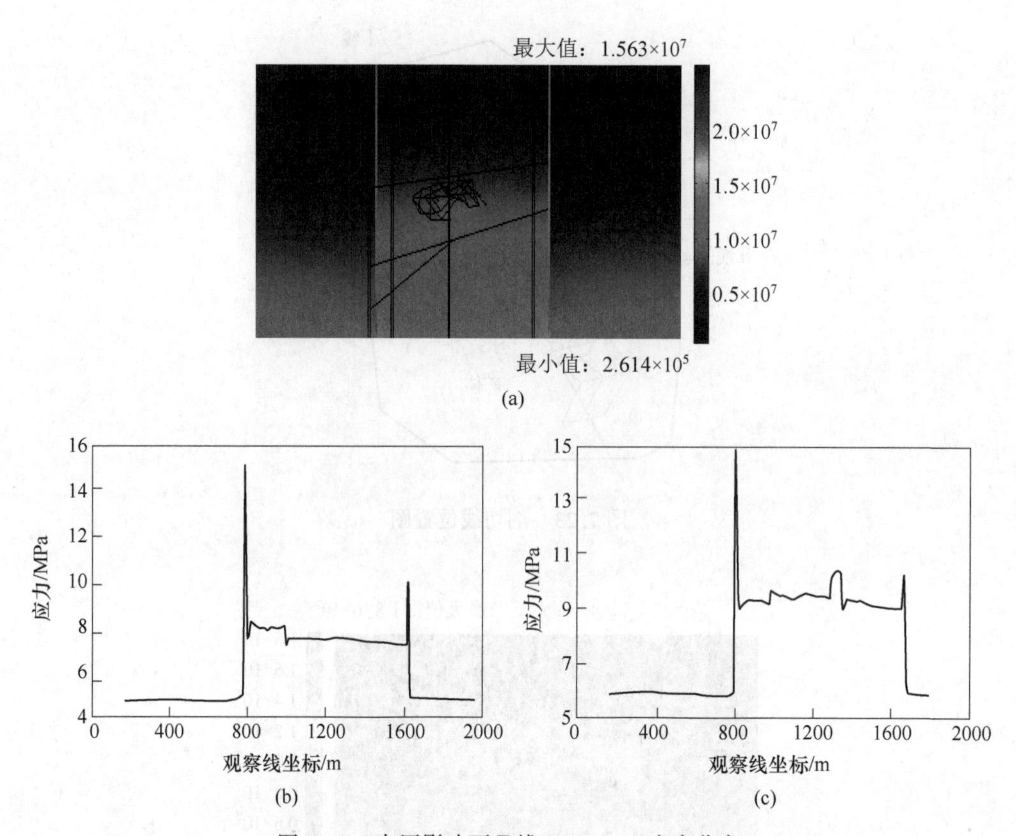

图 7.25　水压影响下Ⅱ线 Von Mises 应力分布

(a) Ⅱ线 Von Mises 应力分布图；(b) −170 m 中段 Von Mises 应力曲线；(c) −230 m 中段 Von Mises 应力曲线

的应力差，帷幕体西南侧产生的应力集中现象较东北侧明显，这是因为堵水帷幕施工前，矿区西部和西南的来水，都经中关铁矿向东汇集于凤凰山降落漏斗区，并经人工开采方式排泄于地表，帷幕完成后，由于地下水在矿区处的流动受到帷幕的拦截，使得帷幕西南侧的水头高于东北侧；从图 7.25 可以看出，当帷幕内水位下降到−170 m 和−230 m 时，在Ⅱ线剖面的帷幕内外分别形成 2.8 MPa 和 3 MPa 的应力差，帷幕体西侧产生的应力集中现象较东侧明显，这是因为西侧的矿体距离帷幕大约只有 50 m 的距离，且矿区西侧的来水经矿体向东汇集，使得帷幕西侧的水位高于东侧。因此，应在Ⅰ线剖面与南侧帷幕的交界处及Ⅱ线剖面与西侧帷幕交界处增加水位监测孔，加强这两处帷幕内外水位动态变化情况的监测，评估疏干排水过程中帷幕的稳定性。

7.5.3.3　*矿体开采过程中帷幕稳定性分析*

矿体开采过程中，仍需进行不断地疏干排水，由上一步的计算可知，疏干排水后在帷幕内外两侧存在较大的应力集中现象，所以这一步计算中主要分析在疏干排水和开采扰动耦合作用下帷幕体的稳定性。矿体开采后，将使帷幕内外两侧、帷幕与围岩接触区域及采空区附近存在较大的应力集中现象。由于矿床顶板为奥陶系中统石灰岩，底板为燕山期闪长岩，矿床直接赋存于奥陶系中统石灰岩之下，该含水层厚度大、分布广、富水性强，矿区地下水具有丰富的动、静储量，水文地质条件复杂。在矿体开采过程中即使采取了疏干排水措施，但由于围岩渗透的区域性与放水孔设计合理性，可能存在帷幕内静储量不能完全疏干的情况。堵水帷幕并不能完全堵截地下水向帷幕内涌入，同时，由于导水断裂破碎带和断层的存在，或导水断裂破碎带与断裂破碎带相连通形成涌水通道，增强了各含水带间的水力联系，形成了一定的径流条件，建立了中部灰岩含水层和下部蚀变闪长岩的水力联系。综合上述分析可知，由于帷幕区水文地质条件的复杂性和堵水帷幕堵水效果的不完全有效性，使得在矿体开采过程中即使采取了疏干排水措施，帷幕内部分围岩仍处于含水状态或饱水状态，这也可以从巷道顶板和工作面淋雨状或涌流状出水得到证明。浸水时间的增加和开采扰动势必会对帷幕内围岩的强度和稳定性产生不利影响，反过来，帷幕内围岩强度和稳定性的降低同样会对帷幕的稳定性产生影响。

为了更清楚地反映浸水时间的增加和开采扰动耦合作用对堵水帷幕稳定性的影响，采用表 7. 11、表 7. 12 中的岩体物理力学参数，选取与帷幕稳定性关系密切的观察线（所选取的观察线与帷幕的位置关系如图 7. 23 所示），分别对帷幕内岩体在天然状态，饱水状态，浸水时间为 1 d、7 d、14 d、30 d、60 d 和 90 d 条件下的帷幕区域应力场的分布情况进行分析。

天然状态下，矿体开采过程中Ⅰ线剖面和Ⅱ线剖面的应力场和应力曲线分别如图 7. 26 和图 7. 27 所示。

由图 7. 26 和图 7. 27 的 Von Mises 应力分布图及应力分布曲线可以看出，矿区内大部分区域的应力在 15 MPa 以下，在Ⅰ线剖面与矿体南侧帷幕的交界处、Ⅱ线剖面与矿体西侧帷幕交界处及开挖边界处应力集中现象明显，在开挖两侧临空面上出现高应力区，最高应力达 23. 5 MPa，而在开采工作面的顶底板处出现

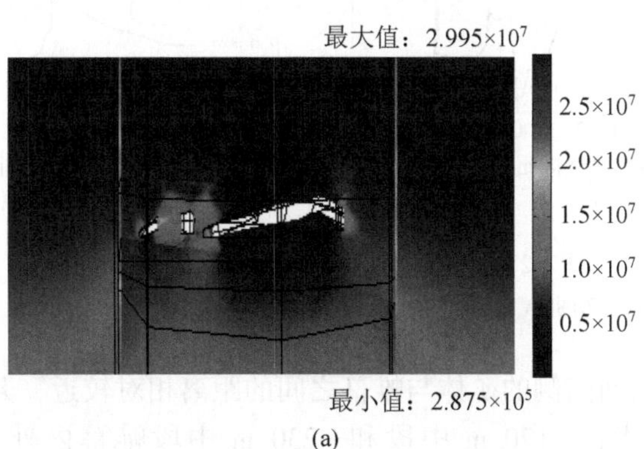

(a)

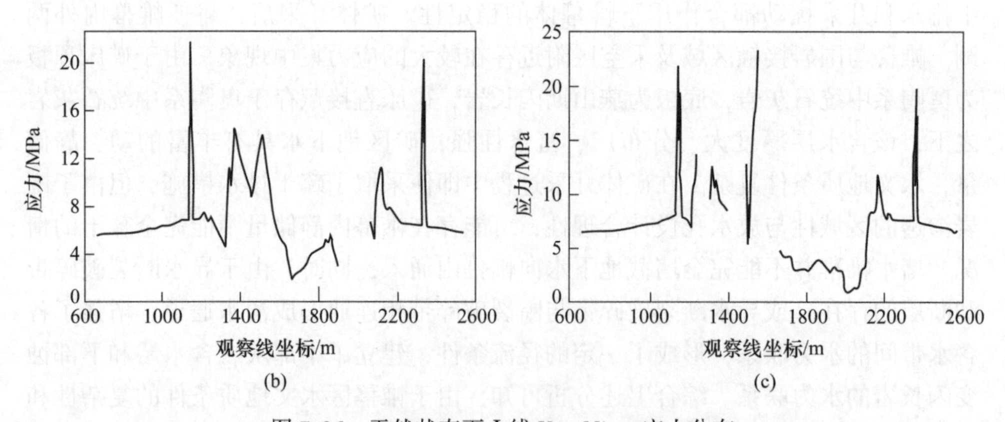

图 7.26　天然状态下Ⅰ线 Von Mises 应力分布

(a) Ⅰ线 Von Mises 应力分布图；(b) −170 m 中段 Von Mises 应力曲线；(c) −230 m 中段 Von Mises 应力曲线

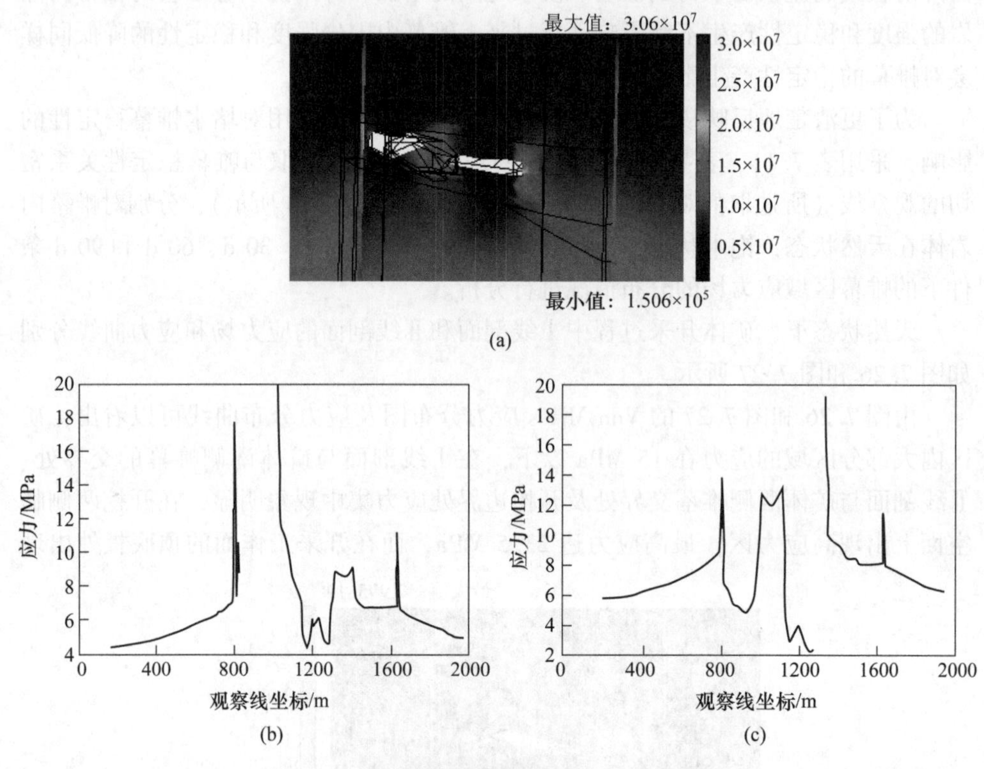

图 7.27　天然状态下Ⅱ线 Von Mises 应力分布

(a) Ⅱ线 Von Mises 应力分布图；(b) −170 m 中段 Von Mises 应力曲线；(c) −230 m 中段 Von Mises 应力曲线

低应力区。Ⅰ线剖面南侧的矿体与帷幕之间的距离相对较近，开采引起的应力扰动对帷幕影响较大，−170 m 中段和−230 m 中段帷幕内外的应力差分别为

0.31 MPa 和 0.28 MPa；Ⅱ线剖面西侧的矿体与帷幕的距离较近，由于矿体的开挖引起的应力扰动对帷幕的影响较大，使得临近采空区的帷幕的应力集中现象十分显著，-170 m 中段和-230 m 中段帷幕内外的应力差分别为 0.37 MPa 和 0.16 MPa。从上述的 Von Mises 应力曲线可以看出，在曲线中出现应力值向上突变，是因为剖面线落在采空区下方的边缘处，此处为应力集中区；曲线中应力值向下突变，是因为剖面线在采空区正下方的低应力区内。从上述曲线还可以看出，在帷幕外侧由于受到水压力的作用，其应力高于相应位置处帷幕内侧的应力值。以数值模型坐标为参照，西侧帷幕南北方向水平坐标 1300 m 到 1400 m、竖向坐标-90 m 到-230 m 区域内帷幕应力集中明显，为 15~29.9 MPa，是帷幕其他区域应力值的 2.1~3.2 倍；南侧帷幕东西方向水平坐标 800 m 到 900 m、竖向坐标-130 m 到-260 m 区域内帷幕应力集中较明显，为 15~30 MPa，是帷幕其他区域的 2~3 倍，这两个区域帷幕的稳定性受疏干排水和采矿活动的扰动明显，需要重点监测。

饱水状态下，矿体开采过程中Ⅰ线剖面和Ⅱ线剖面的应力分布曲线分别如图 7.28 和图 7.29 所示。

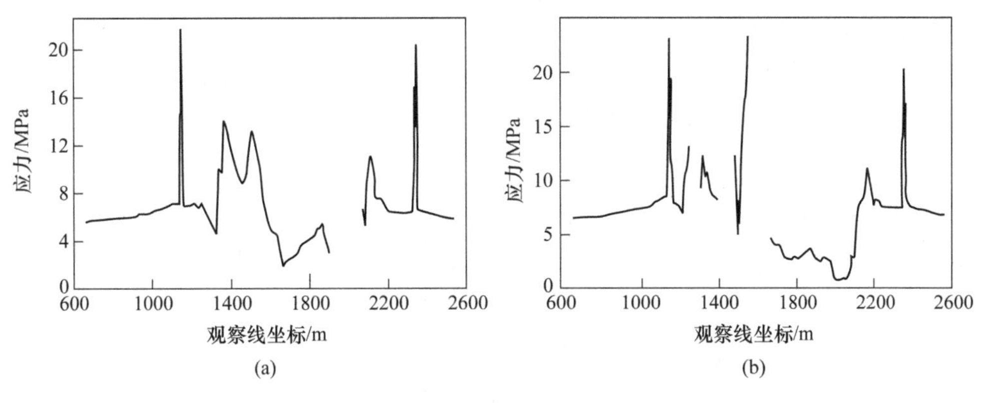

图 7.28　饱水状态下Ⅰ线 Von Mises 应力分布
（a）-170 m 中段 Von Mises 应力曲线；（b）-230 m 中段 Von Mises 应力曲线

由图 7.28、图 7.29 的 Von Mises 应力分布曲线可以看出，当帷幕内围岩处于饱水状态时，矿体开采过程中，使得帷幕与围岩接触区域及采空区附近存在较大的应力集中现象。由图 7.28 可以看出，在-170 m 和-230 m 中段，Ⅰ线剖面南侧与北侧帷幕内外的应力基本相同，但在帷幕与围岩接触区域产生了明显的应力集中现象。在-170 m 中段，Ⅰ线剖面南侧与北侧的帷幕与围岩接触区域的应力分别为 21.22 MPa 和 19.56 MPa；在-230 m 水平，Ⅰ线剖面南侧与北侧的帷幕与围岩接触区域的应力分别为 21.7 MPa 和 19.48 MPa。由图 7.29 可以看出，在-170 m 中段时，Ⅱ线剖面西侧与东侧帷幕内外的应力基本相同，西侧与东侧的

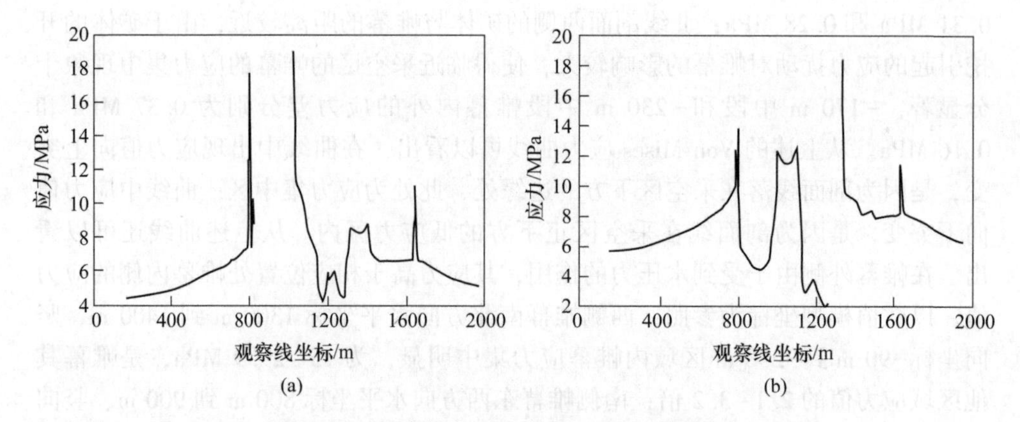

图 7.29　饱水状态下Ⅱ线 Von Mises 应力分布
（a）-170 m 中段 Von Mises 应力曲线；（b）-230 m 中段 Von Mises 应力曲线

帷幕与围岩接触区域的应力分别为 17.53 MPa 和 11.01 MPa；在-230 m 中段，Ⅱ线剖面西侧帷幕外侧的应力高于内侧，其内外应力差为 3.02 MPa，Ⅱ线剖面东侧帷幕内外应力基本相同；Ⅱ线剖面西侧与东侧的帷幕与围岩接触区域的应力分别为 13.24 MPa 和 11.4 MPa。

帷幕内饱水围岩浸水 1 d 后，矿体开采过程中Ⅰ线剖面和Ⅱ线剖面的应力分布曲线分别如图 7.30、图 7.31 所示。

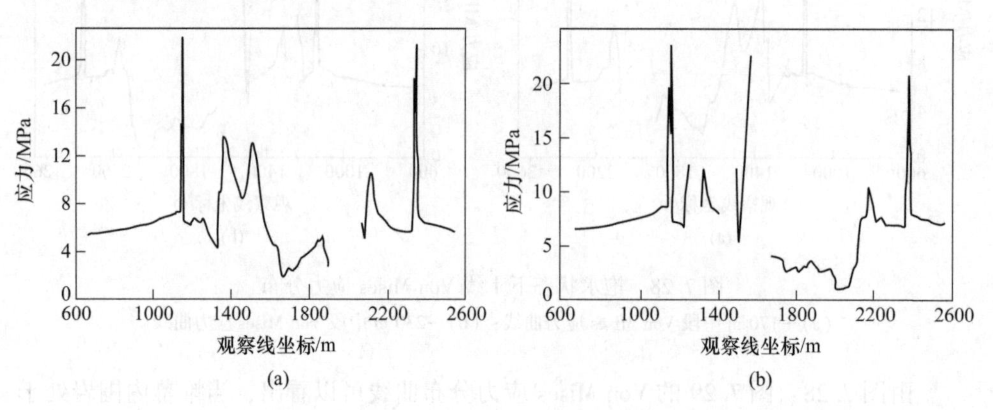

图 7.30　浸水 1 d 后Ⅰ线 Von Mises 应力分布
（a）-170 m 中段 Von Mises 应力曲线；（b）-230 m 中段 Von Mises 应力曲线

由图 7.30 和图 7.31 的 Von Mises 应力分布曲线可以看出，当帷幕内饱水围岩浸水 1 d 后，在矿体开采过程中，使得帷幕内外两侧、帷幕与围岩接触区域及采空区附近存在较大的应力集中现象。由图 7.30 可以看出，在-170 m 和-230 m 中段，Ⅰ线剖面南侧与北侧帷幕外侧的应力均高于帷幕内侧应力，其中Ⅰ线剖面南侧帷幕内外的应力差分别为 0.98 MPa 和 1.28 MPa，北侧帷幕内外的应力差分

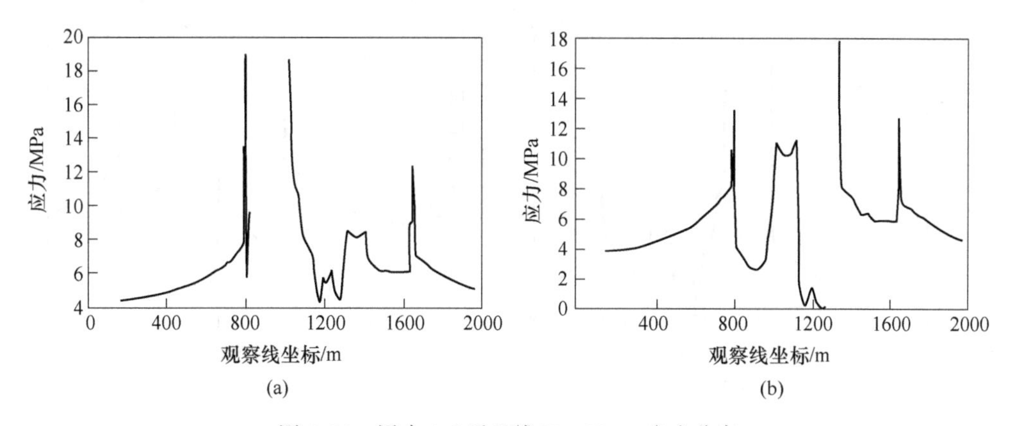

图 7.31 浸水 1 d 后Ⅱ线 Von Mises 应力分布

(a) -170 m 中段 Von Mises 应力曲线；(b) -230 m 中段 Von Mises 应力曲线

别为 1.08 MPa 和 1.05 MPa。在-170 m 中段，Ⅰ线剖面南侧与北侧的帷幕与围岩接触区域的应力分别为 21.98 MPa 和 20.68 MPa；在-230 m 中段，Ⅰ线剖面南侧与北侧的帷幕与围岩接触区域的应力分别为 22.15 MPa 和 20.33 MPa。由图 7.31 可以看出，在-170 m 和-230 m 中段，Ⅱ线剖面西侧与东侧帷幕外侧的应力均高于帷幕内侧应力，其中Ⅱ线剖面西侧帷幕内外的应力差分别为 0.82 MPa 和 2.98 MPa，东侧帷幕内外的应力差分别为 0.88 MPa 和 1.08 MPa。在-170 m 中段，Ⅱ线剖面西侧的帷幕与围岩接触区域的应力分别为 18.59 MPa 和11.37 MPa，在-230 m 中段，Ⅱ线剖面西侧与东侧的帷幕与围岩接触区域的应力分别为 13.67 MPa 和 11.97 MPa。

帷幕内饱水围岩浸水 7 d 后，矿体开采过程中Ⅰ线剖面和Ⅱ线剖面的应力分布曲线分别如图 7.32 和图 7.33 所示。

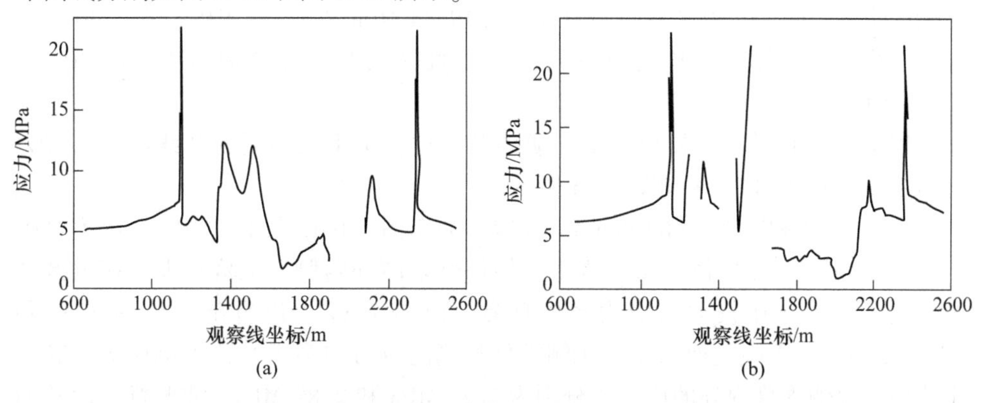

图 7.32 浸水 7 d 后Ⅰ线 Von Mises 应力分布

(a) -170 m 中段 Von Mises 应力曲线；(b) -230 m 中段 Von Mises 应力曲线

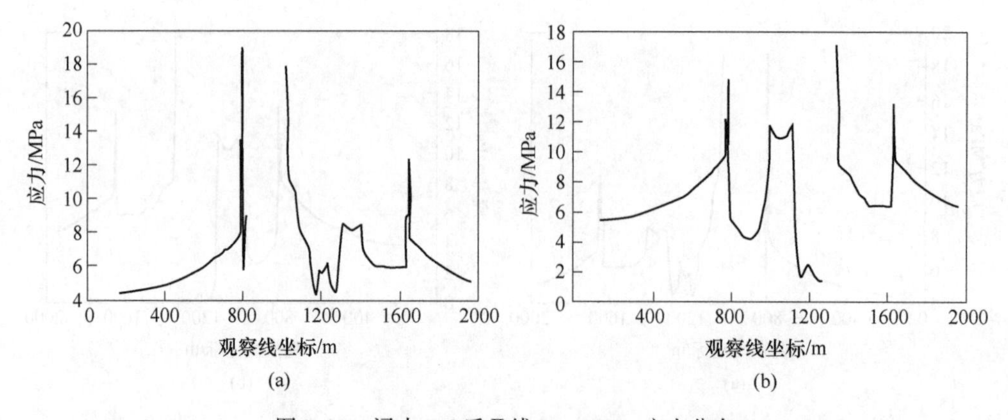

图 7.33　浸水 7 d 后Ⅱ线 Von Mises 应力分布

（a）−170 m 中段 Von Mises 应力曲线；（b）−230 m 中段 Von Mises 应力曲线

由图 7.32 和图 7.33 的 Von Mises 应力分布曲线可以看出，当帷幕内饱水围岩浸水 7 d 后，在矿体开采过程中，使得帷幕内外两侧、帷幕与围岩接触区域及采空区附近存在较大的应力集中现象。由图 7.32 可以看出，在−170 m 和−230 m 中段，Ⅰ线剖面南侧与北侧帷幕外侧的应力均高于帷幕内侧应力，其中Ⅰ线剖面南侧帷幕内外的应力差分别为 1.50 MPa 和 2.0 MPa，北侧帷幕内外的应力差分别为 1.75 MPa 和 1.98 MPa。在−170 m 中段，Ⅰ线剖面南侧与北侧的帷幕与围岩接触区域的应力分别为 22.5 MPa 和 21.5 MPa；在−230 m 中段，Ⅰ线剖面南侧与北侧的帷幕与围岩接触区域的应力分别为 22.7 MPa 和 21.2 MPa。由图 7.33 可以看出，在−170 m 和−230 m 中段，Ⅱ线剖面西侧与东侧帷幕外侧的应力均高于帷幕内侧应力，其中Ⅱ线剖面西侧帷幕内外的应力差分别为 1.53 MPa 和 3.40 MPa，东侧帷幕内外的应力差分别为 1.74 MPa 和 2.20 MPa。在−170 m 中段，Ⅱ线剖面西侧的帷幕与围岩接触区域的应力分别为 19.44 MPa 和 12.17 MPa，在−230 m 中段，Ⅱ线剖面西侧与东侧的帷幕与围岩接触区域的应力分别为 14.16 MPa 和 12.60 MPa。

帷幕内饱水围岩浸水 14 d 后，矿体开采过程中Ⅰ线剖面和Ⅱ线剖面的应力分布曲线分别如图 7.34 和图 7.35 所示。

由图 7.34 和图 7.35 的 Von Mises 应力分布曲线可以看出，当帷幕内饱水围岩浸水 14 d 后，在矿体开采过程中，使得帷幕内外两侧、帷幕与围岩接触区域及采空区附近存在较大的应力集中现象。由图 7.34 可以看出，在−170 m 和−230 m 中段，Ⅰ线剖面南侧与北侧帷幕外侧的应力均高于帷幕内侧应力，其中Ⅰ线剖面南侧帷幕内外的应力差分别为 2.25 MPa 和 2.89 MPa，北侧帷幕内外的应力差分别为 2.45 MPa 和 2.74 MPa。在−170 m 中段，Ⅰ线剖面南侧与北侧的帷幕与围岩接触区域的应力分别为 23.2 MPa 和 22.63 MPa；在−230 m 中段，Ⅰ线

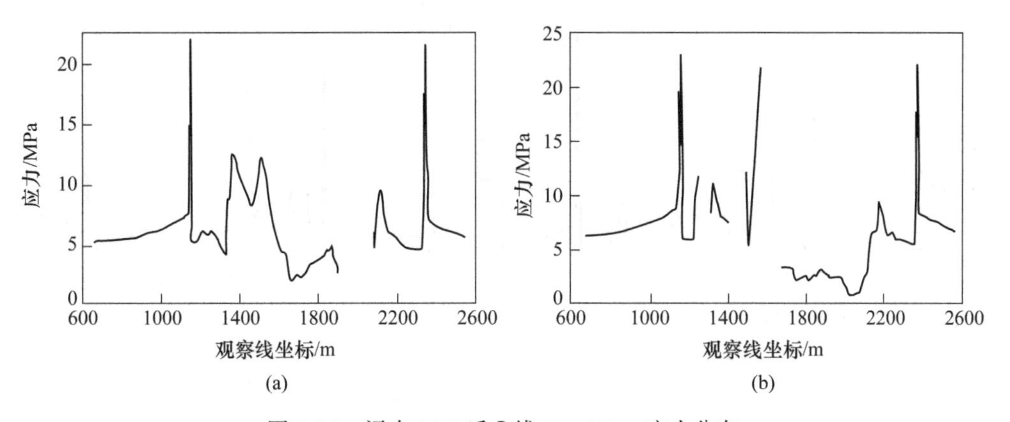

图 7.34 浸水 14 d 后Ⅰ线 Von Mises 应力分布

（a）-170 m 中段 Von Mises 应力曲线；（b）-230 m 中段 Von Mises 应力曲线

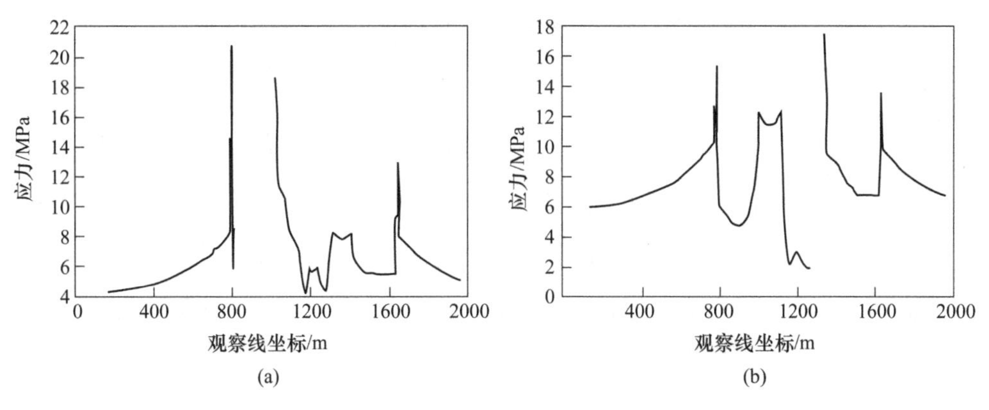

图 7.35 浸水 14 d 后Ⅱ线 Von Mises 应力分布

（a）-170 m 中段 Von Mises 应力曲线；（b）-230 m 中段 Von Mises 应力曲线

剖面南侧与北侧的帷幕与围岩接触区域的应力分别为 23.16 MPa 和 22.11 MPa。由图 7.35 可以看出，在-170 m 和-230 m 中段，Ⅱ线剖面西侧与东侧帷幕外侧的应力均高于帷幕内侧应力，其中Ⅱ线剖面西侧帷幕内外的应力差分别为 2.32 MPa 和 3.80 MPa，东侧帷幕内外的应力差分别为 2.74 MPa 和 3.20 MPa。在-170 m 中段，Ⅱ线剖面西侧的帷幕与围岩接触区域的应力分别为 20.27 MPa 和 12.82 MPa，在-230 m 中段，Ⅱ线剖面西侧与东侧的帷幕与围岩接触区域的应力分别为 14.80 MPa 和 13.00 MPa。

帷幕内饱水围岩浸水 30 d 后，矿体开采过程中Ⅰ线剖面和Ⅱ线剖面的应力分布曲线分别如图 7.36 和图 7.37 所示。

由图 7.36 和图 7.37 的 Von Mises 应力分布曲线可以看出，当帷幕内饱水围岩浸水 30 d 后，在矿体开采过程中，使得帷幕内外两侧、帷幕与围岩接触区域

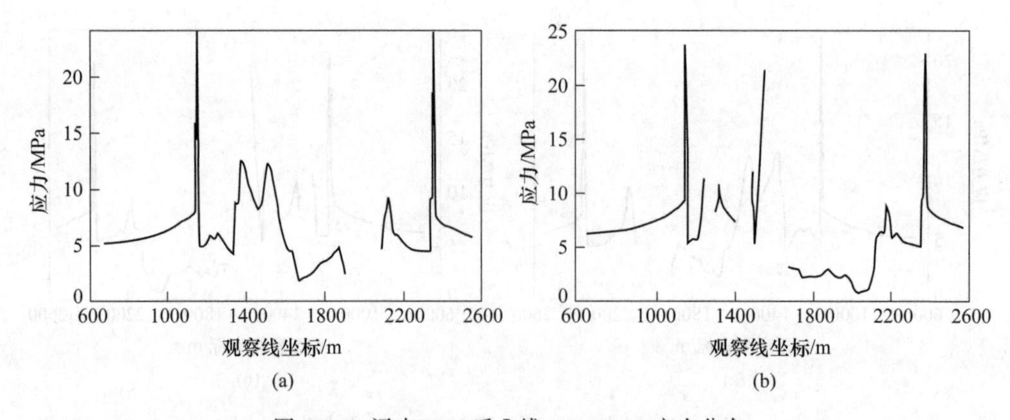

图 7.36　浸水 30 d 后Ⅰ线 Von Mises 应力分布

（a）−170 m 中段 Von Mises 应力曲线；（b）−230 m 中段 Von Mises 应力曲线

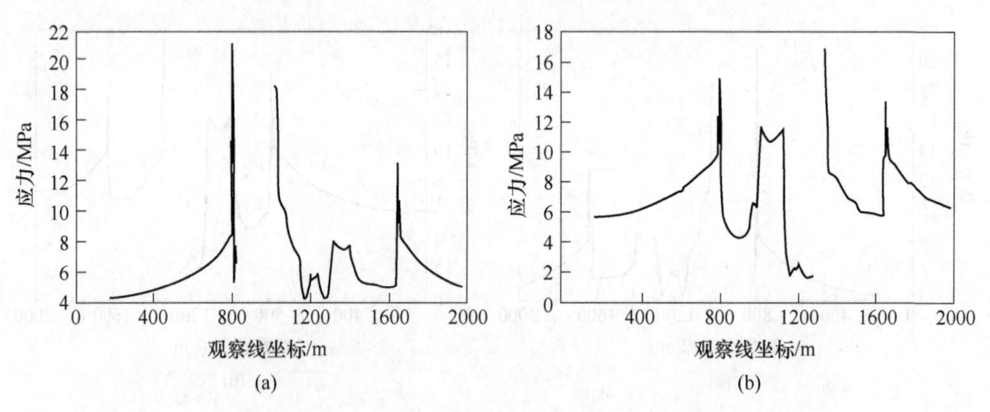

图 7.37　浸水 30 d 后Ⅱ线 Von Mises 应力分布

（a）−170 m 中段 Von Mises 应力曲线；（b）−230 m 中段 Von Mises 应力曲线

及采空区附近存在较大的应力集中现象。由图 7.36 可以看出，在−170 m 和−230 m 中段，Ⅰ线剖面南侧与北侧帷幕外侧的应力均高于帷幕内侧应力，其中Ⅰ线剖面南侧帷幕内外的应力差分别为 3.00 MPa 和 3.82 MPa，北侧帷幕内外的应力差分别为 2.60 MPa 和 3.55 MPa。在−170 m 中段，Ⅰ线剖面南侧与北侧的帷幕与围岩接触区域的应力分别为 23.75 MPa 和 23.50 MPa；在−230 m 中段，Ⅰ线剖面南侧与北侧的帷幕与围岩接触区域的应力分别为 23.68 MPa 和 22.89 MPa。由图 7.37 可以看出，在−170 m 和−230 m 中段，Ⅱ线剖面西侧与东侧帷幕外侧的应力均高于帷幕内侧应力，其中Ⅱ线剖面西侧帷幕内外的应力差分别为 3.00 MPa 和 4.00 MPa，东侧帷幕内外的应力差分别为 3.4 MPa 和 4.20 MPa。在−170 m 中段，Ⅱ线剖面西侧的帷幕与围岩接触区域的应力分别为 21.00 MPa 和 13.4 MPa，在−230 m 中段，Ⅱ线剖面西侧与东侧的帷幕与围岩接触区域的应力分别为 15.12 MPa 和 13.56 MPa。

帷幕内饱水围岩浸水 60 d 后，矿体开采过程中Ⅰ线剖面和Ⅱ线剖面的应力分布曲线分别如图 7.38 和图 7.39 所示。

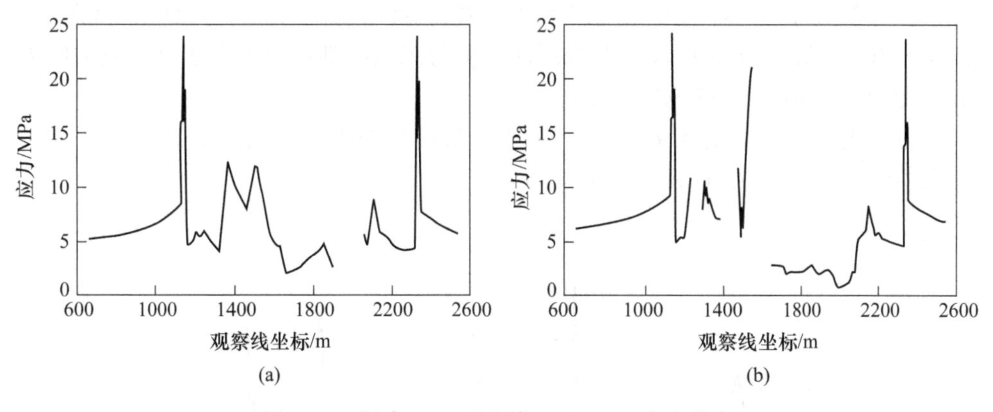

图 7.38 浸水 60 d 后Ⅰ线 Von Mises 应力分布

(a) -170 m 中段 Von Mises 应力曲线；(b) -230 m 中段 Von Mises 应力曲线

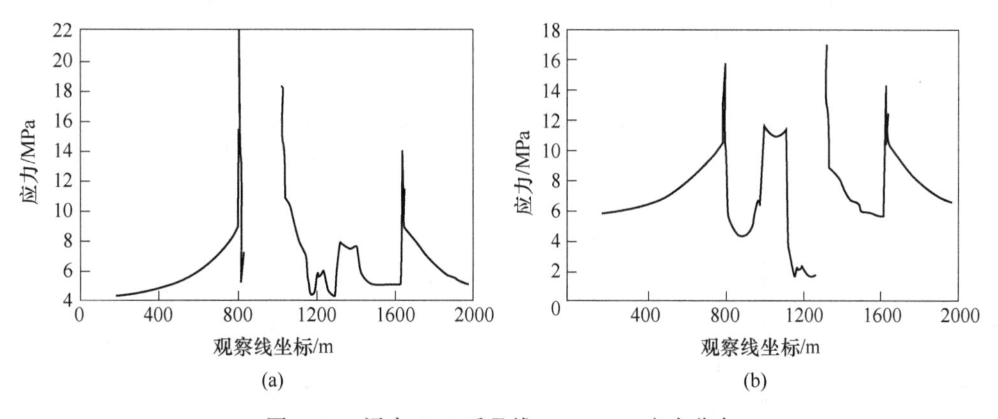

图 7.39 浸水 60 d 后Ⅱ线 Von Mises 应力分布

(a) -170 m 中段 Von Mises 应力曲线；(b) -230 m 中段 Von Mises 应力曲线

由图 7.38 和图 7.39 的 Von Mises 应力分布曲线可以看出，当帷幕内饱水围岩浸水 60 d 后，在矿体开采过程中，使得帷幕内外两侧、帷幕与围岩接触区域及采空区附近存在较大的应力集中现象。由图 7.38 可以看出，在-170 m 和-230 m 中段，Ⅰ线剖面南侧与北侧帷幕外侧的应力均高于帷幕内侧应力，其中Ⅰ线剖面南侧帷幕内外的应力差分别为 3.68 MPa 和 4.21 MPa，北侧帷幕内外的应力差分别为 3.42 MPa 和 4.20 MPa。在-170 m 中段，Ⅰ线剖面南侧与北侧的帷幕与围岩接触区域的应力分别为 24.21 MPa 和 24.47 MPa；在-230 水平，Ⅰ线剖面南侧与北侧的帷幕与围岩接触区域的应力分别为 24.08 MPa 和 23.55 MPa。由

图 7.39 可以看出，在−170 m 和−230 m 中段，Ⅱ线剖面西侧与东侧帷幕外侧的应力均高于帷幕内侧应力，其中Ⅱ线剖面西侧帷幕内外的应力差分别为3.70 MPa 和 4.20 MPa，东侧帷幕内外的应力差分别为 3.80 MPa 和 4.80 MPa。在−170 m 中段，Ⅱ线剖面西侧的帷幕与围岩接触区域的应力分别为 21.70 MPa 和 13.80 MPa，在−230 m 中段，Ⅱ线剖面西侧与东侧的帷幕与围岩接触区域的应力分别为 15.40 MPa 和 13.98 MPa。

帷幕内饱水围岩浸水 90 d 后，矿体开采过程中Ⅰ线剖面和Ⅱ线剖面的应力分布曲线分别如图 7.40 和图 7.41 所示。

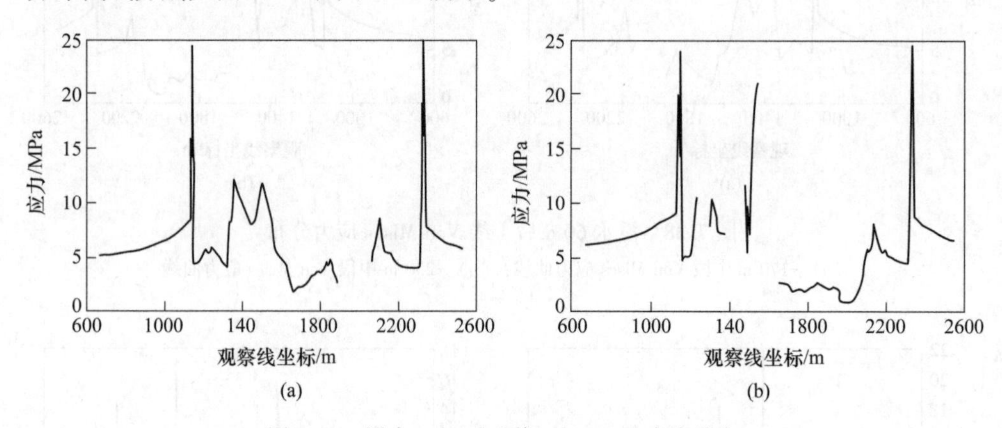

图 7.40　浸水 90 d 后Ⅰ线 Von Mises 应力分布

（a）−170 m 中段 Von Mises 应力曲线；（b）−230 m 中段 Von Mises 应力曲线

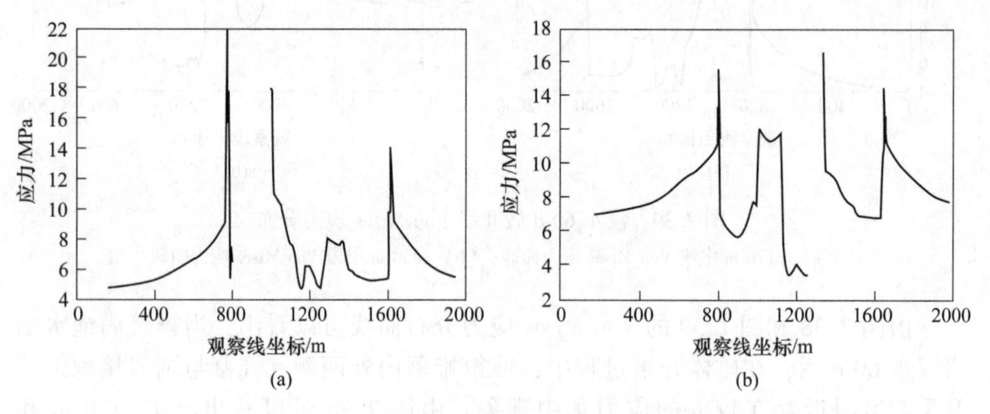

图 7.41　浸水 90 d 后Ⅱ线 Von Mises 应力分布

（a）−170 m 中段 Von Mises 应力曲线；（b）−230 m 中段 Von Mises 应力曲线

由图 7.40 和图 7.41 的 Von Mises 应力分布曲线可以看出，当帷幕内饱水围岩浸水 90 d 后，在矿体开采过程中，使得帷幕内外两侧、帷幕与围岩接触区域及采空区附近存在较大的应力集中现象。由图 7.40 可以看出，在−170 m 和

-230 m 中段，Ⅰ线剖面南侧与北侧帷幕外侧的应力均高于帷幕内侧应力，其中Ⅰ线剖面南侧帷幕内外的应力差分别为 3.89 MPa 和 4.47 MPa，北侧帷幕内外的应力差分别为 3.68 MPa 和 4.21 MPa。在-170 m 中段，Ⅰ线剖面南侧与北侧的帷幕与围岩接触区域的应力分别为 24.47 MPa 和 24.87 MPa；在-230 m 中段，Ⅰ线剖面南侧与北侧的帷幕与围岩接触区域的应力分别为 24.34 MPa 和 23.89 MPa。由图 7.41 可以看出，在-170 m 和-230 m 中段，Ⅱ线剖面西侧与东侧帷幕外侧的应力均高于帷幕内侧应力，其中Ⅱ线剖面西侧帷幕内外的应力差分别为 4.30 MPa 和 4.60 MPa，东侧帷幕内外的应力差分别为 4.10 MPa 和 5.10 MPa。在-170 m 中段，Ⅱ线剖面西侧与东侧的帷幕与围岩接触区域的应力分别为 21.96 MPa 和 13.96 MPa，在-230 m 中段，Ⅱ线剖面西侧与东侧的帷幕与围岩接触区域的应力分别为 15.58 MPa 和 14.22 MPa。

综合上述分析可知，矿体在开采过程中，帷幕内外的应力差及帷幕与围岩接触区域的应力集中程度随帷幕内围岩浸水时间的增加而增大。为了能够更清楚地反映帷幕内围岩在不同浸水时间条件下帷幕内外及帷幕区域的应力变化情况，将上述计算结果汇总于表 7.14 中。

表 7.14　不同浸水时间条件下帷幕区域应力变化表

含水状态	中段名称	观察线	方向	帷幕内外应力差/MPa	集中应力/MPa
天然状态	-170 m 中段	Ⅰ线	南侧	0.30	21.25
			北侧	0.18	19.30
		Ⅱ线	西侧	0.42	17.50
			东侧	0.32	10.83
	-230 m 中段	Ⅰ线	南侧	0.06	21.58
			北侧	0.12	19.21
		Ⅱ线	西侧	1.98	13.70
			东侧	0.22	11.30
饱水状态	-170 m 中段	Ⅰ线	南侧	0.08	21.22
			北侧	0.12	19.56
		Ⅱ线	西侧	0.04	17.53
			东侧	0.08	11.01
	-230 m 中段	Ⅰ线	南侧	0.38	21.70
			北侧	0.12	19.48
		Ⅱ线	西侧	2.98	13.24
			东侧	0.14	11.40

续表 7.14

含水状态	中段名称	观察线	方向	帷幕内外应力差/MPa	集中应力/MPa
浸水 1 d	−170 m 中段	Ⅰ线	南侧	0.98	21.98
			北侧	1.08	20.68
		Ⅱ线	西侧	0.82	18.59
			东侧	0.88	11.37
	−230 m 中段	Ⅰ线	南侧	1.28	22.15
			北侧	1.05	20.33
		Ⅱ线	西侧	3.20	13.67
			东侧	1.08	11.97
浸水 7 d	−170 m 中段	Ⅰ线	南侧	1.50	22.5
			北侧	1.75	21.5
		Ⅱ线	西侧	1.53	19.44
			东侧	1.74	12.17
	−230 m 中段	Ⅰ线	南侧	2.0	22.7
			北侧	1.98	21.20
		Ⅱ线	西侧	3.40	14.16
			东侧	2.20	12.60
浸水 14 d	−170 m 中段	Ⅰ线	南侧	2.25	23.20
			北侧	2.45	22.63
		Ⅱ线	西侧	2.32	20.27
			东侧	2.74	12.82
	−230 m 中段	Ⅰ线	南侧	2.89	23.16
			北侧	2.74	22.11
		Ⅱ线	西侧	3.80	14.80
			东侧	3.20	13.00
浸水 30 d	−170 m 中段	Ⅰ线	南侧	3.00	23.75
			北侧	2.60	23.50
		Ⅱ线	西侧	3.00	21.00
			东侧	3.40	22.89
	−230 m 中段	Ⅰ线	南侧	3.82	23.68
			北侧	3.55	13.40
		Ⅱ线	西侧	4.00	15.12
			东侧	4.20	13.56

续表 7.14

含水状态	中段名称	观察线	方向	帷幕内外应力差/MPa	集中应力/MPa
浸水 60 d	-170 m 中段	Ⅰ线	南侧	3.68	24.21
			北侧	3.42	24.47
		Ⅱ线	西侧	3.70	21.70
			东侧	3.80	13.80
	-230 m 中段	Ⅰ线	南侧	4.21	24.08
			北侧	4.20	23.55
		Ⅱ线	西侧	4.20	15.40
			东侧	4.80	13.98
浸水 90 d	-170 m 中段	Ⅰ线	南侧	3.89	24.47
			北侧	3.68	24.87
		Ⅱ线	西侧	4.30	21.96
			东侧	4.10	13.96
	-230 m 中段	Ⅰ线	南侧	4.47	24.34
			北侧	4.21	23.89
		Ⅱ线	西侧	4.60	15.58
			东侧	5.10	14.22

由表 7.14 可见，帷幕内外的应力差及帷幕与围岩接触区域的应力集中程度随帷幕内围岩浸水时间的增加呈逐渐增大的趋势。因西侧与南侧的矿体距帷幕较近，矿体开采对帷幕稳定性的影响程度要大于其他区域，因此应重点分析Ⅰ线剖面与南侧帷幕的交界处及Ⅱ线剖面与西侧帷幕交界处帷幕内外应力差及帷幕区域的应力集中情况。

根据表 7.14 中的数据，绘制的-170 m 中段Ⅰ线剖面与帷幕交界处帷幕内外应力差及帷幕区域应力集中程度随浸水时间变化曲线如图 7.42 所示。

由表 7.14 和图 7.42（a）可以看出，在-170 m 中段，矿体开采过程中，帷幕内围岩处于天然及饱水状态时，Ⅰ线剖面与南侧帷幕交界处帷幕内外应力差分别为 0.30 MPa 和 0.08 MPa，这表明帷幕内围岩处于天然及饱水状态时，矿体开采对帷幕内外应力差的影响较小；帷幕内饱水围岩浸水 1 d 后，Ⅰ线剖面与南侧帷幕交界处帷幕内外应力差为 0.98 MPa，相对于天然状态，其值增大了 0.68 MPa；帷幕内饱水围岩浸水 7 d 后，Ⅰ线剖面与南侧帷幕交界处帷幕内外应力差为 1.50 MPa，相对于天然状态，其值增大了 1.20 MPa；帷幕内饱水围岩浸水 14 d 后，Ⅰ线剖面与南侧帷幕交界处帷幕内外应力差为 2.25 MPa，相对于天然状态，

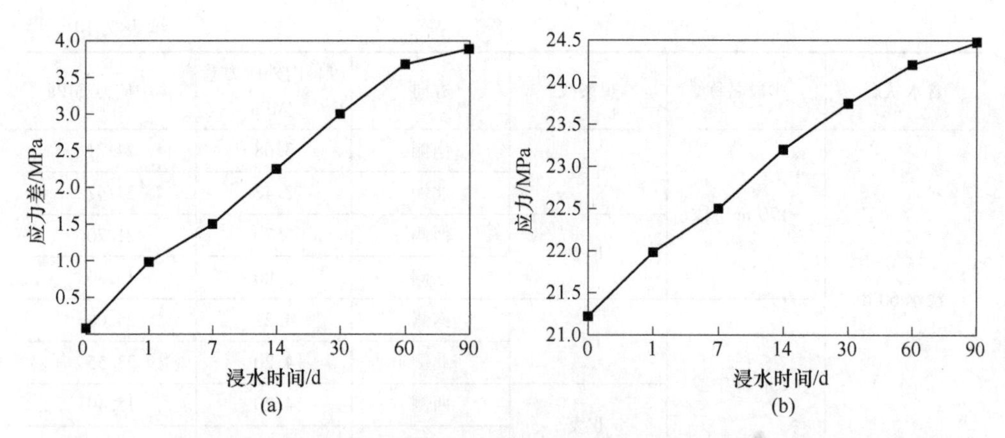

图 7.42　Ⅰ线-170 m 中段帷幕内外应力差及帷幕区域应力集中程度随浸水时间变化曲线

（a）帷幕内外应力差；（b）应力集中值

其值增大了 1.95 MPa；帷幕内饱水围岩浸水 30 d 后，Ⅰ线剖面与南侧帷幕交界处帷幕内外应力差为 3.00 MPa，相对于天然状态，其值增大了 2.70 MPa；帷幕内饱水围岩浸水 60 d 后，Ⅰ线剖面与南侧帷幕交界处帷幕内外应力差为 3.68 MPa，相对于天然状态，其值增大了 3.38 MPa；帷幕内饱水围岩浸水 90 d 后，Ⅰ线剖面与南侧帷幕交界处帷幕内外应力差为 3.89 MPa，相对于天然状态，其值增大了 3.69 MPa。

由表 7.14 和图 7.42（b）可以看出，在-170 m 中段，矿体开采过程中，帷幕内围岩处于天然状态时，Ⅰ线剖面与南侧帷幕接触处的应力为 21.25 MPa；帷幕内围岩处于饱水状态时，Ⅰ线剖面与南侧帷幕接触处的应力为 21.22 MPa；这表明帷幕内围岩处于天然及饱水状态时，Ⅰ线剖面与南侧帷幕接触处的应力较为接近。帷幕内饱水围岩浸水 1d 后，Ⅰ线剖面与南侧帷幕接触处的应力为 21.98 MPa，相对于天然状态，其值增加了 0.73 MPa；帷幕内饱水围岩浸水 7 d 后，Ⅰ线剖面与南侧帷幕接触处的应力为 22.5 MPa，相对于天然状态，其值增加了 1.25 MPa；帷幕内饱水围岩浸水 14 d 后，Ⅰ线剖面与南侧帷幕接触处的应力为 23.20 MPa，相对于天然状态，其值增加了 1.95 MPa；帷幕内饱水围岩浸水 30 d 后，Ⅰ线剖面与南侧帷幕接触处的应力为 23.75 MPa，相对于天然状态，其值增加了 2.5 MPa；帷幕内饱水围岩浸水 60 d 后，Ⅰ线剖面与南侧帷幕接触处的应力为 24.21 MPa，相对于天然状态，其值增加了 2.96 MPa；帷幕内饱水围岩浸水 90 d 后，Ⅰ线剖面与南侧帷幕接触处的应力为 24.47 MPa，相对于天然状态，其值增加了 3.22 MPa。

根据表 7.14 中的数据，绘制的-230 m 中段Ⅰ线剖面与帷幕交界处帷幕内外应力差及帷幕区域应力集中程度随浸水时间变化曲线如图 7.43 所示。

由表 7.14 和图 7.43（a）可以看出，在-230 m 中段，矿体开采过程中，帷

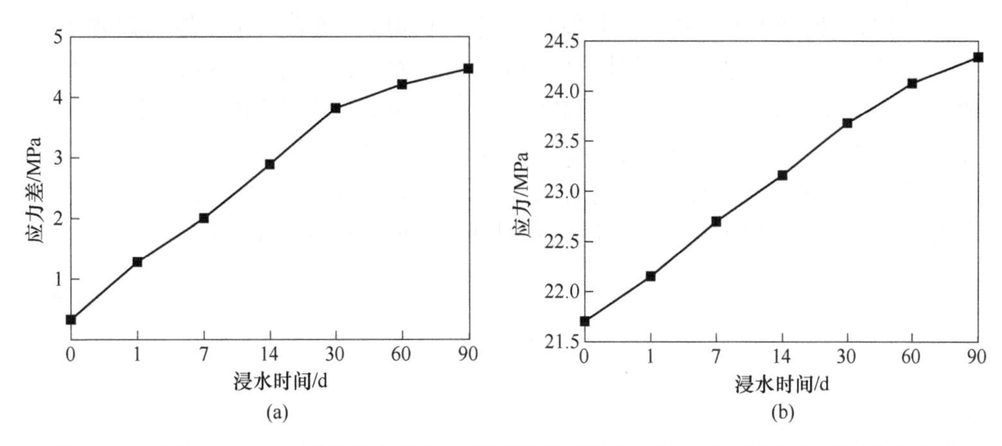

图 7.43 Ⅰ线-230 m 中段帷幕内外应力差及帷幕区域应力集中程度随浸水时间变化曲线
（a）帷幕内外应力差；（b）应力集中值

幕内围岩处于天然状态时，Ⅰ线剖面与南侧帷幕交界处帷幕内外应力差为 0.06 MPa；帷幕内围岩处于饱水状态时，Ⅰ线剖面与南侧帷幕交界处帷幕内外应力差为0.38 MPa，相对于天然状态，其值增大 0.32 MPa；帷幕内饱水围岩浸水 1 d 后，Ⅰ线剖面与南侧帷幕交界处帷幕内外应力差为 1.28 MPa，相对于天然状态，其值增大了 1.22 MPa；帷幕内饱水围岩浸水 7 d 后，Ⅰ线剖面与南侧帷幕交界处帷幕内外应力差为 2.0 MPa，相对于天然状态，其值增大了 1.94 MPa；帷幕内饱水围岩浸水 14 d 后，Ⅰ线剖面与南侧帷幕交界处帷幕内外应力差为 2.89 MPa，相对于天然状态，其值增大了 2.83 MPa；帷幕内饱水围岩浸水 30 d 后，Ⅰ线剖面与南侧帷幕交界处帷幕内外应力差为 3.82 MPa，相对于天然状态，其值增大了 3.76 MPa；帷幕内饱水围岩浸水 60 d 后，Ⅰ线剖面与南侧帷幕交界处帷幕内外应力差为 4.21 MPa，相对于天然状态，其值增大了 4.15 MPa；帷幕内饱水围岩浸水 90 d 后，Ⅰ线剖面与南侧帷幕交界处帷幕内外应力差为 4.47 MPa，相对于天然状态，其值增大了 4.12 MPa。

由表 7.14 和图 7.43（b）可以看出，在-230 m 中段，矿体开采过程中，帷幕内围岩处于天然状态时，Ⅰ线剖面与南侧帷幕接触处的应力为 21.58 MPa；帷幕内围岩处于饱水状态时，Ⅰ线剖面与南侧帷幕接触处的应力为 21.70 MPa，相对于天然状态，其值增加了 0.12 MPa；帷幕内饱水围岩浸水 1d 后，Ⅰ线剖面与南侧帷幕接触处的应力为 22.15 MPa，相对于天然状态，其值增加了 0.52 MPa；帷幕内饱水围岩浸水 7 d 后，Ⅰ线剖面与南侧帷幕接触处的应力为 22.7 MPa，相对于天然状态，其值增加了 1.12 MPa；帷幕内饱水围岩浸水 14 d 后，Ⅰ线剖面与南侧帷幕接触处的应力为 23.16 MPa，相对于天然状态，其值增加了 1.58 MPa；帷幕内饱水围岩浸水 30 d 后，Ⅰ线剖面与南侧帷幕接触处的应力为

23.68 MPa，相对于天然状态，其值增加了 2.1 MPa；帷幕内饱水围岩浸水 60 d 后，Ⅰ线剖面与南侧帷幕接触处的应力为 24.08 MPa，相对于天然状态，其值增加了 2.5 MPa；帷幕内饱水围岩浸水 90 d 后，Ⅰ线剖面与南侧帷幕接触处的应力为 24.34 MPa，相对于天然状态，其值增加了 2.76 MPa。

根据表 7.14 中的数据，绘制的-170 m 中段Ⅱ线剖面与帷幕交界处帷幕内外应力差及帷幕区域应力集中程度随浸水时间变化曲线如图 7.44 所示。

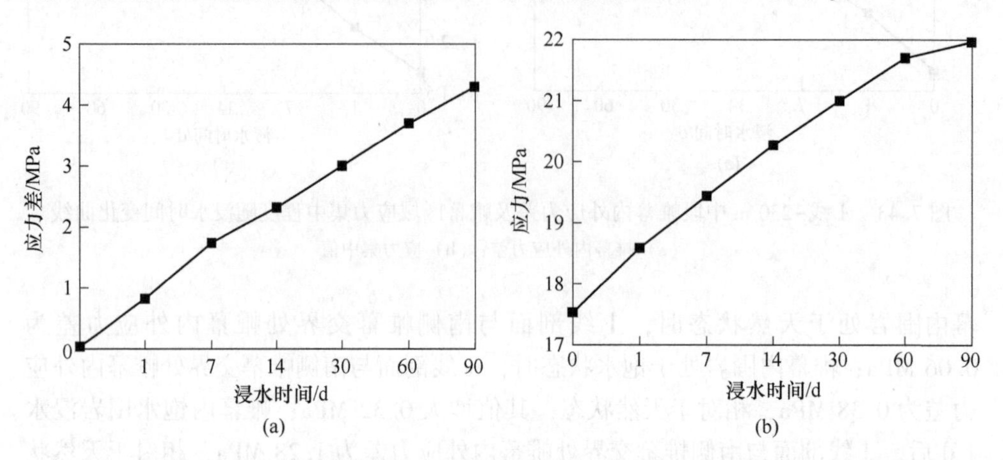

图 7.44　Ⅱ线-170 m 中段帷幕内外应力差及帷幕区域应力集中程度随浸水时间变化曲线
（a）帷幕内外应力差；（b）应力集中值

由表 7.14 和图 7.44（a）可以看出，在-170 m 中段，矿体开采过程中，帷幕内围岩处于天然及饱水状态时，Ⅱ线剖面与西侧帷幕交界处帷幕内外应力差分别为 0.42 MPa 和 0.04 MPa，这表明帷幕内围岩处于天然及饱水状态时，矿体开采对帷幕内外应力差的影响较小；帷幕内饱水围岩浸水 1 d 后，Ⅱ线剖面与西侧帷幕交界处帷幕内外应力差为 0.82 MPa，相对于天然状态，其值增大了 0.40 MPa；帷幕内饱水围岩浸水 7 d 后，Ⅱ线剖面与西侧帷幕交界处帷幕内外应力差为 1.53 MPa，相对于天然状态，其值增大了 1.11 MPa；帷幕内饱水围岩浸水 14 d 后，Ⅱ线剖面与西侧帷幕交界处帷幕内外应力差为 2.32 MPa，相对于天然状态，其值增大了 1.90 MPa；帷幕内饱水围岩浸水 30 d 后，Ⅱ线剖面与西侧帷幕交界处帷幕内外应力差为 3.00 MPa，相对于天然状态，其值增大了 2.58 MPa；帷幕内饱水围岩浸水 60 d 后，Ⅱ线剖面与南侧帷幕交界处帷幕内外应力差为 3.70 MPa，相对于天然状态，其值增大了 3.28 MPa；帷幕内饱水围岩浸水 90 d 后，Ⅱ线剖面与西侧帷幕交界处帷幕内外应力差为 4.30 MPa，相对于天然状态，其值增大了 3.88 MPa。

由表 7.14 和图 7.44（b）可以看出，在-170 m 中段，矿体开采过程中，帷幕内围岩处于天然状态时，Ⅱ线剖面与西侧帷幕接触处的应力为 17.50 MPa；帷幕内围岩处于饱水状态时，Ⅱ线剖面与西侧帷幕接触处的应力为 17.53 MPa；这表明帷幕内围岩处于天然及饱水状态时，Ⅱ线剖面与西侧帷幕接触处的应力较为接近。帷幕内饱水围岩浸水 1 d 后，Ⅱ线剖面与西侧帷幕接触处的应力为 18.59 MPa，相对于天然状态，其值增加了 1.09 MPa；帷幕内饱水围岩浸水 7 d 后，Ⅱ线剖面与西侧帷幕接触处的应力为 19.44 MPa，相对于天然状态，其值增加了 1.94 MPa；帷幕内饱水围岩浸水 14 d 后，Ⅱ线剖面与西侧帷幕接触处的应力为 20.27 MPa，相对于天然状态，其值增加了 2.77 MPa；帷幕内饱水围岩浸水 30 d 后，Ⅱ线剖面与西侧帷幕接触处的应力为 21.00 MPa，相对于天然状态，其值增加了 3.5 MPa；帷幕内饱水围岩浸水 60 d 后，Ⅱ线剖面与南侧帷幕接触处的应力为 21.70 MPa，相对于天然状态，其值增加了 4.2 MPa；帷幕内饱水围岩浸水 90 d 后，Ⅱ线剖面与南侧帷幕接触处的应力为 21.96 MPa，相对于天然状态，其值增加了 4.46 MPa。

根据表 7.15 中的数据，绘制的−230 m 中段Ⅱ线剖面与帷幕交界处帷幕内外应力差及帷幕区域应力集中程度随浸水时间变化曲线如图 7.45 所示。

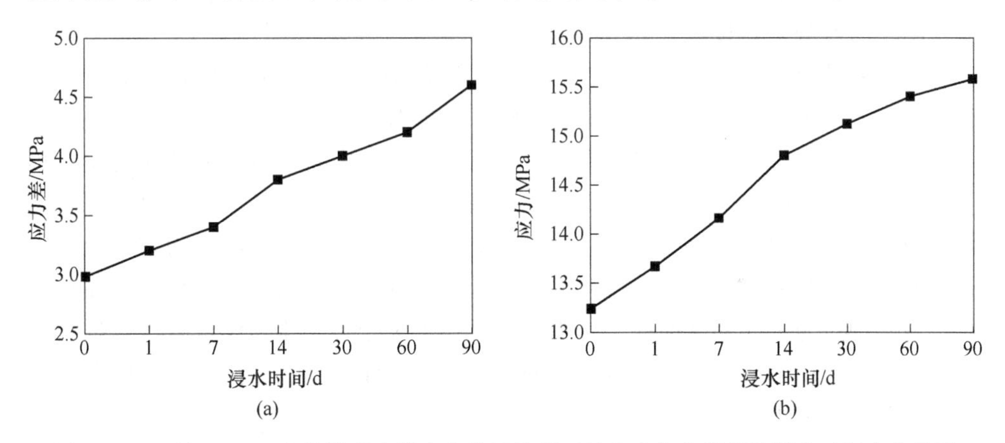

图 7.45　Ⅱ线−230 m 中段帷幕内外应力差及帷幕区域应力集中程度随浸水时间变化曲线
（a）帷幕内外应力差；（b）应力集中值

由表 7.14 和图 7.45（a）可以看出，在−230 m 中段，矿体开采过程中，帷幕内围岩处于天然状态时，Ⅱ线剖面与西侧帷幕交界处帷幕内外应力差为 1.98 MPa；帷幕内围岩处于饱水状态时，Ⅱ线剖面与西侧帷幕交界处帷幕内外应力差为 2.98 MPa，相对于天然状态，其值增大 1.0 MPa；帷幕内饱水围岩浸水 1 d 后，Ⅱ线剖面与西侧帷幕交界处帷幕内外应力差为 3.20 MPa，相对于天然状态，其值增大了 1.22 MPa；帷幕内饱水围岩浸水 7 d 后，Ⅱ线剖面与西侧帷幕交界处帷幕内外应力差为 3.40 MPa，相对于天然状态，其值增大了 1.42 MPa；帷幕内饱水围岩浸水 14 d 后，Ⅱ线剖面与西侧帷幕交界处帷幕内外应力差为 3.80 MPa，相对于天然状态，其值增大了 1.82 MPa；帷幕内饱水围岩浸水 30 d

后，Ⅱ线剖面与西侧帷幕交界处帷幕内外应力差为4.00 MPa，相对于天然状态，其值增大了2.02 MPa；帷幕内饱水围岩浸水60 d后，Ⅱ线剖面与西侧帷幕交界处帷幕内外应力差为4.20 MPa，相对于天然状态，其值增大了2.22 MPa；帷幕内饱水围岩浸水90 d后，Ⅱ线剖面与西侧帷幕交界处帷幕内外应力差为4.60 MPa，相对于天然状态，其值增大了2.62 MPa。

由表7.14和图7.45（b）可以看出，在-230 m中段，矿体开采过程中，帷幕内围岩处于天然状态、饱水状态及浸水时间为1 d的情况下时，Ⅱ线剖面与西侧帷幕接触处的应力分别为13.70 MPa、13.24 MPa和13.67 MPa，这表明帷幕内围岩处于上述三种状态时，Ⅱ线剖面与西侧帷幕接触处的应力变化幅度较小。帷幕内饱水围岩浸水7 d后，Ⅱ线剖面与西侧帷幕接触处的应力为14.16 MPa，相对于天然状态，其值增加了0.46 MPa；帷幕内饱水围岩浸水14 d后，Ⅱ线剖面与西侧帷幕接触处的应力为14.80 MPa，相对于天然状态，其值增加了1.1 MPa；帷幕内饱水围岩浸水30 d后，Ⅱ线剖面与西侧帷幕接触处的应力为15.12 MPa，相对于天然状态，其值增加了1.42 MPa；帷幕内饱水围岩浸水60 d后，Ⅱ线剖面与西侧帷幕接触处的应力为15.40 MPa，相对于天然状态，其值增加了1.70 MPa；帷幕内饱水围岩浸水90 d后，Ⅱ线剖面与西侧帷幕接触处的应力为15.58 MPa，相对于天然状态，其值增加了1.88 MPa。

综合上述分析可知，帷幕内外的应力差及帷幕与围岩接触区域的应力集中程度随帷幕内围岩浸水时间的增加而增大，帷幕内外应力差的增大及帷幕与围岩接触区域应力集中程度的增加势必会对帷幕的稳定性产生不利影响，为减小上述不利影响，矿体开采过程中对帷幕内围岩进行疏干排水是行之有效的措施。在疏干排水过程中，为了详细掌握疏干排水后帷幕内水头分布规律，评价疏水效果和帷幕堵水效果，在帷幕内外水位观测孔的基础上，建议从地表补充施工2~3个垂直钻孔监测地下水位变化。

7.6 疏干排水

为减小地下水对岩体力学参数及岩体稳定性的影响，在矿体开采前及开采过程中需进行疏干排水。根据中关铁矿水文地质条件，矿坑内进行超阶段疏干，并将灰岩含水层地下水水位疏干至-245 m，疏干方法采用岩溶充水矿床常用的坑内丛状放水孔，如图7.46所示，结合采矿要求，一期疏干工程布置在-260 m水平，-230 m中段涌水由-260 m水平的排水泵排至地表。为了放水孔安全施工，设计考虑在-170 m中段增加辅助放水降压措施工程。-170 m中段以上各处的涌水，通过泄水井注入-260 m中段水仓，统一排出坑外。

-170 m中段结合井巷开拓工程布置4个放水硐室，其规格为长6 m、宽4 m、

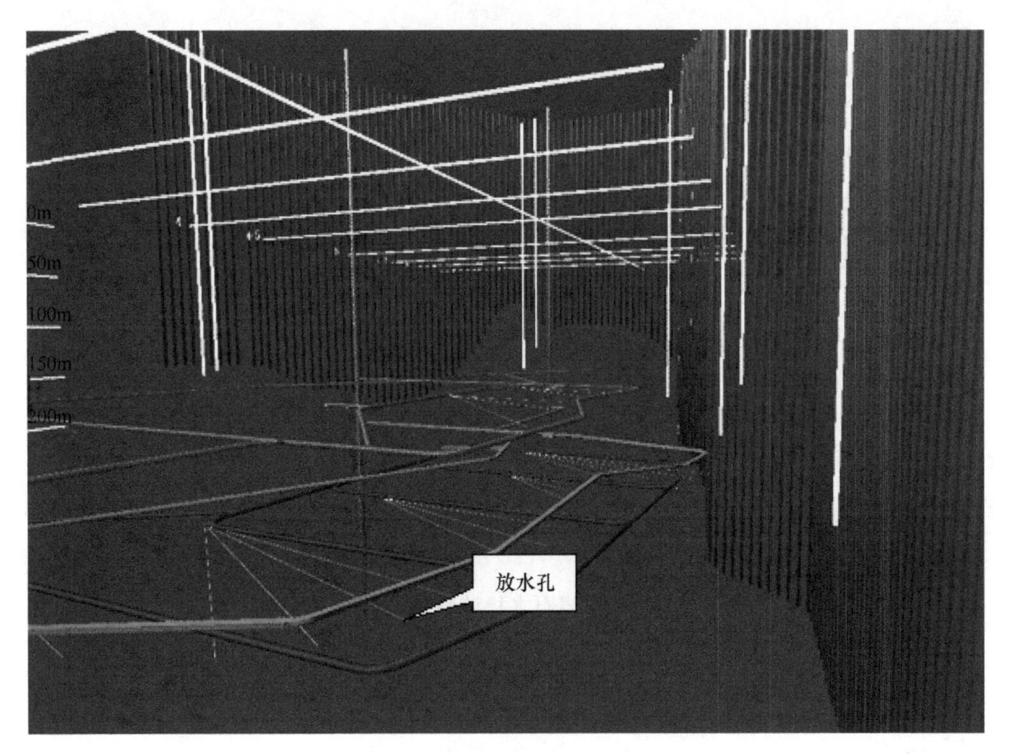

图 7.46 丛状放水孔示意图

高 3 m，间距 100 m 左右；硐室布置在闪长岩中，顶端距上部含水层底板应有 15~30 m 的隔水层。每个硐室布置 3 个放水孔，仰角为 25°~40°，平均孔深为 120 m，钻孔在含水层中不小于 50 m，钻孔终孔直径 $\phi \geqslant 76$ mm。为保证施工安全及控制水量，放水孔应安装孔口管、闸阀、压力表，并经打压合格后，方可允许钻进施工放水孔。压力过大的点应安装止喷装置，保证施工安全。

为保证-230 m 中段的基建、生产安全并验证帷幕堵水效果，在-260 m 中段布置丛状放水工程。主要工程为放水硐室 6 个，每个放水硐室 4 个放水孔，放水孔平均长度为 120 m，有关技术要求同前。丛状放水孔工程总量：放水硐室 10 个，放水孔总数 36 个，放水孔长度为 4320 m。

疏干工程施工过程中，在满足基建要求及生产安全的前提下，硐室间距、孔数、仰角等参数可根据实际情况作适当调整。在确保安全的前提下，可适当保留在基建过程中出现的突水点作为长期疏排水工程，进一步达到疏干降压的目的。

参考文献

[1] OJO O, BROOK N. The effect of moisture on some mechanical properties of rock [J]. Mining Science and Technology, 1990 (10): 145-156.

[2] 胡彬锋，何鹏．水对沉积岩弹性模量的影响［J］．人民珠江，2013（10）：12-16.

[3] 李佳伟，徐进，王璐，等．砂板岩岩体力学特性的水岩耦合试验研究［J］．岩土工程学报，2013，35（3）：599-604.

[4] 刘文平，时卫民，孔位学，等．水对三峡库区碎石土的弱化作用［J］．岩土力学，2005，26（11）：1857-1861.

[5] 邓华锋，李建林，王孔伟，等．"饱水-风干"循环作用下砂岩损伤劣化规律研究［J］．地下空间与工程学报，2011，7（6）：1091-1096.

[6] 姚强岭，李学华，陈庆峰．含水砂岩顶板巷道失稳破坏特征及分类研究［J］．中国矿业大学学报，2013，42（1）：50-56.

[7] WEST G. Strength properties of Bunter sandstone [J]. Tunnels and Tunnelling, 1979, 7 (7): 27-29.

[8] 张强，姜春露，朱术云，等．饱水岩石水稳试验及力学特性研究［J］．采矿与安全工程学报，2011，28（2）：236-240.

[9] ERGULAR Z A, RUGLAR R, ULUSAY R. Water-induced variations in mechanical properties of clay-bearing rock [J]. International Journal of Rock Mechanics Sciences, 2009 (46): 355-370.

[10] 黄宏伟，车平．泥岩遇水软化微观机制研究［J］．同济大学学报（自然科学版），2007，35（7）：866-870.

[11] 周翠英，谭祥韶，邓毅梅，等．特殊软岩软化的微观机制研究［J］．岩石力学与工程学报，2005，24（3）：394-400.

[12] 刘镇，周翠英，朱凤贤，等．软岩饱水软化过程微观结构演化的临界判据［J］．岩土力学，2010，32（3）：661-666.

[13] 曹平，宁果果，范祥，等．不同温度的水岩作用对岩石节理表面形貌特征的影响［J］．中南大学学报（自然科学版）：2013，44（3）：1510-1516.

[14] 左清军，吴立，袁青，等．软岩膨胀特性试验及微观机理分析［J］．岩土力学，2014，35（4）：986-990.

[15] 项良俊，王清，王朝阳，等．新岩滑坡膨胀性软岩 Duncan-Chang 模型及归一化特性研究［J］．长江科学院学报，2013，30（7）：64-68.

[16] 张巍，尚彦军，曲永新，等．泥质膨胀岩崩解物粒径分布与膨胀性关系试验研究［J］．岩土力学，2013，34（1）：66-72.

[17] BAILLE W, TRIPATHY S, SCHANZ T. Swelling pressures and one-dimensional compressibility behavior of bentonite at large pressures [J]. Applied Clay Science, 2010, 48 (3): 324-333.

[18] 汤连生，张鹏程，王思敬．水-岩化学作用的岩石宏观力学效应的试验研究［J］．岩石力学与工程学报，2002，21（4）：526-531.

[19] 王伟，刘桃根，吕军，等．水岩化学作用对砂岩力学特性影响的试验研究［J］．岩石力学与工程学报，2012，31（增刊2）：3607-3617.

[20] 丁梧秀，冯夏庭．化学腐蚀下灰岩力学效应的实验研究［J］．岩石力学与工程学报，2004，23（21）：3571-3576.

[21] 刘建，李鹏，乔丽萍，等．砂岩蠕变特性的水物理化学作用效应试验研究［J］．岩石力学与工程学报，2008，27（12）：2540-2550.

[22] FENG X T，DING W X. Experimental study of limestone micro-fracturing under a coupled stress，fluid flow and changing chemical environmental［J］．International Journal of Rock Mechanics and Mining Sciences，2007，44（1）：437-448.

[23] LI N，ZHU Y M，SU B. A chemical damage model of sandstone in acid solution［J］．International Journal of Rock Mechanics and Mining Sciences，2003，40（2）：243-249.

[24] CORKUM A G，MARTIN C D. The mechanical behavior of weak mudstone（Opalinus clay）at low stresses［J］．International Journal of Rock Mechanics and Mining Sciences，2007，44（2）：196-209.

[25] KAWAKATA H，CHO A，YANAGIDANI T，et al. The observations of saulting in westerly granite under triaxial compression by X-Ray CT scan［J］．International Journal of Rock Mechanics and Mining Sciences，1997，34（3/4）：151-161.

[26] 冯夏庭，赖户政宏．化学环境侵蚀下的岩石破裂特性（第一部分）：试验研究［J］．岩石力学与工程学报，2000，19（4）：403-407.

[27] SKEMPTON A W. Effective stress in soils，concrete and rock［J］．Proe Pressure and Suction in soils，Butterworth，London，1961：4-16.

[28] SNOW D T. Rock fracture spacings，opening and porosities［J］．Soil Mech. Found Div. Proc. ASCE，1968，94（SM1）：73-91.

[29] 伍美华，柴军瑞，李亚盟．岩体水-岩耦合作用研究简述［J］．工程勘察，2007（11）：35-39.

[30] 吉小明，杨春和，白世伟．岩体结构与岩体水力耦合计算模型［J］．岩土力学，2006，27（5）：763-768.

[31] 赵廷林，曹平，汪亦显，等．裂隙岩体渗流-损伤-断裂耦合模型及应用研究［J］．岩石力学与工程学报，2008，27（8）：477-486.

[32] 孙粤林，沈振中，吴越见．考虑渗流-应力耦合作用的裂缝扩展追踪分析模型［J］．岩土工程学报，2008，30（2）：199-204.

[33] 于岩斌，周刚，陈连军，等．饱水煤岩基本力学性能的试验研究［J］．矿业安全与环保，2014，41（1）：4-7.

[34] 周志华，曹平，叶洲元，等．单轴循环载荷与渗透水压下预应力裂隙岩石破坏试验研究［J］．采矿与安全工程学报，2014，31（2）：292-298.

[35] 蒋海飞，刘东燕，赵宝云，等．高围压高水压条件下岩石非线性蠕变本构模型［J］．采矿与安全工程学报，2014，31（2）：286-291.

[36] 张春会，赵全胜．饱水度对砂岩模量及强度影响的三轴试验［J］．岩土力学，2014，35（4）：952-958.

[37] 王东，王丁，韩小刚，等．侧向变形控制下的灰岩破坏规律及其峰后本构关系［J］．煤炭学报，2010，35（12）：2022-2027.

[38] YILMAZ I. Influence of water content on the strength and deformability of gypsm［J］. International Journal and Rock Mechanics and Mining Science，2010，47（2）：342-347.

[39] VASARHELYI B. Statistical analysis of the influence of water content on the strength of the Miocene limestone［J］. Rock Mechanics and Rock Engineering，2005，38（1）：69-76.

[40] 李男，徐辉，胡斌．干燥和饱水状态下砂岩的剪切蠕变特性研究［J］．岩土力学，2012，33（2）：439-446.

[41] HEGGHEIM T，MADLAND V，RISNES R，et al. A chemical induced weakening of chalk by seawater［J］. Journal of Petroleum Science and Engineering，2004，63（3）：171-184.

[42] 冯夏庭，丁梧秀．应力-水流-化学耦合下岩石破裂全过程的细观力学试验［J］．岩石力学与工程学报，2005，24（9）：1465-1473.

[43] 周翠英，彭泽英，尚伟，等．论岩土工程中水-岩相互作用研究的焦点问题-特殊软岩的力学变异性［J］．岩土力学，2002，23（1）：121-128.

[44] 乔丽萍，刘建，冯夏庭．砂岩物理化学损伤机制研究［J］．岩石力学与工程学报，2007，26（10）：2117-2124.

[45] 许江，吴慧，陆丽峰，等．不同含水状态下砂岩剪切过程中声发射特性试验研究［J］．岩石力学与工程学报，2012，31（5）：914-920.

[46] 秦虎，黄滚，王维忠．不同含水率煤岩受压变形破坏全过程声发射特征试验研究［J］．岩石力学与工程学报，2012，31（6）：1115-1120.

[47] 文圣勇，韩立军，宗义江，等．不同含水率红砂岩单轴压缩试验声发射特征研究［J］．煤炭科学技术，2013，41（8）：46-52.

[48] 陈结，姜德义，邱华富，等．卤水浸泡后盐岩声发射特征试验研究［J］．岩土力学，2013，34（7）：1937-1942.

[49] 童敏明，胡俊立，唐守锋，等．不同应力速率下含水煤岩声发射信号特性［J］．采矿与安全工程学报，2009，26（1）：97-100.

[50] 郭佳奇，刘希亮，乔春生．自然与饱水状态下岩溶灰岩力学性质及能量机制试验研究［J］．岩石力学与工程学报，2014，33（2）：296-308.

[51] 张艳博，黄晓红，李莎莎，等．含水砂岩在破坏过程中的频谱特性分析［J］．岩土力学，2013，34（6）：1574-1578.

[52] 许江，唐晓军，李树春，等．周期性循环载荷作用下岩石声发射规律试验研究［J］．岩土力学，2009，30（5）：1241-1246.

[53] 任松，白月明，姜德义，等．周期荷载作用下岩盐声发射特征试验研究［J］．岩土力学，2012，33（6）：1613-1618.

[54] 纪洪广，候昭飞，张磊，等．荷载岩石材料在加载-卸荷扰动作用下声发射特性［J］．北京科技大学学报，2011，33（1）：1-5.

[55] 王者超，赵建纲，李术才，等．循环载荷作用下花岗岩疲劳力学性质及其本构模型［J］．岩石力学与工程学报，2012，31（9）：1888-1900.

[56] XIAO J Q，DING D X，JIANG F L，et al. Fatigue darnage variable and evolution of rock

subjected to cyclic loading [J]. International Journal of Rock Mechanics and Mining Science, 2010, 47 (3): 461-468.

[57] LIU E L, HE S M. Effects of cyclic dynamic loading on the mechanical properties of intact rock samples under confining pressure conditions [J]. Engineering Geology, 2012, 125: 81-91.

[58] 张宁博，齐庆新，欧阳振华，等. 不同应力路径下大理岩声发射特性试验研究 [J]. 煤炭学报，2014，39 (2)：389-394.

[59] 何俊，潘结南，王安虎. 三轴循环加卸载作用下煤样的声发射特征 [J]. 煤炭学报，2014，39 (1)：84-90.

[60] 彭瑞东，鞠杨，高峰，等. 三轴循环加卸载下煤岩损伤的能量机制分析 [J]. 煤炭学报，2014，39 (2)：245-252.

[61] 张晖辉，颜玉定，余怀忠，等. 循环载荷下大试件岩石破坏声发射实验——岩石破坏前兆的研究 [J]. 岩石力学与工程学报，2004，23 (21)：3621-3628.

[62] 张家铭，刘宇航，罗昌宏，等. 巴东组紫红色泥岩三轴压缩试验及本构模型研究 [J]. 工程地质学报，2013，21 (1)：138-142.

[63] 艾婷，张茹，刘建锋，等. 三轴压缩煤岩破裂过程中声发射时空演化规律 [J]. 煤炭学报，2011，36 (12)：2048-2056.

[64] 苏承东，翟新献，李宝富，等. 砂岩单三轴压缩过程中声发射特征的试验研究 [J]. 采矿与安全工程学报，2011，28 (2)：225-230.

[65] 陈景涛. 岩石变形特征和声发射特征的三轴试验研究 [J]. 武汉理工大学学报，2008，30 (2)：94-96.

[66] 纪洪广，张月征，金延，等. 二长花岗岩三轴压缩下声发射特征围压效应的试验研究 [J]. 岩石力学与工程学报，2012，31 (6)：1162-1168.

[67] 杨永杰，王德超，郭明福，等. 基于三轴压缩声发射试验的岩石损伤特征研究 [J]. 岩石力学与工程学报，2012，33 (1)：98-104.

[68] ALKAN H, CINAR Y, PUSCH G. Rock salt dilatancy boundary form combined acoustic emission and triaxial compression tests [J]. International Journal of Rock Mechanics and Mining Sciences, 2007, 44 (1): 108-119.

[69] TSUYOSHI I, TADASHI K, YUJI K. Source distribution of acoustic emissions during an in-suit direct shear test: Implications for an analog model of seismogenic faulting in an inhomogeneous rock mass [J]. Engineering Geology, 2010, 110 (3/4): 66-67.

[70] 李西蒙，黄炳香，刘长友，等. 压剪破坏条件下型煤的声发射特征研究 [J]. 湖南科技大学学报 (自然科学版)：2010，25 (1)：22-26.

[71] 聂百胜，何学秋，王恩元，等. 煤体剪切破坏过程电磁辐射与声发射研究 [J]. 中国矿业大学学报，2002，31 (6)：609-611.

[72] 周小平，张永兴. 大厂铜坑矿细脉带岩石结构面直剪实验中声发射特性研究 [J]. 岩石力学与工程学报，2002，21 (5)：724-727.

[73] 许江，刘义鑫，吴慧，等. 剪切荷载条件下岩石细观破坏及声发射特性研究 [J]. 矿业安全与环保，2013，40 (1)：12-16.

[74] 赵兴东，杨素俊，徐世达，等. 基于声发射监测的巴西盘试样破裂过程 [J]. 东北大学

学报（自然科学版），2010，31（8）：1182-1186.
[75] 付军辉，黄炳香，刘长友，等．煤试样巴西劈裂的声发射特征研究［J］. 煤炭科学技术，2010，29（4）：25-28.
[76] 罗鹏辉，余贤斌，邓琦．岩石劈裂实验声发射的特性研究［J］. 有色金属（矿山部分），2010，62（3）：44-48.
[77] 谢强，余贤斌，Carlos Dinis da Gama. 时间延迟对劈裂试验条件下岩石凯塞效应的影响［J］. 岩土力学，2010，31（1）：46-50.
[78] 彭瑞东，谢和平，鞠杨．砂岩拉伸过程中的能量耗散与损伤演化分析［J］. 岩石力学与工程学报，2007，26（12）：2526-2531.
[79] 余贤斌，谢强，李心一，等．直接拉伸、劈裂及单轴压缩试验下岩石的声发射特性［J］. 岩石力学与工程学报，2007，26（1）：137-142.
[80] 梁正召，唐春安，张永彬，等．岩石直接拉伸破坏过程及其分形特征的三维数值模拟研究［J］. 岩石力学与工程学报，2008，27（7）：1402-1410.
[81] 包春燕，唐春安，唐世斌，等．单轴拉伸作用下层状岩石表面裂纹的形成模式及其机制研究［J］. 岩石力学与工程学报，2013，32（3）：474-482.
[82] 张泽天，刘建锋，王璐，等．煤的直接拉伸力学特性及声发射特征试验研究［J］. 煤炭学报，2013，38（6）：960-965.
[83] CUMIN W A, AHN B K, TAKETA N. Modeling brittle and tough stress-strain behavior in Unidirectional ceramic matrix composites [J]. Acta Mater, 1998 (46): 3409-3420.
[84] KEMENY J. Effective moduli. Non-linear deformation and strength of a cracked elastic solid [J]. Int. J. Rock Mech. Min. Sci, 1986, 23 (2): 107-118.
[85] YUAN S C, HARRISON J P. A review of the state of the art in modeling progressive mechanical breakdown and associated fluid in intact heterogeneous rocks [J]. International Journal of Rock Mechanics and Mining Science, 2006, 43 (7): 1000-1022.
[86] YANG W X, WONG B P. Micromechanics of compressive failure and spatial evolution of anisotropic damage in Darley Dale sandstone [J]. International Journal of Rock Mechanics and Mining Science, 2000, 37 (1): 143-160.
[87] LENOIR N, BORNERT M, DESesrues J, et al. Volumetric digital image correlation applied to X-ray microtomography images from triaxial compression tests on Argillaceous rock [J]. Strain, 2007, 43 (3): 193-205.
[88] EBERHARDT E, STEAD D, STIMPSON N. Quantifying progressive pre-peak brittle fracture damage in rock during uniaxial compression [J]. International Journal of Rock Mechanics and Mining Science, 1999, 36 (3): 361-380.
[89] TUTUNCU A N, POLIO A L, GREGORY A R, et al. Nonlinear viscoelastic behavior of sedimentary rocks, part Ⅱ: Hysteresis effects and influence of type of fluid on elastic model [J]. Geophysics, 1998, 63 (1): 195-203.
[90] HUANG C Y, SUBHASH G. Influence of lateral confinement on dynamic damage evolution during uniaxial compressive response of brittle solids [J]. Journal of the Mechanics and Physics of solids, 2003, 51 (6): 1089-1105.

[91] PALIWALl B, RAMESH K T. An interacting micro-crack damage model for failure of brittle materials under compression [J]. Journal of the Mechanics and Physics of Solids, 2008, 56 (3): 896-923.

[92] GRAHAM B L. Statistical characterization of mesoscale uniaxial compressive strength in brittle materials with randomly occurring flaws [J]. International Journal of Solids and Structures, 2010, 47 (18/19): 2398-2413.

[93] KYOYA T, KUSABUKA M, ICHIKAWA Y, et al. Damage mechanics analysis for underground excavation in jointed rock mass [C] //Proc International Symposium on Engineering in Complex Rock Formations, Beijing: Science Press, 1996, 506-513.

[94] ZHU W C, LIU J S, TANG C A, et al. Simulation of progressive fracturing processes around underground excavations under biaxial compression [J]. Nternational Journal of Rock Mechanics and Mining Science, 2005, 42 (7): 1011-1028.

[95] 李久林，唐明辉．分形几何在岩体损伤分析中的应用 [J]. 工程勘察，1994 (2): 6-9.

[96] 赵永红．岩石弹脆性分维损伤本构模型 [J]. 地质科学，1997, 32 (4): 487-494.

[97] 刘树新，刘长武，韩小刚，等．基于损伤多重分形特征的岩石强度 Weibull 参数研究 [J]. 岩土工程学报，2011, 33 (11): 1786-1791.

[98] 周小平．卸荷岩体本构理论及其应用 [M]. 北京：科学出版社，2007.

[99] 曹文贵，赵衡，张玲，等．考虑损伤阈值影响的岩石损伤统计软化本构模型及其参数确定方法 [J]. 岩石力学与工程学报，2008, 27 (6): 1148-1154.

[100] 曹文贵，王江营，翟友成．考虑残余强度影响的结构面与接触面剪切过程损伤模拟方法 [J]. 土木工程学报，2012, 45 (4): 127-133.

[101] 倪骁慧，李晓娟，朱珍德．不同频率循环载荷作用下花岗岩细观疲劳损伤特征研究 [J]. 岩石力学与工程学报，2011, 30 (1): 164-169.

[102] 周家文，杨国兴，符文熹，等．脆性岩石单轴循环加卸载试验及断裂损伤力学特性研究 [J]. 岩石力学与工程学报，2010, 29 (6): 1172-1183.

[103] 严鹏，卢文波，陈明，等．高应力取芯卸荷损伤及其对岩石强度的影响 [J]. 岩石力学与工程学报，2013, 34 (4): 681-688.

[104] 孙金山，陈明，姜清辉，等．锦屏大理岩蠕变损伤演化细观力学特征的数值模拟研究 [J]. 岩石力学与工程学报，2013, 34 (12): 3601-3608.

[105] 王金安，李飞，曹秋菊，等．断裂岩石蠕剪中的细观接触损伤试验研究 [J]. 岩土力学，2013, 34 (12): 3345-3352.

[106] 杨永杰，王德超，王凯，等．煤岩强度及变形特性的微细观损伤机理 [J]. 北京科技大学学报，2011, 33 (6): 653-657.

[107] 朱其志，胡大伟，周辉，等．基于均匀化理论的岩石细观力学损伤模型及其应用研究 [J]. 石力学与工程学报，2008, 27 (2): 266-272.

[108] 尤明庆，苏承东，李小双．损伤岩石试样的力学特性与纵波速度关系研究 [J]. 石力学与工程学报，2008, 27 (3): 458-467.

[109] 朱万成，魏晨慧，田军，等．岩石损伤过程中的热-流-力耦合模型及其应用初探 [J]. 岩土力学，2009, 30 (12): 2851-3857.

[110] 朱杰兵，汪斌，邬爱清．锦屏水电站绿砂岩三轴卸荷流变试验及非线性损伤蠕变本构模型研究［J］．石力学与工程学报，2010，29（3）：528-534.

[111] 靖洪文，苏海健，杨大林，等．损伤岩样强度衰减规律及其尺寸效应研究［J］．石力学与工程学报，2012，31（3）：543-549.

[112] 张明，王菲，杨强．基于三轴压缩试验的岩石统计损伤本构模型［J］．岩土工程学报，2013，35（11）：1965-1971.

[113] 朱珍德，邢福东，王思敬，等．地下水对泥板岩强度软化的损伤力学分析［J］．岩石力学与工程学报，2005，23（增2）：4739-4743.

[114] 汪亦显，曹平，黄永恒，等．水作用下软岩软化与损伤断裂效应的时间依赖性［J］．四川大学学报（工程科学版），2010，42（4）：55-62.

[115] 韦立德，徐卫亚，邵建富．饱和非饱和岩石损伤软化统计本构模型［J］．水利水运工程学报，2003（2）：12-17.

[116] 高赛红，曹平，汪胜莲．水压力作用下岩石中Ⅰ和Ⅱ型裂纹断裂准则［J］．中南大学学报（自然科学版），2012，43（3）：1087-1091.

[117] 李尤嘉，黄醒春，邱一平，等．含水状态下膏溶角砾岩破裂全程的细观力学试验研究［J］．岩土力学，2009，30（5）：1221-1225.

[118] 刘涛影，曹平，章立峰，等．高渗压条件下压剪岩石裂纹断裂损伤演化机制研究［J］．岩石力学与工程学报，2012，33（6）：1801-1808.

[119] 彭俊，荣冠，周创兵，等．水压影响岩石渐进破坏过程的试验研究［J］．岩土力学，2013，34（4）：941-946.

[120] 邓华锋，李建林，孙旭曙，等．水作用下砂岩断裂力学效应试验研究［J］．岩石力学与工程学报，2012，31（7）：1342-1348.

[121] 赵兴东．基于声发射监测及应力场分析的岩石失稳机理研究［D］．沈阳：东北大学，2006.

[122] Tang C A．XU X H. Evolution and propagation defect and Kaiser effect function［J］．Journal of Seismological Research，1990，13（2）：203-213.

[123] 谢和平，彭瑞东，鞠杨．岩石变形破坏过程中的能量耗散分析［J］．岩石力学与工程学报，2004，23（21）：3565-3570.

[124] AUBERTIN M，GILLDE E，SIMON R. On the use of the brittleness index modified（BIM）to estimate the post-behavior of rock［C］//Proceedings of the 1st North American Rock Mechanics Symposium Rotterdam，1994：945-952.

[125] 刘保县，黄敬林，王泽云，等．单轴压缩煤岩损伤演化及声发射特性研究［J］．岩石力学与工程学报，2009，28（增1）：3234-3238.

[126] LEI X L，MASUDA K，Nishizawa O，et al. Detailed analysis of acoustic emission activity during catastrophic fracture of faults in rock［J］．Jou. Struct. Geol，2004（26）：247-258.

[127] 苗胜军，樊少武，蔡美峰，等．基于加卸载响应比的载荷岩石动力学特征试验研究［J］．煤炭学报，2009，34（3）：329-333.

[128] YIN X C，ZHANG L P，ZHANG H H，et al. LURR's twenty years and its perspective［J］．Pure and Applied Geophyscis，2006，163（11/12）：2317-2341.

［129］YIN X C，ZHANG L P，ZHANG Y X. The newest developments of Load-Unload Response ratio（LURR）［J］. Pure and Applied Geophysics，2008，165（3/4）：711-722.

［130］蔡美峰．岩石力学与工程［M］. 北京：科学出版社，2002.

［131］赵兴东，李元辉，袁瑞甫．花岗岩 Kaiser 效应的实验验证与分析［J］. 东北大学学报（自然科学版），2007，28（2）：254-257.

［132］陈宇龙，魏作安，张千贵．等幅循环加载与分级循环加载下砂岩声发射 Felicity 效应试验研究［J］. 煤炭学报，2012，37（2）：226-230.

［133］MOGI K. Source location of elastic shocks in the fracturing process in rock［J］. Bulletin of Earthquake Research Institute，Tokyo Imperial University，1968，46（8）：1103-1125.

［134］SCHOLZ C H. Experimental study of the fracturing in brittle rock［J］. Journal of Geophysical Research，1968，74（4）：1447-1454.

［135］HIRATA T，SATOH T，ITO K. Fractal structure of spatial distribution of microfracturing in rock［J］. Geophysical Journal of the Royal Astronomical Society，1987，90（2）：369-374.

［136］JANSED D P，CARLSON S R，YOUNG R P，et al. Ultrasonic imaging and acoustic emission monitoring of thermally induced micro cracks in Lac du Bonnet Granite［J］. Journal of Geophysical Research，1993，B12（98）：22231-22243.

［137］赵兴东，刘建坡，李元辉，等．岩石声发射定位技术及其实验验证［J］. 岩土工程学报，2008，30（10）：1472-1476.

［138］金钟山，刘时风，耿荣生，等．曲面和三维结构的声发射源定位方法［J］. 无损检测，2002，24（5）：205-211.

［139］SCHOLZ C H. Microfracturing of rock in compression［D］. Massachusetts Instiute of Technology，Cambrideg，1967.

［140］GEIGAR L. Probability method for the determination of earthquake epicenters from the arrival time only［J］. Bulletin of St. Louis University，1912，8（1）：56-71.

［141］NELDR J，MEAD R. A simplex method for function minimization［J］. Computer J，1965，7：308-312.

［142］GENDZWILLl D J，Prugger A F. Algorithms for micro earthquake locations［C］//Proc. 4th Symp. On Acoustic Emissions and Microseismicity，Penn State Uninversity，1985.

［143］康玉梅，刘建坡，李海滨，等．一类基于最小二乘法的声发射源组合定位算法［J］. 东北大学学报（自然科学版），2010，31（11）：1648-1656.